江苏省农业科学院院史系列丛书

江苏省农业科学院
经济作物研究所所志

陈 新 主编

中国农业科学技术出版社

图书在版编目（CIP）数据

江苏省农业科学院经济作物研究所所志 / 陈新主编. —北京：中国农业科学技术
出版社，2021.1

（江苏省农业科学院院史系列丛书）

ISBN 978-7-5116-5121-1

Ⅰ.①江… Ⅱ.①陈… Ⅲ.①经济作物—研究所—概况—江苏 Ⅳ.①S56-242.53

中国版本图书馆 CIP 数据核字（2021）第 016174 号

责任编辑	李冠桥	
责任校对	马广洋	沙 琴
责任印制	姜义伟	王思文

出 版 者	中国农业科学技术出版社	
	北京市中关村南大街12号　　邮编：100081	
电 话	（010）82109705（编辑室）（010）82109702（发行部）	
	（010）82109709（读者服务部）	
传 真	（010）82106625	
网 址	http://www.castp.cn	
经 销 者	各地新华书店	
印 刷 者	北京科信印刷有限公司	
开 本	880mm×1 230mm　1/16	
印 张	14.5　彩插32面	
字 数	465千字	
版 次	2021年1月第1版　2021年1月第1次印刷	
定 价	300.00元	

《江苏省农业科学院院史系列丛书》

委员会

《江苏省农业科学院经济作物研究所所志》

编委会

主　编：陈　新

副主编：沈新莲　胡茂龙　邵明灿　张培通

编　委：（按姓氏笔画排序）

刘瑞显　许乃银　李　健　李秀章　肖松华　沙　琴

沈　一　沈新莲　张洁夫　张晓燕　张培通　陈　松

陈　新　陈旭升　陈志德　邵明灿　胡茂龙　姜华珏

袁星星　顾和平　倪万潮　徐立华　殷剑美　郭书巧

浦惠明　黄骏麒　戚存扣　傅寿仲

序

　　江苏植棉历史始于元代，至今已有700多年的悠久历史。纵观江苏植棉史，处处闪耀着科技之光。江苏省农业科学院经济作物研究所的前身中央农业实验所自1931年成立至今已有90年历史。90年来，该所在棉区划分、棉花资源与育种、生物技术应用和栽培技术等领域开展了深入的研究，取得了卓著的科学技术成果，这些成果不仅为棉花科学技术宝库增添了新的内容，而且推广应用于棉花生产后产生了有效的经济效益、生态效益和社会效益。

　　棉区划分是科技兴棉并实现棉花生产可持续发展的重要基础工作。1940年，时任中央农业实验所棉作系主任冯泽芳教授首先把全国分为三大棉区：黄河流域、长江流域和西南棉区，1956年又进一步划分为五大棉区，除上述三大棉区外，增加北部特早熟和西北内陆棉区，这一划分一直沿用至今。在棉花种质资源研究方面，该所开创了这一领域之先河。尤其在棉属种间关系研究、克服种间杂交不亲和性和F_1不育性以及利用分子标记辅助选择技术创造二倍体野生种渐渗文库等方面，一直处于该研究领域的前列。该所与中国科学院上海生物化学研究所合作创造的花粉管通道法转基因技术开创了基因活体转化的新途径，育成了具有自主知识产权的转基因抗虫棉并应用于棉花生产，使我国成为继美国之后独立开展棉花高新技术育种的国家。在棉花栽培技术研究方面，以育苗移栽技术成果最为突出，不仅在国内起步最早，而且研究成果对推动我国棉花生产跨上新台阶发挥了不可替代的作用。在1990年中国国际棉花学术讨论会上被评为我国现代棉花生产"三大"创新技术之一。在棉田耕作制度、盐碱地植棉、优质棉基地科技服务以及栽培技术相关的基础理论研究上也有重要建树。

　　盛世编载，继往开来。《江苏省农业科学院经济作物研究所所志》系统、翔实地记录了该所棉花、油菜、豆类、药食同源、特色经济作物等科学技术发展的脉络，给后人留下了一部具有重要参考价值的历史资料。我相信，江苏省农业科学院经济作物研究所在习近平新时代中国特色社会主义思想指导下，以建所90年为新起点，在经济作物科学技术研究的新征途上，开创新局面，取得新成果，为进一步推动经济作物科学技术及其生产的可持续发展做出新贡献。

中国工程院院士

2020年11月

前　言

　　江苏省农业科学院经济作物研究所创立至今已有90周年。1931年，国民政府在南京成立中央农业实验所，经济作物研究所初期的研究业务设在农艺系。1938年3月成立棉作系。中华人民共和国成立后，1950年更名为华东农业科学研究所特用作物系，1959年更名为中国农业科学院江苏分院经济作物系，1970年更名为江苏省农业科学研究所经济作物研究室，1978年更名为江苏省农业科学院经济作物研究所。

　　90年来，经济作物研究所从最初的以棉花科研为主，发展至今有棉花、油菜、豆类、药食同源、特色经济作物五个学科。无论时局如何变迁，科研条件如何艰辛，一代代经作人秉承"学农为人，为农服务"的理念，默默耕耘，开拓创新，在农业科研中取得了一系列重大成果。建所初期，先贤们通过美棉品种的改良与推广实现了我国原棉的自给。中华人民共和国成立以后，研制的棉花营养钵育苗移栽技术对推动我国棉花生产跨上新台阶发挥了不可替代的作用。改革开放以来，双高油菜品种'宁油7号'和双低油菜品种'宁杂1号'在长江流域的广泛推广实现了油菜产量、品质的跨越提高和品种的更新换代；棉花花粉管通道法转基因技术的建立和转基因抗虫棉的培育奠定了国产抗虫棉大面积推广应用的基础；抗豆象绿豆新品种的培育与推广解决了世界性难题。据不完全统计，截至2019年，江苏省农业科学院经济作物研究所共获得国家级、省部级奖项86项，通过省级以上审（鉴）定新品种153个，获得国家发明专利55件，发表学术论文1 500余篇，出版专著、译著共90余部。

　　90年的薪火相传，江苏省农业科学院经济作物研究所（全书简称"我所"）不但涌现了一批功绩卓著的农业科技精英，也为国家培养了一大批优秀人才。培养硕士、博士研究生103名。建所初期，孙恩麐、冯泽芳、胡竟良、华兴鼐等先生不顾时局的动荡，学成归来，报效祖国，谱写了中国棉花科研的创业史，其对道德与事业的追求均为我们学习的楷模。孙恩麐先生曾说过："作物改良为应用科学，非有高深造诣，不克负此重任，学习此种学问，并非为个人生活名利的小人之学，而是为国为民的大人之学，我们不但自己专心致志地求事业的发展，更需要团结更多的人士，来共同努力。"让我们铭记先辈的嘱托，继往开来，不忘初心，砥砺前行，为江苏省农业科学院经济作物研究所的发展做出新的更大贡献。

　　"桐花万里丹山路，雏凤清于老凤声"。我们编撰《江苏省农业科学院经济作物研究所所志》不仅仅是为回忆过去，更多的是为启迪后人。由于经济作物研究所成立至今时间跨度大，众多资料难以考证，加之编写人员水平所限，书中难免存在一些不足之处，敬请广大读者批评指正。

所志编写委员会

2020年7月6日

目　录

第一章　历史沿革

第一节　发展历程

一、中央农业实验所棉作系（1933—1949年）

中央农业实验所成立于1931年12月，所址为南京孝陵卫，隶属原国民政府实业部，所长钱天鹤。该所棉花研究事业始于1933年春。初期的研究业务设在该所农艺系。1934年4月国民政府又设立中央棉产改进所，所址也在南京孝陵卫，隶属棉业统治委员会，所长孙恩麐，副所长冯泽芳。该所任务主管全国性棉花科研业务，与中央农业实验所的棉花研究工作，分工合作进行。双方一部分棉花科技人员互有兼任。1937年7月抗日战争全面爆发后，中央棉产改进所于1938年2月撤销，其研究业务及部分科技人员由中央农业实验所接管。因此，遂于1938年3月成立棉作系，孙恩麐出任系主任。同年7月，孙恩麐调任湖南省农业改进所所长，改由冯泽芳担任系主任。1942年8月，冯泽芳调任国立中央大学农学院院长职，系主任改由胡竞良担任，直至1949年4月南京解放。其间1945年由王桂五代理系务，1946年秋至1949年4月由华兴鼐代理系务。

抗日战争胜利后，国民政府于1947年1月在原中央棉产改进所旧址，成立了棉产改进机关农林部棉产改进处，处长孙恩麐，副处长冯泽芳、胡竞良。该处的任务是统筹全国棉产改进事业，如棉花改良品种的示范、推广与繁育；棉花加工与检验；人才培养以及业务技术指导。此外，与中央农业实验所合作，进行必要的棉花试验研究，中央农业实验所部分棉花、植保科技人员在该处兼任。1949年4月南京解放，该处撤销。

中央农业实验所农艺系的棉花改良工作始于1933年，从事棉花研究的科技人员只有4人，其中技正1人，助理员3人。棉作系成立后，系内工作人员在1943年达到20人，其中简任技正1人，技正2人，简任技士4人，技士3人，技佐6人，技术助理员1人，雇员3人。

棉作系的发展历程可分为三个阶段。

1. 创立时期（1933年春—1937年10月）

工作地点在南京，由农艺系技正冯泽芳负责各项业务。以品种工作为主，重点是从国内外引进改良品种，开展中棉、陆地棉品种区域试验；中棉、陆地棉品种保存；中棉、陆地棉品种选育；中棉、陆地棉遗传研究等。

2. 西迁时期（1937年11月—1945年12月）

1937年7月，因日本的侵略战争，中央农业实验所西迁至四川重庆，棉花科技人员分散到云南、四川、陕西、河南等省工作。冯泽芳（云南）、胡竞良（四川）、王桂五（陕西）、楼荃（河南）作为主管上述地区的棉花科技人员，分散到四川省遂宁、西昌，陕西省泾阳，云南省开远等地，与所在地区棉花研究单位协作，开展研究工作。工作内容除继续前期的中棉、陆地棉品种保存、品种选育、遗传研究以外，还针对所在棉区棉花生产存在的主要问题，进行棉花栽培试验、棉花栽培应用基础研究及改良品种的推广等。

3.复员时期（1946年1月—1949年4月）

1945年抗日战争胜利后，中央农业实验所返迁原址，大部分科技人员回到南京，部分留在陕西、云南、河南工作。系主任由华兴鼐代理。工作地点以南京为主，另在陕西省泾阳、云南省开远、河南省安阳设试验场。南京以品种选育及遗传研究为主，试验场进行部分栽培试验。

二、华东农业科学研究所特用作物系（1949年5月—1959年）

1949年5月初，中国人民解放军南京市军管会接管了中央农业实验所，部分之前被疏散的人员和仪器陆续回到南京。10月上旬，移交华东农林部驻宁办事处接管领导，进行各项恢复工作。1950年2月2日华东财政经济委员会农林水利部农人字（50）1528号公布令，成立南京农业科学研究所筹备委员会，同年3月1日，发布农人字（50）2372号令，成立华东农业科学研究所。

华东农业科学研究所成立初期有食用作物系、特用作物系、园艺系、蚕桑系、畜牧兽医系、森林系、植物病虫害系、土壤系、农业化学系和农具系10个系。

特用作物系以棉花育种与栽培研究为主，兼顾烟草、麻类、糖料及薄荷、留兰香等特用经济作物的研究。由华兴鼐任系主任。

1958年初，根据江苏省发展油料作物的需要，决定成立油料作物系。原园艺系主任姜诚贯调任主任，董洪芝为副主任，主要技术骨干有费家骓、吴玉梅、凌以禄等。1959—1960年，由原南京农学院（现南京农业大学）和原苏北农学院（现扬州大学农学院）统配本科毕业生唐甫林、陈玉卿、傅寿仲、王开瑞、蒋伯章等，以及由淮阴农业学校和句容农业学校统配中技毕业生马启连等10名，充实油料作物研究队伍。

三、中国农业科学院江苏分院经济作物系（1959—1970年）

1959年5月11日，经中共江苏省委批准成立中国农业科学院江苏分院。

中国农业科学院江苏分院在江苏省委和江苏省人民委员会的统一领导下，负责江苏省农业科学研究工作。在业务上接受中国农业科学院的领导，协助中国科学院及中国农业科学院开展江苏地区有关农业综合和专业研究工作。中国农业科学院江苏分院成立初期，设水稻作物系、麦作杂粮系、经济作物系、油料作物系、园艺系、畜牧兽医系、植物保护系、土壤肥料系、农业经济系以及原子能农业利用研究室、作物生理研究室、农业气象研究室等。

1961年8月，为贯彻中央关于科技改革"调整、巩固、充实、提高"的"八字"方针，油料作物系与经济作物系合并，仍称经济作物系。华兴鼐任系主任，姜诚贯、潘世清任副主任。下设棉花品种、棉花栽培和油料等3个研究室。主要研究内容为棉花、大豆、油菜，其他特用作物逐步下放至地区农业科学研究所或基层农业试验站。

1969年初，因"文化大革命"运动的开展，在斗批改后期科技人员被一分为三，大部分人员派往句容江苏省"五七干校"第三大队二中队；有黄骏麒、徐家裕等人调往江苏省革命委员会农业服务站；倪金柱、钱思颖、沈端庄等留系内工作。科研工作基本上处于停滞状态。其间傅寿仲、周行、江文彬于5月调回系内参加棉油组工作。1970年后大批科技人员又被下放农村安家落户，接受贫下中农再教育。

四、江苏省农业科学研究所经济作物研究室（1970—1978年）

1970年4月19日，江苏省革命委员会苏革生（1970）第40号文批复，中国农业科学院江苏分院与江苏省水产研究所合并为江苏省农业科学研究所。粮食作物系、经济作物系和农业物理系合并为作物大组，原农业物理系柳学余任负责人。1974年随着大批科技人员陆续从省"五七干校"、省农业服务站以及农村调回南京，作物组又重新分设为粮食作物、经济作物和农业物理3

个专业，棉油组改名为经济作物研究室。奚元龄任研究室主任。

五、江苏省农业科学院经济作物研究所（1978年至今）

1977年9月11日中共江苏省委苏委组字（1977）159号文，成立江苏省农业科学研究院，同年9月27日又改为江苏省农业科学院（全书简称"我院"）。1978年3月18—31日，中共中央、国务院在北京隆重召开了全国科学大会，带来了科学的春天。1978年5月25日，我所定名为江苏省农业科学院经济作物研究所。不同阶段的所长先后由奚元龄、朱烨、黄骏麒、傅寿仲、戚存扣、倪万潮、陈新担任。副所长先后由谢麒麟、黄骏麒、傅寿仲、李鹏、李秀章、钱大顺、戚存扣、倪万潮、何循宏、王淑梅、张洁夫、江蛟、何绍平、张培通、沈新莲、胡茂龙、邵明灿等担任。

1978年以来，顺应改革开放的新形势，发展是头等大事。首先是解决科技人员的"断层"问题。江苏省农业科学院派员至扬州地区，统一招考一批从原江苏农学院（现扬州大学农学院）毕业后回基层工作的农技人员，来院从事农业科研工作。1982年秋开始从省内外农业院校的本科毕业生中，引进优秀人才，充实第一线研究工作。1983年以来，高校恢复研究生学制，院里一批研究员或副研究员获得研究生导师资格，与南京农业大学联合招生，培养了江苏省农业科学院第一批硕士研究生。我所陈仲方、倪金柱、钱思颖、朱绍琳、傅寿仲等获得硕士研究生导师资格。进入21世纪以来，高学历的人才成为农业科学院入职的门槛，一批批硕士、博士学历人才的引进，成为开辟研究新领域的有生力量。我所又有数名研究员成为南京农业大学、江苏大学等大学的校外兼职硕导和博导，继续培养本专业的硕士、博士研究生。

为顺应江苏省农业科学院科研体制改革和学科调整的要求，我所在研究结构上有两次较大的变动。1999年，倪万潮调任江苏省农业科学院遗传生理研究所副所长，其研究团队整体调入遗传生理所。2010年，倪万潮的棉花分子育种和转基因团队，除张保龙外，又整体回归我所。另外一次是2007年，大豆研究室并入江苏省农业科学院蔬菜研究所。2017年，陈新的豆类研究团队又整体回归我所。

江苏省农业科学院对科研领域进行了大幅度的调整。经济作物研究所也不断调整研究方向，派出去、引进来，开辟新的研究领域，建设一批科研平台，研究实力大幅度提升。

"六五""七五"和"八五"期间经济作物研究所均被评为全国农业科研综合开发实力百强所。此阶段我所处于巩固科研基础、扩大科研队伍、调整科研方向的稳健发展阶段。

随着科研环境的不断改善，1983年，江苏省农业科学院粮食作物研究所从与经济作物研究所共同使用的办公楼中迁出并对办公楼进行了修缮，2015年江苏省农业科学院植物保护研究所大楼与经济作物研究所大楼合并，经再次修缮，作为我所办公大楼，极大地改善了科研环境和办公条件。

2000—2003年，江苏省农业科学院进行了农业科研体制改革，我所撤除研究室建制，组建研究项目组，建设大型科研平台，科研水平提升到一个新的层次，使我所进入快速发展、硕果频现的日趋成熟阶段。2010年以来，我所增设了特种经济作物研究室和药食同源类作物研究室，2015年粮食作物研究所陈志德花生研究团队并入我所，经济作物研究所的研究领域进一步完善。

至2019年底全所在编职工60人，其中研究员17人（二级研究员4人，分别为倪万潮、浦惠明、张洁夫、陈新），副研究员25人。博士后6人，具有博士学位39人，硕士学位15人。享受国务院政府特殊津贴专家1人，江苏省突出贡献专家4人，江苏省"333高层次人才培养工程"第二层次5人次、第三层次11人次，江苏省"六大人才高峰"培养对象1人。招收在读硕士、博士研究生20余人。

第二节 历届所（系）负责人

历届所（系）负责人见表1-1。

表1-1 1938—2020年历任所（系）领导任职情况

时间	名称	所长	党支部书记	副所长	行政秘书	科研秘书
1938年3月	中央农业实验所棉作系	孙恩麐（主任）				
1938年8月	中央农业实验所棉作系	冯泽芳（主任）				
1942年	中央农业实验所棉作系	胡竟良（主任）				
1946年	中央农业实验所棉作系	华兴鼐（主任）				
1949年	华东农业科学研究所特用作物系	华兴鼐（主任）				
1961年	中国农业科学院江苏分院经济作物系	华兴鼐（主任）		姜诚贯 潘世清（副主任）		
1971年	江苏省农业科学研究所经济作物研究室	张春保（主任）	徐景桢	黄骏麒 谢麒麟（副主任）		
1978年1月	江苏省农业科学院经济作物研究所	奚元龄	李福田	谢麒麟 张春保		
1979年12月	江苏省农业科学院经济作物研究所		李福田 张春保（副书记）	谢麒麟 黄骏麒 李鹏		
1982年1月	江苏省农业科学院经济作物研究所	朱烨	李鹏	黄骏麒 傅寿仲		
1984年	江苏省农业科学院经济作物研究所	黄骏麒	朱烨 李鹏	傅寿仲 李秀章	葛耀功	蒋杏珍 李安定 徐立华
1995年	江苏省农业科学院经济作物研究所	傅寿仲	李秀章	李秀章 钱大顺 戚存扣	葛耀功 董飞平	徐立华
1999年	江苏省农业科学院经济作物研究所	戚存扣	王淑梅	王淑梅 何循宏 倪万潮 张洁夫	董飞平 陈国平 程德荣 顾慧	徐立华 沈新莲 殷剑美 沙琴
2013年	江苏省农业科学院经济作物研究所	倪万潮	王淑梅 江蛟 何绍平	张洁夫 王淑梅 江蛟 何绍平	程德荣 顾慧	沙琴
2017年	江苏省农业科学院经济作物研究所	陈新	倪万潮 张培通	张洁夫 张培通 沈新莲 胡茂龙 邵明灿	李健 姜华珏	沙琴

第三节　几个历史节点职工名单

以院所更名变迁为历史节点，列出几个关键历史时期部分职工名单（图1-1至图1-4）。

一、中央农业实验所棉作系（1949年）

技正：华兴鼐　俞启葆
技士：赵　代　闵乃杨　倪金柱
技佐：刘家樾　刘艺多

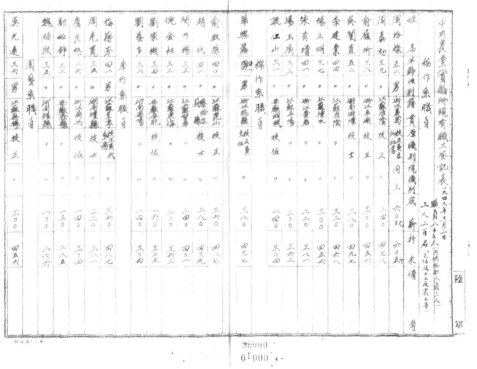

图1-1　1949年中央农业实验所棉作系职工花名册

二、中国农业科学院江苏分院经济作物系（1960年）

1959年5月11日，中国农业科学院江苏分院成立，1960年在册科技干部12人。参照图1-2整理名单如下。

系主任：华兴鼐（研究员）

副研究员：陈仲芳　倪金柱

助理研究员：钱思颖　刘家樾　刘艺多　朱绍琳

研究实习员：金贤镐　李宗岳　姜小珍　周　行

技术员：唐秀英

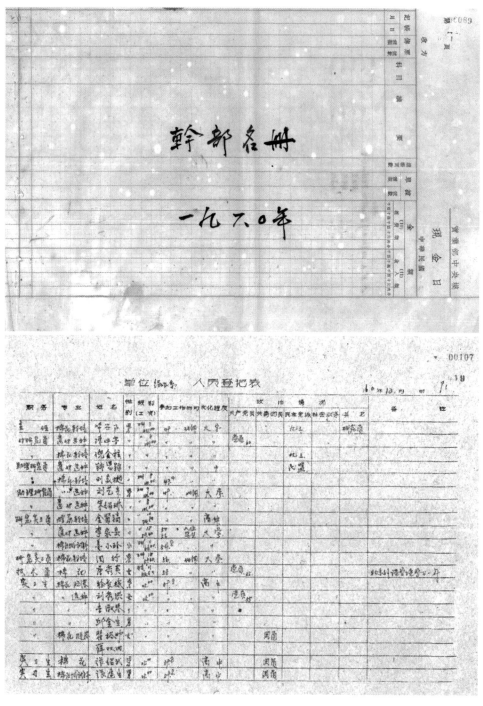

图1-2　1960年中国农业科学院江苏分院经济作物系科技干部花名册

三、江苏省农业科学研究所经济作物研究室（1975年）

1975年在册科技干部23人，参照图1-3整理名单如下。

主任：张春保

副主任：黄骏麒　谢麒麟

研究员：奚元龄

副研究员：钱思颖　倪金柱　朱绍琳　陈仲方

助理研究员：欧阳显悦　费家骅　肖庆芳　凌以禄

研究实习员：陈可大　沈端庄　吴敬音　伍贻美　傅寿仲　徐家裕　周　行　沈　臣　桑润生

技术员：颜若良　倪荣礼

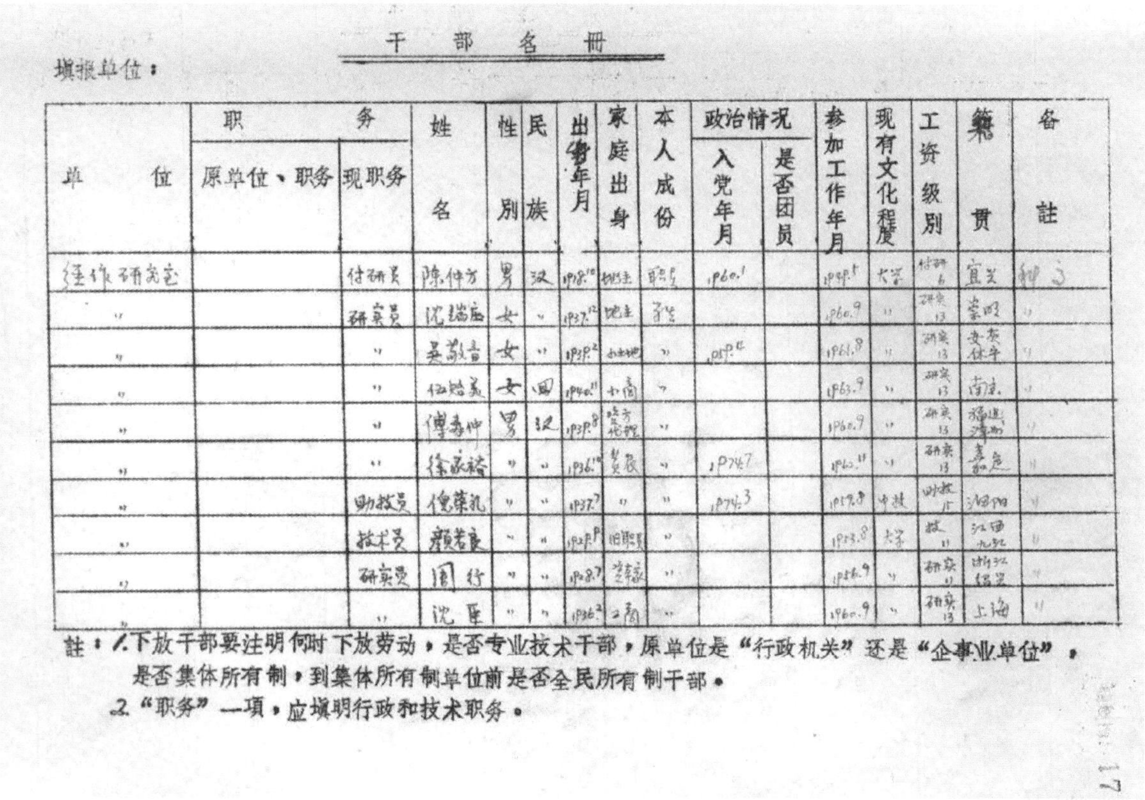

填报单位：

干 部 名 册

单 位	职 务		姓 名	性 别	民 族	出生年月	家庭出身	本人成份	政治情况		参加工作年月	现有文化程度	工资级别	籍 贯	备 註
	原单位、职务	现职务							入党年月	是否团员					
经作研究室		付研员	陈伟方	男	汉	1928.15	地主	职员	1960.1		1948.8	大学	付研6	宜兴	鉀3
"		研究员	沈瑞扁	女	"	1932	地主				1966.9	"	研究13	昆明	"
"		"	吴敬音	女	"	1939.2	小业地		1957.4		1963.8	"	研究13	支东平	"
"		"	杨格美	女	回	1946.1	小商				1963.9	"	研究13	南京	"
"		"	傅寿仲	男	汉	1938	城市贫民	"			1960.9	"	研究13	扬州	"
"		"	徐泵裕	男	"	1936	贫农		1974.7		1960.11	"	研究13	高邮	"
"		助教员	倪葆礼	"	"	1937			1974.3		1958.9	中技	助教15	溧阳	"
"		技术员	颜若宴	男	"	1943	旧职员				1963.8	大学	技17	江西九江	"
"		研究员	周行	男	"	1938	贫农				1958.9	"	研究13	浙江绍兴	"
"		"	沈匡			1962.2	干部				1966.9		研究13	上海	"

註：1.下放干部要注明何时下放劳动，是否专业技术干部，原单位是"行政机关"还是"企事业单位"，
是否集体所有制，到集体所有制单位前是否全民所有制干部。
2."职务"一项，应填明行政和技术职务。

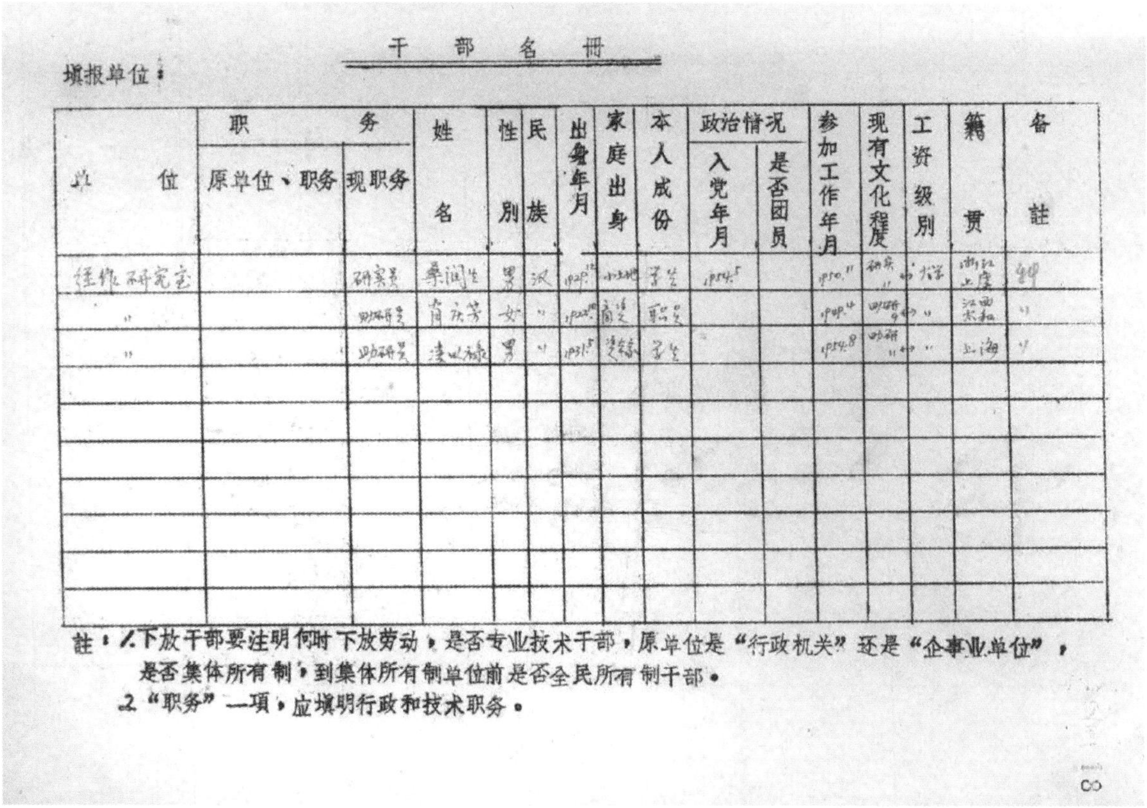

填报单位：

干 部 名 册

单 位	职 务		姓 名	性 别	民 族	出生年月	家庭出身	本人成份	政治情况		参加工作年月	现有文化程度	工资级别	籍 贯	备 註
	原单位、职务	现职务							入党年月	是否团员					
经作研究室		研究员	桑润生	男	汉	1917	小地主	学生	1954.5		1950.11	大学	研究13	浙江上虞	鉀
"		助研员	肖凤芳	女	"	1924	店员	职员		1949.9		1949.9	助研	江苏盐和	"
"		助研员	姜业禄	男	"	1931	资铺	学生			1954.8		研究	上海	"

註：1.下放干部要注明何时下放劳动，是否专业技术干部，原单位是"行政机关"还是"企事业单位"，
是否集体所有制，到集体所有制单位前是否全民所有制干部。
2."职务"一项，应填明行政和技术职务。

图1-3　1975年江苏省农业科学研究所经济作物研究室科技干部花名册

四、江苏省农业科学院经济作物研究所

1978年5月25日，江苏省农业科学院经济作物研究所正式成立，1981年在册科技干部39人。参照图1-4整理名单如下。

所长：奚元龄

党支部书记：李福田

副所长：谢麒麟 黄骏麒 李 鹏

副研究员：钱思颖 倪金柱 朱绍琳 陈仲方 费家骅 祝其昌

助理研究员：周 行 施 杰 欧阳显悦 沈端庄 伍贻美 傅寿仲 颜若良 肖庆芳
凌以禄 刘艺多 刘桂玲 陈玉卿 刘兴民 蒋杏珍 承泓良 金贤镐

研究实习员：李宗岳 李大庆 顾和平 王庆华 张治伟 戚存扣 徐立华

技术员：沈克琴 胡廷馨 周 恒 钱大顺 李秀章 许永才

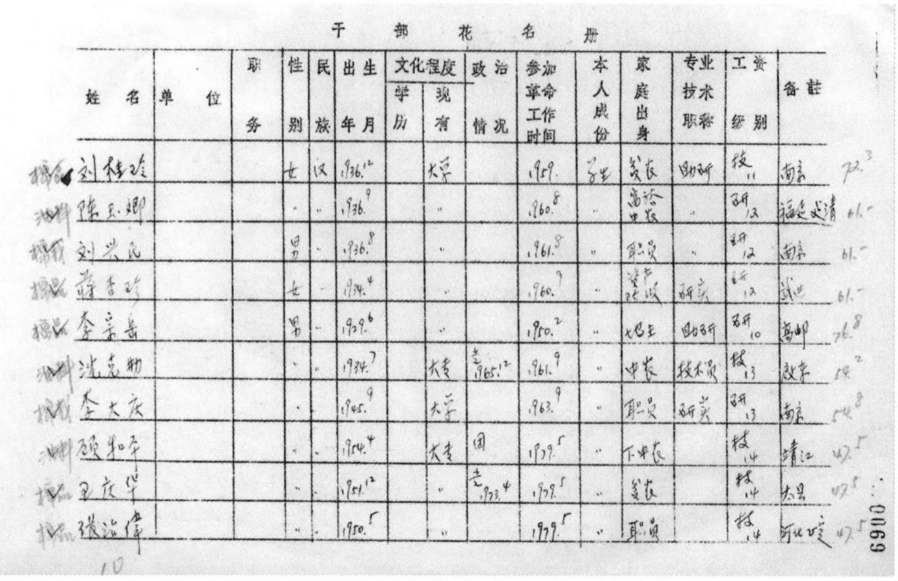

干部花名册

姓名	单位	职务	性别	民族	出生年月	文化程度 学历	文化程度 现有	政治情况	参加革命工作时间	本人成份	家庭出身	专业技术职称	工资级别	备注	
刘桂玲			女	汉	1936.12		大学		1959.	学生	贫农	助研	技11	南京	72.3
陈玉卿			〃	〃	1936.9		〃		1960.8	〃	富裕中农	〃	研12	福建福清	61.5
刘兴民			男	〃	1936.8		〃		1961.8	〃	职员	〃	研12	南京	61.5
薛香玲			女	〃	1934.4		〃		1960.7	〃	资产阶级	研实	研12	武进	61.5
李宗岳			男	〃	1929.6		〃		1950.2	〃	地主	助研	研10	高邮	76.8
沈克勤			〃	〃	1934.7		大专	党1965.12	1961.9	〃	中农	技术员	技13	[illegible]	54.2
李大庆			〃	〃	1945.9		大学		1963.9	〃	职员	研实	研13	南京	54.8
[illegible]			〃	〃	1954.4		大专	团	1979.5	〃	下中农		技14	靖江	47.5
王庆华			〃	〃	1951.12		〃	党1973.4	1979.5	〃	贫农		技14	[illegible]	47.5
张治伟			〃	〃	1950.5		〃		1979.5	〃	职员		技14	[illegible]	47.5

10

0069

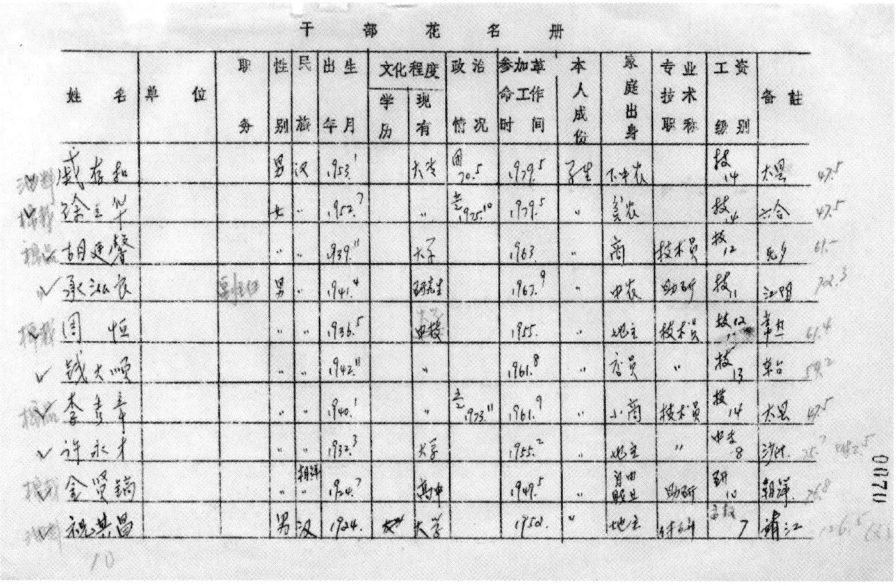

干部花名册

姓名	单位	职务	性别	民族	出生年月	文化程度 学历	文化程度 现有	政治情况	参加革命工作时间	本人成份	家庭出身	专业技术职称	工资级别	备注	
戚存和			男	汉	1953.1		大专	团70.5	1979.5	学生	下中农		技14	[illegible]	47.5
徐玉华			女	〃	1952.7		〃	党1975.10	1979.5	〃	贫农		技14	六合	47.5
胡廷馨			〃	〃	1939.11		大学		1963.	〃	商	技术员	技12	[illegible]	61.5
承泓良		[illegible]	男	〃	1941.4		研究生		1967.9	〃	中农	助研	技11	江阴	72.3
周恒			〃	〃	1936.5		中技		1955.	〃	地主	技术员	技12	[illegible]	61.4
钱大顺			〃	〃	1942.11		〃		1961.8	〃	店员	〃	技13	东台	54.2
李[illegible]			〃	〃	1940.1		〃	党1973.11	1961.9	〃	小商	技术员	技14	[illegible]	47.5
许永才			〃	〃	1932.3		大学		1955.2	〃	地主	〃	中技8	[illegible]	[illegible]
金贤镐			〃	朝鲜	1924.7		高中		1949.5	〃	自由职业	助研	研10	朝鲜	76.8
祝其昌			男	汉	1924.		大学		1950.	〃	地主	[illegible]	高技7	靖江	126.5

10

0070

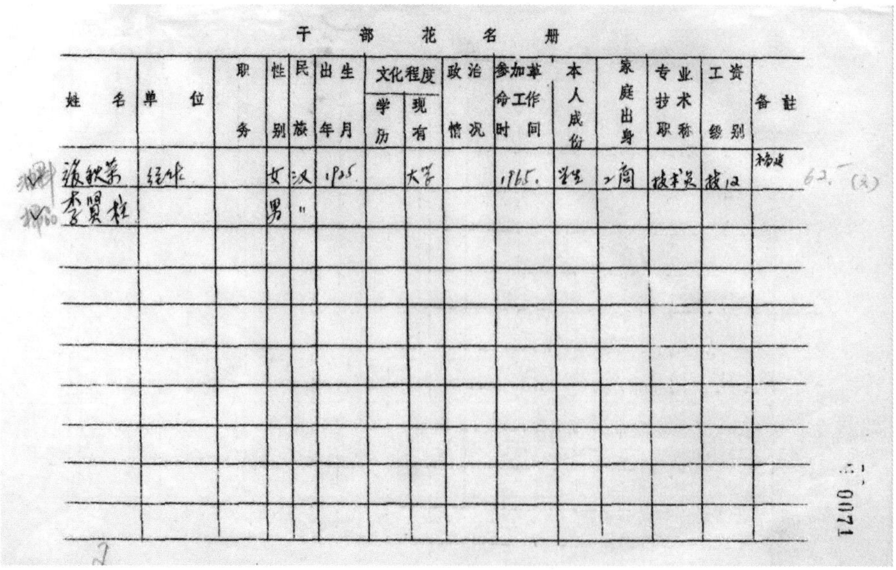

干部花名册

姓名	单位	职务	性别	民族	出生年月	文化程度 学历	文化程度 现有	政治情况	参加革命工作时间	本人成份	家庭出身	专业技术职称	工资级别	备注	
[illegible]	经作		女	汉	1925		大学		1965.	学生	小商	技术员	技12	福建	62.5
李贤柱			男	〃											

2

0071

图1–4　1981年经济作物研究所职工花名册

第四节　科研机构设置

2019年底全所在编职工60人，设有5个研究室、1个科技服务部和1个综合办公室，机构设置如图1-5所示。

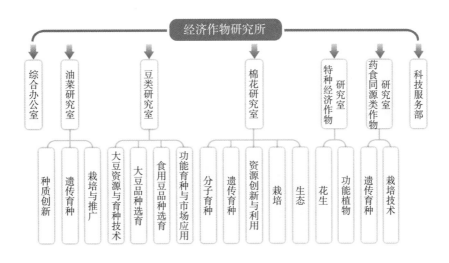

图1-5　2019年经济作物研究所内设机构

一、棉花研究室

在编人员16人，编外人员2人（图1-6）。设资源创新与利用、分子育种、遗传育种、栽培和生态5个研究方向。

主任：沈新莲

副主任：刘瑞显　赵　君

资源创新与利用方向：肖松华（负责人）　赵　君　刘剑光　徐剑文

分子育种方向：沈新莲（负责人）　倪万潮　徐　鹏　徐珍珍　郭　琪　陈祥龙

遗传育种方向：陈旭升（负责人）　赵　亮

栽培：刘瑞显（负责人）　杨长琴　张国伟　王晓婧

生态：许乃银（负责人）　杨晓妮

图1-6　棉花研究室人员合影

二、油菜研究室

在编人员14人，编外人员3人（图1-7）。设种质创新、遗传育种、栽培与推广3个研究方向。

主任：张洁夫

副主任：胡茂龙　付三雄

种质创新负责人：胡茂龙

遗传育种负责人：付三雄

栽培与推广负责人：龙卫华

成员：浦惠明　陈　松　高建芹　陈　锋　彭　琦　周晓婴　张　维　王晓东　郭　月
　　　孙程明　咸志慧　朱红利　倪晓璐

图1-7　油菜研究室人员合影

三、豆类研究室

在编人员13人，博士后3人，编外人员2人。设大豆资源收集育种方法研究、优质抗病大豆新品种选育、抗虫杂交食用豆新品种选育与育种技术研究、豆类功能育种与市场应用4个研究方向。

主任：陈　新

副主任：陈华涛

大豆资源收集与育种方法研究方向负责人：陈华涛

优质抗病大豆品种选育方向负责人：崔晓艳

抗虫杂交食用豆新品种选育与育种技术研究方向负责人：袁星星

豆类功能育种与市场应用方向负责人：薛晨晨

成员：张红梅　刘晓庆　陈景斌　吴然然　闫　强　黄　璐　张晓燕　王　琼　林　云
　　　张　威　叶松青　王润东

图1-8 豆类研究室人员合影

四、特种经济作物研究室

在编人员8人，编外1人。设花生资源鉴定评价与创新研究、瓜蒌、甜叶菊遗传育种相关研究两个方向。

主任：陈志德

副主任：沈 一

花生资源鉴定评价与创新研究方向负责人：沈 一

甜叶菊生理特性及遗传育种相关研究方向负责人：郭书巧

成员：何晓兰 束红梅 刘永惠 沈 悦 梁 满 张旭尧

图1-9 特种经济作物研究室人员合影

五、药食同源类作物研究室

在编人员7人，博士后1人。设作物栽培技术、遗传育种2个研究方向。

主任：张培通

副主任：殷剑美

栽培技术研究方向负责人：郭文琦

遗传育种研究方向负责人：王　立

成员：李春宏　韩晓勇　蒋　璐　杜　静

图1-10　药食同源类作物研究室人员合影

六、综合办公室

主任：沙　琴

副主任：李　健　姜华珏

图1-11　综合办公室人员合影

第二章　科学研究

第一节　棉花科学研究

在长达90年的棉花科学研究历程中，我所开展了棉花种质资源征集保存、新品种选育、棉属远缘杂交、转基因技术、品种区域试验、良种繁育和耕作栽培技术等方面研究，研究成果不仅为棉花科学技术发展奠定了基础，也为推动江苏省乃至全国棉花生产做出了重要贡献。

在90年的历史长河中，棉花科学研究可分为以下4个阶段。

1. 中央农业实验所阶段（1933—1949年）

棉花科研机构于1933年春建立，属农艺系。1938年成立棉作系，其间经历抗日战争，1937年11月西迁重庆，科研人员分散在四川、陕西、河南、云南等省工作。1946年初迁回南京。在此期间主要研究内容以中棉、陆地棉品种改良、遗传研究和品种区域试验为主，并在陕西泾阳、河南安阳等地建立试验场，进行陆地棉育种、良种繁育和栽培试验；在云南开远建立木棉试验场，从事木棉研究与推广。

2. 华东农业科学研究所阶段（1950—1958年）

特用作物系。棉花科研工作主要是面向产区，先后在江苏盐垦棉区，两熟制棉区建立综合试验基点。大部分科研人员走向生产第一线，与当地农业技术部门相结合，总结群众经验，示范推广科研成果，研究解决棉花生产上存在的技术问题。在南京则以陆地棉、海岛棉品种选育，棉属远缘杂交研究和栽培新技术研究为主，此外1951—1953年负责华东区陆地棉品种区域试验，1956年开始负责长江流域棉花品种区域试验。

3. 中国农业科学院江苏分院及以后改为江苏省农业科学院阶段（1959—1990年）

经济作物系、经济作物研究所。采取内外结合各有侧重的方式，进行棉花品种选育、育种基础理论研究、棉属远缘杂交和棉花杂交优势的利用与研究，栽培技术及生理基础研究等。同时加强种质资源的征集、保存与研究，开创生物技术研究新领域。这一阶段先后在江苏南通市的海门、启东、如东、盐城市的射阳、大丰、滨海，徐州市的丰县、睢宁，淮阴市的盱眙和苏州市的常熟、太仓，泰州市的兴化，农垦系统的滨淮、三河农场等地设置综合基点或棉花专业基点。在院内以试验研究为主，在基点以新品种、新技术的示范推广为主，并研究总结当地植棉增产技术，培训技术人员，促进大面积棉花产量的提高。

4. 江苏省农业科学院经济作物研究所（1991年至今）

1991—1999年，棉花科技进入生物技术和分子育种阶段，生产上全面注重高产优质向优质高产高效的转变。这一阶段随着棉花生物技术的成熟，棉花育种以转基因抗虫棉为基础，利用花粉管通道法转基因技术，创造了大量抗虫、抗病转基因新材料，并发放给国内育种单位，有效促进了转基因抗虫棉在中国的大面积推广。人工去雄杂交种制种技术的研究与推广为我国杂交棉产业奠定了重要基础。棉花生产技术紧紧围绕优质高产高效，开展棉花因种栽培技术、简化栽培技术研究以及科技服务等工作。

1999年，由于院改革发展需要，棉花生物技术研究室整体从经济作物研究所合并到生物技术研究所，2010年由于工作需要，该研究室大部分科研人员又重新回到经济作物研究所开展相关研究工作。

2000—2015年，江苏省农业科学院进行了农业科研体制改革，棉花科学研究撤除研究室建制，组建研究项目组，分别设棉花种质资源项目组，棉花品种选育项目组，棉花优质高效综合栽培技术项目组。在此期间，与中国农业科学院棉花研究所等单位合作，开展了陆地棉优异种质资源重要性状的精准鉴定和全基因组重测序；开展海岛棉血统的高品质陆地棉种质系与高产抗虫陆地棉品种广泛杂交配组，选育并在长江流域大面积推广优质、高产新品种；开展优质化栽培技术、轻简化栽培技术、优质高产标准化栽培规程的研发及科技服务等。

2015年，棉花研究项目组改回研究室，设棉花种质资源、棉花遗传育种、棉花分子育种、棉花生态、棉花栽培5个研究方向。分子标记辅助育种和农杆菌介导转基因技术成功应用于棉花分子育种，创造了大量抗病、耐逆、优质棉花新材料；棉花远缘杂交技术获得新突破，成功组装了二倍体野生种基因组，并在国际上首次获得二倍体野生种渐渗文库；为适应轻简化生产的需求，开展了适于机械化生产的棉花新品种选育以及轻简化栽培研究；加强了彩色棉、低酚棉、观赏棉等专用棉的研究。

1949年以来获得国家、省（部）和院科技成果奖共58项，其中，国家级奖项7项，省（部）级一、二、三等奖43项。出版著作（译作）62部。

一、种质资源的征集、保存与研究利用

1. 种质资源征集整理

自1933年开始，向国内外征集陆地棉种质资源。1947年除征集陆地棉品种外，还有中棉、草棉和海岛棉。至1949年共征得4个栽培种种质资源400余份。1949年以后，进一步扩大征集范围，特别是中棉。1974年，为了保存从国内外不同地区搜集的棉花种质资源，国家在全国不同生态区设立了7个种质资源保存点，我所负责长江流域生态区，保存江苏、安徽、浙江、江西、上海一带的陆地棉和亚洲棉等种质资源。1985年与中国农业科学院棉花研究所一起对广西壮族自治区的9个县进行中棉种质资源考察与搜集。经多年征集，目前保存的种质资源中，中棉250份，陆地棉1 600多份，海岛棉140余份，草棉14份，陆地棉种系（race）220份，野生种32份，共2 200多份，其中中棉、陆地棉遗传材料，陆地棉种系和野生种，是国内搜集保存最多的单位之一。

2. 种质资源研究

（1）中棉形态分类。1922—1923年，冯泽芳和王善佺搜集全国中棉品种112个，通过观察，用Watt分类法将其分为两大类：叶三分之二裂，鸡脚中棉（G.arboreum）和叶二分之一裂，普通中棉（G.manking）。这是我国最早的中棉形态分类结果，为后来这方面的研究奠定了基础。

1952—1964年，搜集种植1 796份材料进行观察研究，按Watt分类法归类整理出204个品种和19个类型。

1982年对200个亚洲棉品种进行植物学性状观察，有6种类型是以前尚未报道过的。

（2）棉仁营养品质研究。1983—1985年对661个陆地棉和200个中棉品种的蛋白质、脂肪及脂肪酸含量进行了分析与测定。1985年还测定了61个陆地棉棉籽仁各种氨基酸的含量。

1987年，在美国得克萨斯州农工大学与Percival及Kohel合作，采用种子水溶性蛋白质电泳分析方法对73份草棉（G.herbaceum）品系的遗变异范围进行了初步研究和评价。

（3）抗病性鉴定。与江苏省农业科学院植物保护研究所合作开展了苗病抗性鉴定：1979—1980年观察到在自然条件下，陆地棉种质资源对苗期茎基部病害的抗性存在较大的差异。

枯萎病抗性鉴定：1976年，在常熟县碧溪乡重病田对陆地棉595份种质资源鉴定结果，属高抗的30份，抗的25份，耐的18份。1986—1990年对21份野生种鉴定结果，其中属免疫的有8份，

高抗的1份，耐病的1份。

黄萎病抗性鉴定：1982—1985年在人工病圃鉴定结果，898份陆地棉种质资源均属感病类型，199份中棉材料中，只有1份属耐病类型；138份海岛棉材料中，属抗病的2份，耐病的13份；陆地棉种系中，属高抗的6份，抗的3份，耐病的2份；21份野生种属免疫的10份。

（4）抗盐性鉴定。1986—1990年开展抗盐鉴定工作，鉴定结果，陆地棉1 138份种质资源中，无高抗及抗盐资源，耐盐的有37份；91份海岛棉中，均无抗盐耐盐品种；157份中棉中，无抗盐品种，耐盐的4份。3份草棉中，均无抗、耐盐的品种。

（5）陆地棉种系和野生种开花结实性研究。1984年，从墨西哥原产地引进的7份陆地棉种系，在南京地区自然光照下，不能现蕾。通过短日照处理研究，明确了这些种系现蕾、开花、吐絮的临界日照时数为9h，并明确以1叶龄期处理最好。

（6）棉花优异种质资源精准鉴定。2016—2018年，与中国农业科学院棉花研究所等单位合作，在长江流域、黄河流域和西北内陆棉区对630份陆地棉优异种质资源进行重要性状的精准鉴定和全基因组重测序，为育种家开展棉花分子设计育种提供了理论依据，并提供优良的亲本材料。在参加鉴定的630份优异种质资源中，江苏省农业科学院经济作物研究所提供了118份种质系，优异性状包括高强纤维、高产、抗黄萎病、耐盐碱、抗干旱、抗棉铃虫、种仁无酚、早熟和适宜机采等。

3. 棉花种质资源创新与利用研究

（1）优质、抗病种质资源的创新与育种利用。将异常棉、辣根棉、雷蒙德氏棉、旱地棉和黄褐棉等野生种的优质、抗病基因通过远缘杂交技术，培育出一系列强度、长度、细度均佳的高纤维品质种质系和高抗（抗）黄萎病种质系，其品质指标明显超过美国优质棉PD种质系和Acala种质系，有3个种质系的黄萎病病指为2.83～6.29，其中101个来自异常棉、49个来自辣根棉和47个来自雷蒙德氏棉的后代品系，平均纤维比强度分别达38.15cN/tex、35.50cN/tex、34.43cN/tex，长度达33.35mm、33.16mm、32.29mm，马克隆值为4.11、4.29和4.37。尤其是培育的高强纤维种质7235被国内外科研单位广泛用于棉花纤维品质QTL定位、棉纤维发育的分子机制研究以及优质棉的育种利用研究。由南京农业大学为第一完成单位、我所为第二完成单位的成果"优质棉的种质创新与分子育种"在2007年获教育部技术发明奖一等奖。

（2）显性低酚棉种质创新。以海岛棉品系海1为显性低酚性状的供体，通过与陆地棉高产品种苏棉6号杂交，杂种F_1与苏棉6号回交，后代群体性状鉴定、单株选择以及自交纯合等育成陆地棉显性低酚种质系苏显无062。以高产抗枯萎病品种与优质抗黄萎病品系配组、高产抗虫品种与苏显无062配组形成各自F_1，接着开展2组F_1杂交获得复交F_1，然后采用南繁加代、江苏主产棉区穿梭育种和分子标记辅助选择等育种技术，育成12个显性低酚棉花新品系。种仁游离棉酚含量测定结果表明，棉酚含量均低于联合国粮农组织标准（<400mg/kg）和国内食用标准（<200mg/kg），因此可作为原料应用于人类食用油、高蛋白食品的生产，其中，苏显无154、苏显无156、苏显无158、苏显无159和苏显无161种仁棉酚含量低于3mg/kg，具有育种利用潜力和生产加工利用价值。

（3）早熟机采棉种质创新。我国棉花传统种植方式耗时费工，导致长江流域地区植棉面积萎缩，发展麦后直播棉和机械化采收是我国棉花生产的必然趋势。从2010年开始，以高产抗虫、优质抗病、紧凑早熟与高果脚株型品种（系）为亲本进行复交，采用江苏省内主产棉区穿梭育种、南繁加代、分子标记辅助选择、性状鉴定与纯合，培育出19个适宜机采的早熟棉花新种质。为进一步开展机采棉育种提供了重要材料基础。

棉花种质资源的利用，除一些引进的陆地棉品种（系）如PD系统，经试验后直接应用于生产外，还向国内有关单位免费提供棉花种质资源服务，据不完全统计，1990—2019年向国内23个省、市、自治区的科研机构、高等院校和种业公司提供种质系2 760份，其中陆地棉1 960份，亚洲棉600份，海岛棉、陆地棉种系及野生棉200份。"中国亚洲棉性状研究及其利用"作为共同主持单位1989年获得国家科学技术进步奖二等奖；作为主持单位，"棉花种质资源收集、研究和利用"1989年获得农业部科学技术进步奖二等奖，"棉花种质资源创新、评价与利用"2007年获得江苏省科学技术进步奖三等奖，2003年参与获得国家科学技术进步奖一等奖1项。

二、棉花遗传和育种基础理论研究

1. 中棉遗传研究

1934—1948年，与前中央大学农学院合作开展了中棉质量性状的遗传研究。研究结果如下：

叶绿素。研究表明，中棉黄苗是简单隐性致死基因。黄绿苗受简单隐性基因所控制，与卷缩叶、花青素、花瓣色、短绒有无、叶形、黄苗致死等均为独立遗传。

花青素。研究发现，中棉中的4个花青素基因（R_2^{MO}、R_2^{to}、无心日光红、无心青茎）和非洲棉中的一个花青素基因（R_2^{AO}）形成一种等级不同的多对性无心系。

卷缩叶。研究证明，卷缩叶为单因子遗传，完全隐性基因。

2. 陆地棉质量性状遗传研究

叶色、叶形。1940—1943年，研究证明，绿叶（Va、Vc、Vt、V1）、皱缩叶及波边叶6种变异性，均为单因子遗传。

棉籽短绒色泽。1944—1946年，研究证明，绿籽受一对显性基因控制。绒长、铃重及籽指均受多对基因控制的数量性状。绿籽陆地棉常具有早熟等优点。

腺体。1979—1980年，研究结果表明，有腺体和无腺体杂交，杂交2代的分离比例为14.08：1，通过杂交选育，无腺体隐性基因可以转移到现有丰产品种中去。

外翻苞叶。1983年，发现2个外翻苞叶（flaring-bract）突变品系"2453"和"2463"。经研究均由2对显性重复基因控制，基因符号暂定为Fb1、Fb2。外翻苞叶对红铃虫有较强的形态抗性，有利于减轻烂铃，还可显著提高籽棉净度，具有育种利用价值。

陆地棉亚红株突变体。2001年，发现1棵花瓣红色、叶色微红的突变株，后经纯化获得亚红株（Sub-red plant）突变系。遗传研究表明，亚红株突变是受1对不完全显性基因Rs控制的质量性状。而后通过SSR分子标记基因定位，将该突变基因定位在棉花第7染色体上。

陆地棉超矮株突变体。2004年，在陆地棉中发现1种新的矮秆突变体，称之超矮秆突变体（Ultra-dwarf plant mutant）。该突变与GA_3生物合成缺陷有关，当没有外源GA_3处理，不能启动正常生长发育程序，不能正常开花结铃；但通过人工喷外源激素可以调控该突变体的生长发育进程。遗传研究表明该突变体受一对隐性基因（$dudu$）控制，利用SSR分子标记将其定位在棉花第6染色体上。

陆地棉皱缩叶突变体。2012年，在陆地棉中发现1株新的皱叶突变体。该突变体约从第8果枝叶出现皱叶性状，并一直延续到植株的末了节位，其表型与前人已报道皱叶突变并不相同。遗传研究表明，该皱叶突变是受一对隐性基因（wr_3wr_3）控制的质量性状。以皱叶突变自交系和海7124为亲本配置组合得到的海陆杂交F_2为作图群体，将目的基因wr_3定位在棉花第21染色体上，距离最近的分子标记NAU3740的遗传距离为4.8cM，另一侧标记cgr5428的遗传距离为10.4cM。

陆地棉高杆突变体。2013年，在陆地棉中发现了1个新的高秆突变体材料。遗传研究表明，该突变体受1对显性基因（$TpTp$）控制。采用陆陆杂交群体对高秆基因Tp进行染色体定位，有4个SSR分子标记与Tp基因连锁，分别是NAU2083、NAU4045、NAU2419和NAU4044。Tp基因位于棉花第1染色体上，两侧的分子标记为NAU4045和NAU2419，其遗传距离分别为7.4cM和41.2cM。

3. 陆地棉数量性状研究

1982—2005年，研究分析了与产量和纤维品质相关的陆地棉数量性状遗传，包括遗传变异系数、基因效应、遗传率和遗传进度等遗传系数，以及这些性状间的相关性。

棉花单株结铃数的遗传变异系数较高（20%~30%），单株产量、单铃重的遗传变异系数中等（10%~20%），绒长、衣分和衣指等性状的遗传变异系数较小（10%以下）。

在遗传率和遗传进度方面，衣指、籽指、纤维长度与强度，衣分和种籽含油量的遗传率较高，在60%以上；铃重、单株结铃数和种籽蛋白质含量的遗传率中等，50%左右；早熟性、纤维细度、产量的遗传率较低，40%以下。但是，同一性状的遗传率估值，因试验材料、地点、年份和分析方法不同而有差异。

棉花产量与铃数、铃重、衣分、籽指、衣指之间，铃数与衣分之间，铃重与衣分、籽指、衣指之间，衣分与衣指之间，衣指与籽指之间均存在不同程度的正相关，其中以产量与铃数，铃重与籽指间的遗传相关系数最高（r_g=0.68~0.89）；其次是产量与衣分，铃重与衣指，衣分与衣指，籽指与衣指之间的相关（r_g=0.30~0.48）；而铃数与铃重、衣分、籽指之间，衣指与籽指之间则存在不同程度的负相关（r_g=-0.37~-0.16）。

在构成棉花皮棉产量的3个主要因素中，以铃数所起作用最大，其次为单铃重和衣分。在高产育种中，应把选择重点放在铃数上，但由于铃数、铃重和衣分之间存在明显的负相关关系，故对铃数的选择必须有适当尺度。根据棉花产量和纤维品质性状的典型相关分析，供试材料遗传背景不同，构成产量与纤维品质之间相关性的主要原因也不同。

棉纤维品质与纱线品质间，纤维强度与成熟度、均匀度之间，纤维强度与断裂长度之间均存在较高的正相关（r_g=0.70~0.89）；而纤维强度与均匀度之间，纤维细度与成熟度、均匀度之间具有较高的负相关（r_g=-0.93~-0.68）。棉花早熟性与产量及纤维品质间存在明显的负相关（r_g=-0.70~-0.58）。

4. 基于遗传分析的育种应用基础研究

陆地棉杂交亲本选配式研究。1985—1989年，分析了22个品种（系）的遗传变异。研究结果表明，在配制杂交组合前，对杂交亲本遗传差异的测定与分析，可对组合前作出50%左右的判断；用F_1群体产量水平，预测高世代表现，有50%的可能性；运用F_2组合综合鉴定指数，有50%的可能性对组合后代作出判断。

杂种后代选择效果及其机理。棉花产量与纤维品质均受微效多基因控制的数量性状，遗传机制较复杂。1990年研究表明，籽棉产量主要受加性、显性和加×显的上位性效应所控制。但加性效值小于显性效应估值，单株结铃数主要受加性效应控制，单铃籽棉重主要受加性和显性效应控制。而且显性效应大于加性效应。产量性状的选择效率随群体平均水平的增大而提高，在育种过程中，对F_2群体的平均表现水平，要有足够的重视。

陆地棉早熟性研究。1984年，对10个陆地品种（系）的早熟性进行了分析。结果表明，4个早熟性因素，即理论始花期天数（X_1）、第一果节位（X_2）、花的垂直间隔期（X_3）、花的水平间隔期（X_4），与早熟性（Y）之间，存在回归关系。早熟与优质可以结合。而早熟与高产相结合，则有一定的难度。

陆地棉株型研究。1978—1982年，对不同株型品系的光合效率和产量进行了研究。结果表明，棉株果枝角度（果枝与主茎实角）较小（65°左右）的类型，在行间光照强度、出苗至初花期叶面积增长速度、苗期至盛花结铃期净同化率和干物质积累速度、生殖器官干物量占总干物量之比等方面，均优于果枝角度大（70°左右）的类型。经济产量亦以果枝角较小的类型最高。

棉纤维品质遗传改良基础研究。1982—1983年，我所赴美国访问学者在美国得克萨斯州农工大学与Kohel和Benedict合作，用^{14}C示踪方法，测定了4个陆地棉品种发育棉铃中纤维素的合成量。结果表明，作为生理性状的纤维素合成量，在陆地棉品种间存在着明显的遗传变异性。这就为通过育种改良这一性状提供了可能性。

1992—1997年，我所利用通过远缘杂交创造的高强纤维种质系7235、7250、7255开展了不同强度棉纤维超微结构差异及其与比强度和马克隆值关系的研究。结果表明，具有高比强度的棉花种质系，其纤维的2.5%跨距长度、马克隆值、微原纤角和取向度均优于常规品种；纤维长度在品种（系）间差异极显著（$P<0.01$）；结晶度受到纤维发育时段环境等因素的影响（$P<0.01$）；其余的纤维品质性状和超微结构参数在品种（系）和年份间均有极显著差异（$P<0.01$）；种质系的纤维比强度与超微结构间呈正相关，但常规品种纤维比强度与超微结构的简单相关和偏相关均未达显著水平。据此，提出了棉纤维强度遗传改良的可能性。

2000—2003年，以陆地棉与雷蒙德氏棉杂交后代中选育出的高强纤维种质系与常规陆地棉品种（系）配组，研究F_1纤维品质的杂种优势。结果表明，所有参试组合的纤维长度、整齐度指数、断裂比强度的AH、CH均表现正向，而马克隆值的AH表现为正向或负向优势，CH均表现为负向优势。以上表明，含有野生种质的高强纤维种质的F_1能表现出优质棉的特性。

5. QTL作图研究

将海岛棉的优质纤维基因渐渗进陆地棉遗传背景中，培育优质、高产的陆地棉品种一直是棉花育种者的研究方向。2008—2015年，我所与美国佐治亚大学合作，开展了纤维长度QTL的精细定位及候选基因的克隆研究，通过回交高代QTL作图方法，从海岛棉PimaS-6中筛选、鉴定了1号染色体上的纤维长度QTL（qFL-chr1），培育了一个单QTL渐渗系R01-40-08，随后利用这个渐渗系R01-40-08与轮回亲本Tamcot2111构建了一个F_2大群体，通过置换作图初步将qFL-chr1定位于2.38-Mb之内，含有19个注释的基因，通过eQTL作图，获得了2个与纤维长度相关的候选基因GOBAR07705（编码氨基环丙烷-1-羧酸合酶）和GOBAR25992（编码氨基酸透性酶），这是国际上首个关于纤维品质图位克隆的报道，研究结果发表在2017年《Theoretical and Applied Genetics》上。

2003年，利用抗病亲本海7124为父本，与陆地棉苏棉8号杂交。后代用陆地棉苏棉8号连续回交，在BC_6F_2群体中获得1个抗黄萎病的种质系苏VR043，该种质经过连续3年2地（江苏南京和河南安阳）抗病性鉴定，都表现出比苏棉8号较高的黄萎病抗性。利用均匀分布于棉花31条染色体上的3 100对SSR引物对苏VR043进行遗传背景分析，结果显示苏VR043携带海岛棉海7124 D04染色体一个片段。为了精细定位该QTL，提取目标区段序列，开发SSR标记189对，构建F_2连锁群，同时在温室中对$F_{2:3}$接种非落叶型黄萎病菌Bp2。结果表明，目标QTL位于标记cgr6409-ZHX30和ZHX57-ZHX72之间，平均解释表型变异分别为16.38%和22.36%。根据海岛棉基因组序列，在定位区段内获得30个和19个候选基因。利用病毒介导的基因沉默方法鉴定了2个黄萎病的抗性基因，分别为Transmembrane protein 214-a isoform 1（跨膜蛋白，GbTMEM214）和Cytochrome p450（细胞色素p450，GbCYP450）。通过表达拟南芥和棉花进一步证明了GbTMEM214和GbCYP450基因的功能。

2009—2010年，以半矮秆品系D7163和高秆品种苏棉22号配组得到的F_2群体为材料，采用BSA法筛选矮秆基因相关的SSR标记，构建包含105个位点和14个连锁群的棉花遗传图谱。F_2单株标记基因型检测结果，6个SSR标记NAU2894、NAU2126、NAU4907、NAU2503、NAU2604和NAU3253与矮秆基因Sdu紧密连锁，位于棉花第19染色体上。2016—2018年，以Ⅰ式果枝品系苏机棉125和Ⅳ式果枝品种泗抗1号为亲本，构建F_2分离群体。根据F_2单株中部果枝果节平均长度，选择极端性状单株构建DNA混池。对2个混池进行重测序，分析2个混池之间的单核苷酸多态性和插入缺失突变，利用测序获得的单核苷酸多态性位点数据，在A3染色体上定位到1个与果枝节间长度关联的区域，区间范围为0.8Mb；利用测序获得的缺失突变位点数据，也在A3染色体上定位到1个关联区域，区间范围为1.09Mb；2个关联区域互相重合，重合区间为0.77Mb。

三、棉花新品种选育

1. 1935—1949年

以陆地棉引进品种的改良和选育抗卷叶虫、抗缩叶病品种为主。1933年，中央农业实验所从美国引进陆地棉品种在全国12处进行联合试验。试验证明，斯字棉4号（Stoneville 4）适宜黄河流域种植，德字棉531（Delfos 531）适合长江流域种植。1936年从美国购入这2个品种种子分别在黄河流域和长江流域推广，以后一段时期从国外引进的陆地棉大多含有这2个品种的血统。育成的品种如下。

鸡脚德字棉。1936年，与中央大学农学院合作育成，具有形态抗卷叶虫和早熟高产的特点。曾在四川省简阳等地示范推广。

2. 1950—1958年

为适应国家对高品质原棉的需求和适应生产上麦棉两熟套作的需要，以选育长绒棉和中早熟陆地棉为主。并继续上一时期抗缩叶病育种工作。这一时期育成的品种有：

抗缩叶病品种。此项育种工作始于20世纪40年代，于50年代初期育成。育成品种有：华东2号、华东6号。这两个抗缩叶病品种的产量和品质均高于早熟品种澧县72号，而低于岱字棉。育成后，由于当时对缩叶病（主要由叶跳虫引起）的为害已有防治药剂，因此未能在生产上推广应用。

长绒棉品种。育种工作始于1950年。包括陆地棉长绒和海岛棉，育成的品种如下。①长绒1号。从德字棉531长城棉品系单株定向选择，于1955年育成。绒长38.71mm，细度7 515m/g、单纤维强力4.3g，断裂长度32.32km。可纺100支细纱。曾在江苏省南通棉区扩大繁殖。②长绒2号。1944年以陆地棉红鸡脚叶棕絮光子为母本，亚洲棉小白花为父本进行杂交。多次单株选择于20世纪50年代中期育成。主要特点是纤维较长，成熟早、吐絮集中。1954年新疆吐鲁番试验结果，比对照C3173皮棉增产9.31%。③长绒3号。1950—1951年以陆地棉教养海岛棉，经培育选择于1955年育成。纤维品质优于进口埃及棉。

适宜麦棉两熟套种的早、中熟陆地棉品种。育成的品种有：澧50-53，属早熟陆地棉品种，株型紧凑，吐絮集中，早熟性比较突出，适当增加种植密度，产量可以超过当时生产上推广应用的岱字棉15；宁棉7号，属中熟陆地棉品种，于1955年育成。曾在江苏省丹阳、常熟示范推广。

3. 1959—1966年

继续以适宜麦棉两熟套作和高纤维品质为目标。育成的品种有：

适宜麦棉两熟套作的中早熟陆地棉品种。宁棉12号，于1959年育成，主要特点是株型紧凑，成熟早。在晚播条件下表现早熟高产。曾在浙江平湖示范推广，并列为该县的当家品种。

长绒棉海陆杂种一代高优势组合。宁杂1号（陆地棉彭泽一号×海岛棉长4923），1959年配置组合，平均亩（1亩约为667m²，全书同）产皮棉53.72kg。纤维主体长度39.13mm，单纤维强力5.5g，细度7 696m/g，断裂长度42.33km。可用于大胎帘子布原料和纺150支以上细纱。1961—1966年曾在江苏省常熟、江浦、丰县进行制种和示范推广，开创了我国大面积利用杂种棉的先例。

4. 1967—1977年

这一时期以选育适应麦棉两熟套作高产优质陆地棉品种为主。育成的品种有：

江苏棉1号，属中熟陆地棉品种，以陆地棉与中棉种间杂交后代、与陆地棉数次回交，并经连续单株选择，于1970年育成。主要特点是丰产性和早熟性均较好，纤维品质比较突出，纤维长度32.7mm，单纤维强力4.4g，断裂长度25.18km，可纺60支细纱。

江苏棉3号，属中早熟陆地棉品种。1971年育成，紧凑、早熟、结铃性较强。

以上2个品种，1971—1979年在省内外累计种植达400万亩。获1978年江苏省科学大会奖。

5. 1978—1999年

鉴于棉区枯萎病的发展和适应耕作改制的需要，在选育高产优质适应麦棉两熟套作陆地棉品种的基础上，增加了抗病（主要是枯萎病）的目标，并开展适应麦棉连作短季棉的选育和陆地棉品种间杂种优势的研究与应用。育成的品种有苏棉1号、苏棉11号、苏棉17号、苏杂16、苏杂26等。

苏棉1号。该品种是我所棉花育种历史上第一个通过江苏省农作物品种审定委员会审定的抗病陆地棉品种（审定证书编号：苏种审字第106号）。1988年4月由江苏省农作物审定委员会审定，适宜于枯萎病区推广的品种。1989年被农业部列为全国棉花育种"七五"科技攻关成果6个扩繁品种之一。1989—1991年3年累计推广面积400多万亩。

苏杂16。陆地棉品种间杂交高优势组合（宁101×川抗414），属中熟抗枯黄病类型。杂种一代比生产上推广的抗病品种增产约20%，杂种二代仍有较强的优势，比生产上推广的抗病品种增产10%左右，1996年5月通过安徽省农作物品种审定委员会审定。20世纪90年代在长江流域累计推广面积达500多万亩。

6. 2000—2020年

转基因抗虫棉为主的育种时期。育成的品种有苏杂3号、苏杂118、苏杂201、宁字棉R2、宁字棉R6、宁杂棉3号、苏杂6号、苏杂208、星杂棉168、苏杂668、苏棉6039等，代表性品种如下。

苏杂3号。高强纤维抗虫杂交棉。于2005年4月通过国家农作物品种审定委员会审定（审定证书编号：国审棉2005015）。苏杂3号集高强纤维、高产、抗虫于一体，突出表现纤维强力高、品质优、产量高，综合抗病虫性能强。在育种思路上采用具有海岛棉血统的高品质陆地棉种质系与高产抗虫陆地棉品种广泛杂交配组，克服海陆杂交棉特有的纤维色泽较差、杂种F_1不孕籽较多等弱点。苏杂3号自审定以来，持续多年在长江流域示范推广，2010—2013年连续4年被农业部列于长江流域的主推品种。据不完全统计，2006—2014年在长江流域累计推广435.7万亩。2014年获得江苏省科学技术进步奖三等奖。

7. 特色棉育种

为了增加棉花的综合利用价值，提高植棉效益，自21世纪开始，我所开展了彩色棉、低酚棉等专用棉的研究和适于机械化收获的棉花品种研究，育成的品种有：

苏彩杂1号。江苏省第一个通过审定的彩色棉品种。2009年2月通过江苏省农作物品种审定委员会审定（审定证书编号：苏审棉200902）。棉纤维颜色棕色，纤维品质达优质Ⅱ型。由无锡市长新纺织有限公司纯纺60支精梳提花格仔布获得成功。而后与顶呱呱彩棉服饰有限公司合作，成功研制生产了60支纯彩棉线衫、纯彩棉玛雅毯。

苏研608。优质、转Bt基因抗虫低酚棉新品种，亲本为：苏优无028×苏研601，耐枯萎病，耐黄萎病，抗棉铃虫，属中熟陆地棉类型。2014年11月通过江苏省农作物品种审定委员会审定（审定证书编号：苏审棉201403），适宜江苏省枯、黄萎病轻病田种植。

苏早211。优质、转Bt基因抗虫早熟机采棉品种。亲本为苏远045×中棉所50，高抗枯萎病，耐黄萎病，抗棉铃虫，属早熟陆地棉类型。2019年6月通过江苏省农作物品种审定委员会审定（审定证书编号：苏审棉20190004），适宜江苏省黄萎病轻病田种植。

四、棉属远缘杂交研究及其在育种上的应用

棉花远缘杂交始于原中央农业实验所，当时的主要工作围绕陆地棉与中棉的杂交与育种利用。从1977年开始，在国内外同行的帮助下，开展了棉属野生种的收集、保存以及育种利用工作，现已搜集、保存棉属野生种38个；利用21个野生种与栽培种或野生种杂交，获得40个杂交

组合，其中陆地棉×野生种13个，海岛棉×野生种10个；有2个组合成功获得染色体加倍植株；2010年以来，利用分子标记辅助选择技术，在国际上首次创造了一套二倍体野生种异常棉的染色体片段渐渗文库。

1. 克服种间杂交不亲和性和F_1的不育性

1944年，以26对染色体陆地棉为母本，13对染色体亚洲棉为父木，采用一般去雄授粉法，1945年得到F_1 1株，1946年得到BC_1F_1 1株，以后继续利用陆地棉回交于育种。

1952年，以陆地棉'岱字棉14'为母本，亚洲棉"常紫1号"为父本，进行杂交。为保住杂交铃而研究出改良混合授粉法。1953年，得到F_1 1株，1953—1954年采用嫁接繁殖，得到40多株，与陆地棉进行回交，F_1花朵去雄后柱头上涂35%蔗糖和少量维生素B_1混合液，花柄基部涂5mg/kg 2，4-D羊毛脂，1955年得到BC_1F_1 7株，初步探明了F_1不育的主要原因是花粉粒基本上没有生活力，绝大多数胚珠无胚囊。

1978—1985年，进行棉属栽培种与野生种的杂交研究，总结出适宜温度（25～30℃）、营养生长与生殖生长协调（盆栽）、柱头上涂35%蔗糖溶液，苞叶内外点赤霉素（50mg/kg）四者配套是克服棉花种间杂交不亲和性的关键技术，其中温度是关键的关键。实践证明每一组合只需做5～10朵花即可获得F_1，已获得种间杂种组合49个。

在克服杂种F_1不育性方面，将四倍体陆地棉（$2n=4x=52$）与二倍体野生种（$2n=2x=26$）杂交得到的F_1三倍体（$2n=3x=39$），用0.15%秋水仙素处理杂种F_1的枝条，成功获得（异常棉×陆地棉）和（雷蒙德氏棉×陆地棉）六倍体F_1植株，为挖掘野生种优异基因和育种利用创造了可育的桥梁亲本。

2. 棉属种间关系和四倍体起源问题的研究

研究总结出，根据植物学形态、种间的亲和性和后代的育性、细胞遗传、核型分析、种子蛋白质电泳、同工酶及分子标记等指标进行综合分析是探讨棉属种间关系和四倍体起源比较可靠的途径。

3. 二倍体野生种基因组数据的挖掘与利用

为了充分挖掘野生种的优异基因，自2008年开始，对二倍体野生种旱地棉、异常棉等开展了转录组、基因组数据的挖掘与利用研究。通过对旱地棉盐胁迫下不同时期的转录组分析，获得了28个与盐胁迫相关的WRKY转录因子。从异常棉转录组数据中开发了5 000多个SSR标记，筛选了一套均匀覆盖异常棉基因组的SSR特异标记，为异常棉基因组的渐渗打下了重要基础。

利用三代PacBio+BioNano+Hi-C混合组装策略对异常棉基因组进行全基因组测序与染色体水平拼接，获得总长度为1 198 670 087bp的异常棉基因组，scaffold N50达到99.189Mbp，基因组挂载率高达99.19%。GC碱基的比例为34.25%，未测到的碱基N的比例仅为0.51%。分别通过BUSCO、Hi-C热图、着丝粒ChIP-seq以及共线性分析对基因组组装质量进行评估，均发现该版本异常棉基因组组装具有较高的质量。对基因组进行注释后，发现异常棉基因组中含有约789Mbp的重复序列，约占全基因组的65.29%；共预测出43 297个基因，其中共有41 796个基因可以被注释功能，占所有预测基因的96.5%；ncRNA共计8 190个拷贝，总长约997kbp，占基因组总长的0.156 2%。为下一步异常棉功能基因的挖掘提供了优质的参考基因组。

4. 利用分子标记辅助选择技术创造二倍体野生种渐渗文库

为了充分挖掘野生种优异基因，从2008年开始，开展基于分子标记辅助选择技术的野生种全基因水平的渐渗系群体创建工作。利用陆地棉×异常棉获得的三倍体杂种F_1经秋水仙素处理成功获得加倍的F_1六倍体植株（$A_1A_1D_1D_1B_1B_1$）。将F_1与陆地棉回交，在BC_2F_1代利用异常棉来源的特异性标记筛选获得50种重组类型。从BC_2F_1开始，选择重组个体连续回交2次并自交3次，在每一回交与自交世代均进行标记辅助选择，最终在BC_4F_4代经全基因组检测，共获得74个异常棉染色体片段代换系，其中单片段系43个，两片段系24个，三片段系7个，共覆盖异常棉基因组约69.55%，轮回亲本基因组回复率平均为97.09%。在3个环境中对代换系进行农艺、产量、纤维品质性状的表型鉴定，通过表型与基因型间相关性分析，共鉴定到分布在8条染色体17个置换区段上的35个QTLs，其中18个位点被认定为优异位点。获得了32个优质、高衣分、抗旱、抗黄萎病种质资源新材料。

5. 棉花远缘杂交在育种上的应用

通过陆地棉与中棉种间杂交，20世纪50年代育成长绒2号，70年代育成江苏棉1号、江苏棉3号。1978年开始，从陆地棉与野生棉杂交回交后代中，获得并已发放的优良种质材料：①品质育种方面，从陆地棉×异常棉、陆地棉×辣根棉、陆地棉×雷蒙德氏棉等组合获得了高品质种质系；②抗虫育种方面，从陆地棉×瑟伯氏棉、陆地棉×比克氏棉、陆地棉×异常棉组合选出了抗棉铃虫和蚜虫种质系；③抗病育种方面，从陆地棉×司笃克氏棉、陆地棉×亚洲棉×斯特提棉后代中得到了抗枯萎病、耐黄萎病的种质材料；④抗逆育种方面，从陆地棉×异常棉组合获得了抗旱、耐盐碱新种质；⑤种子无酚、植株有酚棉花新类型的培育方面，从中棉×比克氏棉后代中获得了一批株系。

五、转基因棉花研究及其在育种上的应用

我所是国内首批从事转基因棉花研究和应用的单位。尤其是创建了花粉管通道法转基因技术，创新了大量转基因种质资源并为育种利用，产生了明显的生态效益、经济效益和社会效益。

1. 棉花转基因技术

根据中国科学院院士、中国科学院上海生物化学研究所周光宇教授研究团队提出的"DNA片段杂交假说"，我所与周光宇教授团队合作在国际上首先创建了棉花花粉管通道法外源DNA导入技术，即在授粉后向子房注射含目的基因的DNA溶液，利用植物在开花、授粉、受精过程中天然形成的花粉管通道，将外源DNA导入受精卵细胞，并进一步地被整合到受体生殖细胞的基因组中，随着受精卵的发育而成为带转基因的新个体。利用该技术，有效地开展了基因组DNA导入棉花受体品种的实践，获得了多种多样的带有供体目标性状的转化后代。在此基础上，建立了适应于大规模遗传转化需要的转基因技术平台和转基因种质资源创新技术体系，将苏云金芽孢杆菌杀虫蛋白基因等人工合成或修饰的基因成功地转化我国棉花主栽品种，研制成功了我国转基因抗虫棉。该项技术被全国各地引用、示范推广累计达1亿亩以上，直接经济效益100亿元以上，极大地推动了我国棉花科技和产业的进步和发展。"农作物遗传操纵新技术——授粉后外源DNA（基因）导入植物的生物工程育种技术"1989年获得国家科学技术进步奖二等奖，我所为第二完成单位。

随着棉花转基因技术的进步，花粉管通道法转基因技术一些缺点也随之显露，比如单拷贝插入比较稀少，插入边界难以确定等，在转基因农作物安全性评价上存在一些困难。

随着农杆菌介导转基因技术的不断突破，棉花转基因采用农杆菌技术逐步成为主流。我所熟练掌握了该项技术，通过该项技术，已成功将GAFP（天麻抗真菌蛋白）、GAT（N-乙酰转移酶）、SbHKT（海篷子高亲和钾离子转运蛋白）、GarCIPK（棉属野生种旱地棉中克隆的蛋白激酶基因）、GarWRKY22、GarWRKY17、GbTMEM214、GbCYP等基因转化到陆地棉R15和苏研060等品种（系）的遗传背景上，获得了具有目标基因表达性状的转基因棉花资源，并应用于棉花育种。

2. 转基因技术在棉花育种上的应用

（1）棉花抗虫育种。1997—2009年，将Bt基因、豇豆胰蛋白酶抑制剂基因（CPTI）、雪花莲凝集素基因（GNA）等抗虫基因，葡聚糖苷酶基因（Glu）、几丁质酶基因（Chi）、葡萄糖氧

化酶基因（*GO*）、萝卜抗真菌蛋白基因（*Rs-AFP1*）等抗病基因以及由这些基因构建的多价融合基因成功地导入到30多个棉花品种（系）中，获得了大量单价、双价转基因抗虫、抗病种质新材料，建立了我国最早的棉花转基因种质库。向全国14个主产棉省（区）的49个下游棉花育种单位发放了上述700多份转基因抗虫、抗病棉中间材料，并根据各生态区的特点开展协作选育。

主持选育的转基因抗虫棉宁字棉R2、宁字棉R6、宁杂棉3号分别在安徽、江西、江苏审定。参与选育的转基因抗虫棉新品种GK1、GK12和GK22已分别通过安徽、山东、江苏审定。由兄弟单位引种后育成的SGK3和GK19分别通过河北、湖北审定，双价转基因抗虫品种SGK321通过国家审定，这是我国首例通过品种审定的双价转基因抗虫棉，成为我国双价转基因抗虫棉的主推品种，2001—2007年全国累计推广1 446万亩，创造经济效益19.69亿元。

（2）棉花抗病育种。枯（黄）萎病是棉花生产上的毁灭性病害，由于抗病性、优质、高产等性状之间，存在着遗传上的负相关，使得常规有性杂交育种受到种种限制。以导入外源DNA的方法来打破这种连锁是可能的。这就为棉花及其他作物抗病育种提供一个新途径。以海岛棉7124为供体，陆地棉9101为受体获得的导入后代3118，高抗枯萎病，耐黄萎病。曾种植9万亩。3049系，在病田比江苏棉3号增产70%。3072系，比当时生产上推广的主体品种盐棉48增产25%，比86-1增产4.69%。此外，还有早熟、高产的新品系1434、4647等。

（3）棉花纤维品质改良育种。2001—2004年，与中国科学院上海植物生理研究所陈晓亚院士团队合作，将兔毛角蛋白基因通过花粉管通道法转基因技术转入陆地棉，结果表明，转基因棉花纤维在强度和弹性方面发生了有益变化。获得的3株转基因棉花，其纤维比强度比转基因受体平均提高6.3cN/tex。

（4）棉花抗旱、耐盐碱育种。利用同源克隆法从盐生植物海蓬子克隆了*SbHKT*基因（海蓬子高亲和K离子转运体），并在模式植物验证了功能，通过农杆菌介导法获得了转*SbHKT*陆地棉新材料。分别对转基因材料进行了室内和盐碱地的多年多点耐盐和抗旱性鉴定，表明转*SbHKT*基因纯系在盐胁迫条件下表现出较高的耐盐和抗旱性，已完成中间试验，正在进行环境释放研究。

从二倍体野生种旱地棉中克隆并功能验证了*GarMSL*、*GarCIPK8*以及*GarTHA*等耐盐相关基因，*GarCIPK8*已获得了转基因棉花植株；同时鉴定了受盐胁迫响应的WRKY转录因子28个，部分WRKY转录因子的功能已在模式植物中得到了验证，其中*GarWRKY5*、*GarWRK17*和*GarWRKY22*已获得转基因棉花。

自20世纪90年代以来，农作物遗传操纵新技术、棉花规模化转基因技术以及抗虫棉的研制等方面的工作，我所作为主要完成单位参与的研究成果获得国家科学技术进步奖二等奖2项、国家技术发明奖二等奖1项，我所作为主持单位完成的科研成果获得江苏省科学技术进步奖二等奖1项，三等奖1项，其他部省级成果8项。

六、棉花品种区域试验

1. 区域试验的发展历程

1933—1936年，中央农业实验所与中央棉产改进所合作在全国10个省设置棉花品种比较试验，1939—1941年又在西南7个省设置西南棉区棉花品种区域试验，1947—1949年设置黄河流域棉区和长江流域棉区棉花品种区域试验，从而为全国棉花区域试验的整体布局奠定了基础。

1949年以后，棉花品种区域试验以大行政区为范围分别组织进行。1951—1953年我所负责华东区棉花品种区域试验。1956年开始，国家棉花品种区域试验改为全国统筹规划，按黄河流域、长江流域、西北内陆等大棉区分别设立区域试验组别，受原农业部委托主持长江流域棉区棉花品种区域试验。长江流域棉花区域试验在1968—1972年因"文化大革命"中断5年，1973年恢复区域试验，1976年因无新品种参试暂停3年。1979—1998年我所继续主持开展长江区试工作。1999

年因为人才断档等原因，我所中止主持长江区试，当年长江流域春棉组由全国农业技术推广服务中心主持，抗虫棉组由中国农业科学院棉花研究所主持。2000年我所恢复对长江流域棉区各组别国家棉花区试的主持工作至今。2019年起农业农村部委托我所同步主持北部冬麦区国家冬小麦新品种区域试验工作。

2. 区域试验的品种成果

1933—1936年，在全国10个省开展棉花品种区域试验，试验表明斯字棉4号适宜于黄河流域棉区种植、德字棉531适宜于长江流域棉区种植。从1937年开始，这两个品种分别在黄河流域棉区和长江流域棉区大面积推广种植。1939—1941年，在西南7个省设置西南棉区棉花品种区域试验。结果表明，德字棉531在四川产量和品质均名列前茅，福字棉及澧县72号在四川和湖南表现高产，并指出珂字棉100纤维细柔，在四川产量仅次于德字棉531。1947—1949年，设置黄河流域棉区和长江流域棉区棉花品种区域试验，试验肯定了岱字棉14号是适宜于长江流域种植的品种，并于1950年开始在江苏、江西等地示范推广。1951—1953年，我所负责华东区棉花品种区域试验，经过3年试验结果，供试品种中以岱字棉15号表现最突出，肯定了该品种在长江中下游棉区的推广价值并指出在淮河流域棉区及山东省也有推广前途。

1956—1990年，长江流域棉区国家棉花品种区域试验先后推荐审（认）定的优良品种有岱字棉15号、洞庭1号、宁棉7号、沪棉204、岱红棉、冈棉1号、泗棉1号、泗棉2号、鄂沙28和鄂荆92等优良品种，其中，岱字棉15号的推广面积最大并跨越长江流流域发展到黄河流域棉区，1957年在全国推广面积达5 177万亩，占棉田总面积的69%。1961年开始，我所与江苏省种子公司等单位共同主持的江苏省棉花品种区域试验先后推荐审定和推广面积较大的优良品种有泗棉1号、徐州142、徐棉6号，泗棉2号、盐棉48、苏棉1号、苏棉2号、苏棉3号、苏棉4号等省级审（认）定品种，其中，在20世纪90年代泗棉2号、苏棉2号与盐棉48是江苏省棉花生产上的主体品种。

1981—2019年，长江流域国家棉花区域试验推荐审定了75个国审棉花新品种。在生产上得到广泛应用的品种有湘杂棉2号、湘杂棉8号、鄂杂棉10号、南农10号和华杂棉H318等。

3. 区域试验的技术成果

（1）棉区划分。我国是世界上主要产棉大国，植棉历史悠久，地域辽阔，在北纬18°—48°、东经76°—124°。在这广阔的国土里，各地的宜棉程度差别甚大，棉田的集中程度也颇悬殊。为科学地指导全国的棉花科学研究和棉花生产，1940年，时任中央农业实验所棉作系主任冯泽芳教授根据气候、土壤、农情和品种区域试验结果，把全国分为三大棉区：黄河流域棉区、长江流域棉区和西南棉区。这在我国棉花科学技术与生产发展史上具有里程碑意义，并为我国后来进一步开展此项研究奠定了基础。

2012年基于2000—2010年长江区试数据并采用遗传力校正的GGE双标图分析方法，将长江流域棉区细分为3个棉花品种生态区，即以简阳和射洪为代表的"四川盆地棉花品种生态区"、以南阳和襄阳为代表的"南襄盆地棉花品种生态区"和除上述2个生态区以外的"长江流域主体棉花品种生态区"，从而为长江流域棉区棉花品种的选择和推荐策略提供了科学依据。

（2）棉花区域试验点布局。2016年以2000—2014年长江流域、黄河流域和西北内陆棉区区试数据为资料，分析重复次数和试点数量设置的合理性，提出各棉区试点数量的设置方案。结果表明，我国棉花品种区域试验采用3次重复是保证试验效率的充分条件；长江流域和黄河流域国家棉花区试现行的试点数量设置已经可以充分满足试验要求，西北内陆棉区的试点数也符合基本要求；由于棉花区域试验过程中也可能会因田间管理、自然灾害或其他异常情况导致试验报废，为充分保证试验的可靠性，长江流域棉区可保持20个左右的试点数量；黄河流域和西北内陆棉区可以分别将试点数量增加到27个和19个左右。

（3）品种稳定性和适应性评价方法。2001年基于1999—2000年江苏省中熟棉花品种区试的皮棉产量数据利用AMMI模型方法分析了江苏省区域试验品种的稳定性和特殊适应性，分析结果对江苏省的品种利用提供了参考建议，同时也对AMMI模型应用于品种稳定性分析的作用和效果进行了探讨。

2005年开始引进和改良应用GGE双标图方法分析长江流域棉花区试品种的稳定性和适应性。2014年开始正式用于长江流域棉花区试报告，2015年推广到西北内陆棉区的国家区试报告，2018年开始在全国三大棉区中推广应用。2019年GGE双标图评价品种稳定性的方法整合到全国农作物品种区域试验体系的平台中。

（4）区域试验统计分析软件的研发与应用。2000年《中华人民共和国种子法》颁布之后，区域试验的规模扩大了数倍，而且试验测试的项目和田间调查记载的性状也不断增加，试验汇总的工作量也随之倍增，而试验汇总人员的队伍却没有显著的改变。为提高区域试验汇总效率，于2013年研发了计算机软件"农作物区域试验汇总报告文本生成系统"，获得国家计算机软件著作权证书。可以高效、准确地完成对所有参试品种的品种评述。

2007年农业部发布的农业行业标准《农作物品种审定规范 棉花》（NY/T 1297—2007）对棉花品种审定提出量化指标评价标准，由于人工计分过程费时、费工、容易出错，2013年采用C++语言编制了用于对申请国家审定的棉花品种进行自动评分的32位全中文界面应用软件"国家棉花品种审定量化指标自动评分系统"。

鉴于自1949年至20世纪80年代棉花品种区域试验对我国棉花生产发展做出的特殊贡献，由中国农业科学院棉花研究所主持，我所作为第二完成单位而组织申报的"全国棉花品种区域试验及其结果应用"获1985年国家科学技术进步奖一等奖。

七、棉花良种繁育研究

由于棉花是常异花授粉作物，遗传组成复杂，加之生产环节较多（多次收花、轧花等），比之自花授粉作物更容易造成品种混杂、退化。为保持与提高良种的种性，原农业部于1952年下达课题，研究棉花品种退化问题。1952—1957年，经6年调查研究与试验，结果表明，所谓品种"退化"，主要是指某些经济性状的演变，不符合人类的要求而言，引起棉花品种退化的原因，主要是由于品种的变异性较大（包括本身的杂合性，生物学混杂及其他原因引起的变异），在较滞后的农业技术和不良的气候因素等影响下，通过自然选择和人为不自觉选择作用的结果。因此不断加强人工选择，并改善栽培管理条件，做好棉种管理等工作，是保持棉花良种种性防止"退化"的根本原因。

1956年开始，我国主要产棉省设置棉花原种场亦采用苏联提出的品种内杂交、选择与复壮相结合的复壮方法，但根据品种"退化"研究的结果，否定了生活力衰退的论点，提出宜采用"单株选择、分系比较、混系繁殖"的方法生产原种，而不需要进行品种内杂交，至20世纪60年代中期，已逐步为我国棉花原种场接受和采用，1982年我国国家标准局颁发的《棉花原种生产技术操作规程》（GB/T 3242—1982）亦肯定了采用"单株选择、分系比较、混系繁殖"法，即株行圃，株系圃，原种圃"三年三圃制"生产原种。

20世纪80年代中期，基于各地原种生产过程中重视衣分的选择与提高，因而导致另一些经济性状受到影响，为了防止选择偏移，我所经多年研究后于1986年提出良种繁育方法可采用"改良众数混选法"，即改选择单株为混合选组，改标准线以上当选为众数当选，实行组行圃、混系圃、原种圃"三年三圃制"，这一方法已得到一些原种生产单位的采用。

1983—1988年，南京农业大学与我所合作开展棉种退化问题研究。研究结果表明，剩余遗传变异是棉花退化的实质性原因。据此，设计了棉花原种生产的"自交混繁法"，即：从典型单株上采收的自交铃建立"株行比较圃、株系比较圃、原种生产圃"的原种生产方法。该方法经

1988—1994年连续7年在浙江、湖南、湖北、山东、新疆和江苏共6省（区）10个原种场验证结果表明，该方法生产的原种质量符合国标GB/T 3242—1982，而生产成本可节省70%。该项成果获1998年国家教育委员会科学技术进步奖三等奖。2012年12月31日国家质量监督检验检疫总局和中国国家标准化管理委员会发布了《棉花原种生产技术操作规程》（GB/T 3242—2012），代替GB/T 3242—1982。新国家标准中增加了棉花自交混繁原种生产方法。

八、棉花栽培技术

在90年的历程中，棉花栽培技术主要在棉田种植制度、营养钵育苗移栽、地膜覆盖栽培、化学调控技术、麦（油）后连作棉栽培、江苏省优质棉基地科技服务、棉花高产综合栽培、棉花简化栽培、棉田高效立体种植技术、棉花因种栽培技术体系和栽培应用基础等方面开展研究。研究成果不仅有科学技术价值，且在推广应用后产生十分明显的经济、生态和社会效益。先后获得国家科学技术进步奖、农业农村部技术改进奖、农业农村部科学技术进步奖、江苏省科学技术进步奖等多个奖项，其中"营养钵育苗移栽技术"获得1982年农牧渔业部技术改进奖一等奖，"全国不同生态区优质棉高产技术研究与应用"获得1993年国家科学技术进步奖二等奖，"棉花化学调控系统工程的营建与实施"获得1998年江苏省科技术进步二等奖。尤其是育苗移栽、地膜覆盖和化学调控在1990年中国国际棉花学术会议上被誉为我国现代棉花生产上的"三大创新技术"。

1. 棉田种植制度

江苏省棉田种植制度的发展是围绕着提高土地复种指数这一主轴，经历了一熟直播—麦套直播棉—麦套移栽棉—麦油后移栽棉的发展过程。在这一过程中，复种指数得到了不断提高，全年棉田物质产出量增加，经济效益显著提高。

（1）棉田轮作试验。为研究棉田连作与轮作的效果，1951年开始在南京设置棉田轮作试验，至1956年完成，试验主要结果：①种植多年生牧草后，对土壤团粒结构有显著的改进，但土壤全氮及有机质含量则与对照差异不显著；②一年生冬季绿肥在两熟制棉区轮作中具有重要意义；③连作麦棉两熟要增施肥料，结合改进其他耕作措施，土壤肥力可比一熟棉田有所提高；④棉花与杂粮轮作对改进土壤结构有较好的效果。

（2）江苏两熟制棉区植棉增产技术调查研究。江苏两熟制棉区分为旱粮棉地区和稻粮棉地区。1954—1955年苏南棉花工作组基点在太仓县，参加单位有江苏省棉作试验场浏河分场、太仓县农业局。主要研究结果：粮棉两熟增产技术。针对这一地区棉麦两熟生产上存在的问题，地力消耗大，通过调查研究后提出，前茬小麦宜选择适期迟播的春性或半冬性品种，以解决棉麦套种地区的秋播问题；棉花播种前施用基肥，改迟播为早播。稻棉连作地区植棉技术。稻棉连作地区的主要问题是稻后第一年棉花产量低其改进措施是稻后深耕；棉花（当时是中棉）改撒播为条播，适当降低稻板茬植棉密度；改中棉为陆地棉等。

以上研究成果，在20世纪50年代中后期在苏南两熟制棉区生产推广应用，取得明显增产效果。

（3）一熟棉向棉麦两熟发展。淮北地区在20世纪50年代中期曾发展棉麦两熟，由于地力、肥源、灌溉和劳力等方面不具备发展的条件，未能推开。至20世纪70年代由于塑膜覆盖棉花营养钵育苗移栽技术的发展，改麦行套种为麦行套栽不仅可以延迟麦行绿肥的耕翻期，提高鲜草产量，而且有效地解决套种棉的死苗迟发问题，棉花产量一般增产二成左右。1981年全省两熟制棉区麦行套栽面积为23.3万hm²，1984年达39.5万hm²。"江苏省两熟制棉区植棉增产技术研究"获1978年江苏省科学大会奖（协作）。

（4）棉麦套作向麦棉连作发展。麦棉连作的麦（油菜）后移栽棉花，1954—1955年江苏两熟制棉区工作组在太仓地区开始试验示范，棉花露地育苗，大麦、油菜后移栽。20世纪60年代末常熟县大面积试种。1978年如东县开始棉花薄膜温床育苗，麦后移栽示范推广。从1978年开始，南通地区农业科学研究所、江苏省农业科学院，以及扬州、如东、兴化市（县）农业局等，先后开展麦后移栽棉生育特性与栽培技术等试验。1979年江苏省麦（油）后移栽棉发展面积为2万hm²左右，1981—1982年稳定在10.7万hm²左右，约占全省棉田面积的16%；1983年发展到占全省棉田面积的25.1%；1988年发展到占34.4%，其中，20世纪80年代，这一栽培体系在里下河和沿江棉区发展迅速。兴化县1987年麦（油）后移栽面积2.5万hm²，占棉田的84.8%。棉花产量接近套栽棉，而前茬大麦每亩可增收120～140kg，麦后移栽棉两熟年产值比套栽棉两熟增加18.5%，有效地缓解两熟制棉区粮棉生产的矛盾。

（5）江苏沿海旱粮棉区粮棉种植制度的研究。1974—1985年大丰基点组主要工作：①1976—1977年对玉米与棉花间作的群体生态进行研究，至1984年以后，原来实行玉米棉花间作连作制的地区，已基本上改为纯粮纯棉轮作制；②示范推广棉花以营养钵育苗移栽为主体的配套栽培技术，1978年以后，棉花营养钵育苗移栽及直播地膜覆盖技术在大丰县得到快速发展，至1984年已占棉田面积的80%以上；③示范推广粮棉高产品种，先后示范推广棉花新品种有江苏棉一号、江苏棉一号大铃、86-1。

20世纪70年代中期，大面积推行玉米与棉花间作的连作制，实行麦（绿）、棉花、玉米（绿）间套作三熟制（棉花、玉米夹作），1981年棉花、玉米夹作铺地面积达24.1万hm²（折实棉花面积12.8万hm²），对粮棉增产曾起过积极作用，但带来棉花迟发、病虫害加重影响稳产的矛盾。1978年江苏省农业科学院大丰基点组根据棉花、玉米间作群体生态研究结果，提出这一种植制度不能适应生产发展的要求，必须进行改革，实行纯粮纯棉轮作制。1981年以后逐步恢复棉花纯作，麦行套种。1984年后，原来实行玉米棉花间作连作制的地区已基本上改为纯粮纯棉轮作制。由此科技成果申报的"江苏滨海盐土植棉技术体系研究"（1953—1982年），获得1983年江苏省科学技术成果一等奖（协作）。

2. 棉花营养钵育苗移栽技术

为解决长江流域麦棉两熟争地的问题，自1954年冬开始，江苏省农业科学院经济作物研究所等在先后研制出手压制钵器、机械制钵器同时对钵土配方技术、育苗技术、增产机制等方面展开研究，总结出一整套棉花营养钵育苗移栽高产高效栽培技术。这些技术包括营养钵育苗、营养钵移栽和营养钵栽后管理。

20世纪70年代中期棉花营养钵育苗移栽技术开始推向生产，至20世纪80年代江苏省90%以上棉田均采用这一技术，同时在长江流域棉区迅速扩大应用，长江流域棉区近200万hm²棉田应用营养钵育苗移栽。该项技术创社会经济效益150亿元，农民获益超50亿元。"棉花营养钵育苗移栽技术"获得1982年农牧渔业部技术改进一等奖（主持）；"棉花营养钵育苗"获得1956年农业部奖。修订了《棉花育苗移栽亩产皮棉100～125kg栽培技术规程》（DB32/T 316—1999）江苏省地方标准。

3. 地膜覆盖栽培技术体系

1982—1984年，江苏省农业科学院经济作物研究所主持"南方棉区地膜棉花综合栽培技术及增产原理研究"课题。地膜覆盖栽培技术的应用，解决了长期困扰我国棉花生产的出苗难、保苗难等问题，成为促进棉花生产发展的又一项创新技术。1978年引进日本产的厚度0.015mm农用地膜后，有力地促进了该项新技术在农业生产上的广泛应用。研究结果表明，地膜覆盖栽培技术，具有增温、保墒、提高光照强度、改善土壤理化性等作用，可以促进棉花早苗、早发、早熟、高产。

1984年棉花地膜覆盖栽培技术江苏省推广面积达6.05万hm²。1986年棉花营养钵薄膜育苗移栽技术与棉花塑膜覆盖地膜直播技术占全省棉田总面积的85%以上。"江苏省地膜棉花栽培技术体系的研究与应用"获1985年江苏省科学技术进步奖四等奖（主持）。

20世纪90年代为实现皮棉单产、纤维品质和经济效益三者同步增产，研究和推广应用移栽地膜棉，1998年推广面积21.6万hm²，单产较常规棉增产10%以上。移栽地膜棉成为江苏省提高棉花单产、增加总产、确保粮棉双丰收的一项创新技术。

4. 棉花化学调控技术

20世纪70年代末在农业部下达课题的支持下，江苏省农业科学院启动化学调控技术研究。该研究以协调棉花营养生长与生殖生长、个体与群体的矛盾为前提，研究棉花化学调控的单一效应→复合效应→多元效应，从而提出化学调控系统的技术规范并应用于棉花生产。

1985—1994年棉花化学调控技术江苏省累计推广462.0万hm²，1995—1997年全省累计推广143.8万hm²，增产皮棉4.5kg/亩，节省用工1.7个，3年累计经济效益总额达124 792.6万元。该项成果的广泛应用，对优化耕作制度，促进粮棉丰收及纺织工业对棉花的需求等产生了显著的社会经济效益。"棉花化学调控系统工程的营建与实施"获得1998年江苏省科学技术进步奖二等奖（主持）。"棉花化学调控技术的推广应用"获得2003年江苏省农业技术推广三等奖（合作申报）。

5. 麦（油）后连作棉花栽培技术

20世纪70年代中期开始，随着塑膜覆盖营养钵育苗移栽技术大面积推广应用和一批早熟大（元）麦品种的育成，为推广麦（油）后连作棉（包括麦油后移栽棉与麦油后直播棉两种方式）提供了条件，1979年江苏省麦（油）后移栽棉面积为2万hm²左右，1981—1982年稳定在10.7万hm²左右，约占全省棉田面积的16%；1983年发展到占全省棉田面积的25.1%；1988年发展到占34.4%，其中以扬州市发展最快，麦（油）后棉占棉田面积接近90%。

（1）大麦后移栽棉高产优质栽培技术。本项研究为江苏省科学技术委员会"七五"设立的农业应用基础课题"大麦后移栽棉高产优质技术原理及调节效应"（88109，1988—1990年）。根据研究结果提出的大麦后移栽棉在高产优质技术原理是，大麦后移栽棉的生长发育为"短季快速型"，而麦套棉的生长发育为"平稳生长型"。全生育期麦后棉比麦套棉缩短7d左右。这一论点，在国内尚为首次。针对麦后移栽棉的生长发育特点，制订了栽培措施的原则是对"播期调节、密度调节、化学调节、氮肥调节"等促控技术，从而达到高产优质的目的。

本研究成果同步在江苏沿江和里下河棉区示范应用，1988—1992年累计推广应用26.1万hm²，新增皮棉1 806.87万kg，新增皮棉总产值为11 898.60万元，节支1 411.80万元，新增社会总产值13 310.40万元。"大麦后移栽棉高产优质技术原理及调节效应"获得1993年江苏省农业科学院科学技术进步奖一等奖（主持）。

（2）小麦后移栽棉丰产栽培技术。小麦后移栽棉与套栽棉相比，移栽期推迟20d左右，其播种育苗期可相应迟10~15d，育苗方法可采用地膜平铺育苗，有利于达到苗齐、壮苗，根系发达，移栽后活棵快的效果。

（3）麦（油）后直播棉轻简高效栽培技术。麦后直播棉一般于5月25日前后播种，播种期比移栽棉迟45d左右，尽管麦后直播棉播种较迟，但生长发育速度较快。针对麦后直播棉生长发育特点，一是选用半无限生长型早熟品种是棉花获得高产的关键；二是采用"两肥、两控"的技术，即种肥（基肥）和初花肥；蕾期和初花期多喷一次缩节胺，具有促早发，争季节的明显效果。"麦棉连作棉生育特性与高产、高效技术"获得1993年江苏省科学技术进步奖四等奖（主持）。

2011年后，立足于棉花生产轻简化和机械化发展的需求，继续开展麦（油）后直播棉轻简高效栽培技术研究。研究确立了麦（油）后直播棉花"三集中"的轻简高效栽培技术途径，一是适宜的早熟品种是实现麦（油）后直播棉"三集中"的基础；二是高密低肥是麦（油）后直播棉实现"三集中"的最佳技术途径；三是在实现集中现蕾、集中成铃的基础上，应用脱叶催熟技术，是实现集中吐絮的重要措施。2016年，麦（油）后直播棉全程机械化生产技术被列为江苏省农业主推技术。

6. 江苏省优质棉基地科技服务

（1）"七五""八五"优质棉基地科技服务成效。为了稳定和发展棉花生产，提高棉花品质，增强市场竞争力，更好地满足纺织工业和出口的需要，国家决定"七五"期间在全国逐步建立一批优质棉基地县，同步开展了优质棉基地科技服务工作。

1986—1990年国家农业部下达"优质棉基地县科技服务"专题，我所协同徐州、沿海、沿江地区农业科学研究所，分别在兴化、丰县、盐城郊区及如东四个优质棉基地市（县）设立基点和示范区，针对江苏省里下河、徐淮、沿海、沿江四个主要棉区的具体条件和生产关键问题，开展优质棉生产农艺体系的研究，并将研究成果推广应用于生产，以促进粮棉双增产。四个基地县10.3万hm²棉田，1986—1990年和"六五"期间相比，平均单产增加12.02%；原棉品级提高1.58级，纤维长度提高1.77mm，可纺棉比例增加15.51个百分点，其中优质原棉增长近一倍；资金产出率增31.14%，此外由于棉花前茬麦类扩大土地利用率，产量也增加。"全国不同生态区优质棉高产技术研究与应用"获得1993年国家科学技术进步奖二等奖、1992年国家农业部科学技术进步奖一等奖（第二主持）。"江苏省优质棉生产农艺体系的研究与应用"获得1990年江苏省科学技术进步奖三等奖（主持）。

（2）"九五"优质棉基地科技服务成效。"九五"期间，国家农业部项目"江苏省优质棉基地产业化科技服务"，在优质棉基地县科技服务工作中，由于加大了新技术的推广力度。四年通过科技服务示范县（市）推广增产、节工和立体种植等技术，共创造经济效益8.35亿元。

示范推广集成组装4项技术规程；包括江苏省育苗移栽亩产皮棉100～125kg栽培技术规程，长江中下游棉区多熟高效种植模式，江苏省沿海棉区棉花高产优质的栽培技术规程，江苏省徐淮棉区棉花高产优质的栽培技术规程。

优质棉基地建设科技服务由"产中服务"向"产前、产中、产后"多元化服务转变，走产业化生产的道路。加强科技、行政、流通和加工部门之间的合作，互相发挥优势，沟通信息，共同发展。

开展科技培训，推广实用技术。普及科学植棉知识的重要途径。共举办县级乡村干部和技术人员培训班3期，乡镇级棉花讲座14场，棉花现场会7次，累计受训达10万人次以上。同时，利用电视宣传植棉新技术6次，印发棉花技术资料14.8万份。

（3）"十五"优质棉基地科技服务成效。"十五"期间，承担国家科技部、农业部项目"江苏省优质棉基地产业化科技服务"和"全国棉情监测预警信息研究和应用"项目。优质棉基地建设科技服务对象突出产中，同时向产前、产后拓展。主要服务内容是棉花生产景气指数信息采集；棉花生长指数信息采集和棉花生产景气报告发布。

由中国农业科学院棉花研究所主持，组织全国主产棉省科研单位，创建了中国棉花生产景气指数（CCPPI）模型和中国棉花生长指数（CCGI）模型，发布《中国棉花生产景气指数》。"中国棉花生产预警监测技术研究与应用"获得2007年河南省科学技术进步奖二等奖（协作）；"中国棉花生产景气指数报告研究与应用"获得2007年中国农业科学院科学技术进步奖二等奖（协作）。

7. 棉花高产综合栽培技术

（1）棉花高产栽培技术。1949年江苏省平均单产皮棉仅8.5kg（约合籽棉25kg），为探讨棉花高产栽培技术，1950年开始，连续7年进行棉花丰产栽培试验。试验结果显示，单产籽棉由1950年的147.5kg/亩，逐步提高到1958年的355.7kg/亩，由此总结的丰产栽培经验，在长江流域棉区除应注意排涝抗旱，彻底防治病虫和加强棉田管理外，一是提早播种，培育壮苗；二是密植整枝；三是增施基肥，分期追肥，花期重肥。

1981年，江苏省科学技术委员会下达"棉花百亩高产技术开发研究"课题，江苏省农业科学院经济作物研究所与江苏省科学技术委员会农业处、南京农业大学农学系、江苏农学院（现扬州大学）农学系合作，连续进行4年研究，根据研究结果提出以塑膜覆盖营养钵育苗移栽为核心的早、稳、高配套技术。实践结果均获得增产、省工、节本和增收的效果，为各地棉花高产作出了示范。"江苏省棉花栽培技术开发研究"获1984年江苏省科学技术进步奖三等奖（主持）。

1984年，江苏省科学技术委员会进一步下达"江苏省不同生态区棉花高产优质形成规律及其经济栽培模式研究"课题，由江苏省农业科学院经济作物研究所与南京农业大学和原江苏农学院共同主持。组织铜山县科学技术委员会等12个单位参加协作攻关，经3年（1985—1987年）研究试验和调查总结，总结出棉花花芽分化规律；棉花展叶进程与各器官、产量形成和调节途径；棉花高能同步增产原理、同步增产效应及同步生育系统的调节；棉花高产优质群体生态结构等，明确了育苗移栽棉花高产优质栽培技术调节途径。"棉花高产优质形成规律及经济栽培模式研究"，获1987年江苏省科学技术进步奖三等奖（主持）。

（2）棉花高产经济施肥技术。1984年国家农牧渔业部科技司下达"我国主要棉区棉花经济使用氮肥关键技术研究"课题。由中国农业科学院棉花研究所主持，1984—1986年在6个主产棉省（区）进行试验、示范，同时开展应用基础研究。研究结果在大面积棉花生产上进行示范推广，取得了明显的节肥增收的经济效益。"我国主要棉区棉花经济施用氮肥关键技术"获得1988年农业部科学技术进步奖三等奖（协作）。

（3）棉花优质高产结铃调节技术。由中国农业科学院棉花研究所主持，组织全国主产棉省在20世纪80年代研究和示范推广棉花优质高产结铃模式调节新技术。在全国不同生态棉区示范推广表明，去早、晚蕾比常规栽培法增产皮棉4.9%～20.9%，烂铃减少30%～50%，霜前好花率达85%以上，比常规栽培法提高10%左右。"棉花优质高产结铃模式调节新技术"，获得1990年农业部科学技术进步奖二等奖（协作）。

8.棉花简化栽培技术体系

棉花简化栽培的技术思路是，提高单产和品质来增加植棉经济效益；省工高效、减少投入、提高产投比、降低成本。简化栽培的关键技术研究内容是简化育苗和移栽、简化施肥技术和简化整枝技术。

（1）简化育苗和移栽。"十五"期间，承担江苏省科技攻关项目"棉花优质高产标准化栽培技术体系的研究"。我所与农业农村部南京农业机械化研究所合作研制出营养钵微钵制钵机及微钵育苗技术。

机械化微钵育苗突破了长期以来棉花育苗依靠手工作业的传统模式。与传统的营养钵育苗及移栽方式相比，该育苗方式1h可出钵2 500～3 000个，成型率≥95%；相当于手工制钵5h的工作量，机械化微钵育苗1hm²可节省备土制钵用工30个以上、苗床管理用工15个和取苗移栽用工30个以上。由于育苗面积减少苗床期缩短，节省塑膜等成本投入1/2以上。研究结果苗龄为25d左右产量最高，由于苗床管理过程和移栽时的劳动强度大幅度降低，实现了棉花育苗省工、省力的目标。该项研究结果"设施育苗制钵机的研制与应用"通过农业部科技成果鉴定。制订了《棉花机械化微钵育苗技术规程》（DB32/T 1284—2008）江苏省地方标准。

（2）简化施肥技术。简化施肥是指简化施肥次数与提高肥效。研究了棉花专用包裹配方肥对棉株干物质和氮素积累与分配的影响。研究结果表明，与常规施肥处理相比，基施棉花专用包裹配方肥及后期用尿素叶面喷施，可有效增加棉花盛铃期以后的叶面积指数和叶绿素含量，单产略有提高。同时，施用棉花专用包裹配方肥可使氮素利用率提高13.73～18.96个百分点。

（3）简化整枝技术。"九五"期间，承担江苏省重点科技攻关项目"棉花留叶枝增产机理与高产高效轻型简化栽培技术"（BE96326）；国家星火计划项目"棉花高产高效简化栽培技术研究"（K96-01-048）。江苏省农业科学院经济作物研究所等单位，经1996—2001年以棉花叶枝利用为核心的研究内容，研制创立了"壮个体、适群体、高产出"的棉花协调栽培技术体系。

1997—2001年该项技术在江苏沿海棉区、徐淮棉区等地累计推广应用27.5万hm²，新增产值17 035.03万元，省工节本19 269.54万元，累计增收节支达36 304.57万元。部分研究论文被收录于国际农业生物与科学中心CAB文献库，部分论文被有关专著和论文所引用，从而在理论上充实和丰富了棉花栽培学的内容。"棉花协调栽培技术体系的研究与应用"获2002年江苏省科学技术进步奖三等奖（主持）。

9. 棉田高效立体种植技术

棉田耕作制度的演变不但受生态因素的影响，而且在很大程度上取决于社会需求、经济基础和科学技术的发展。我国棉田耕作制度正是遵循这一规律而演变的。"九五"期间，针对江苏省土地资源约束型的特点，围绕提高土地产出率，调整棉田种植结构，对棉田高效立体种植技术开展调查和研究，并取得了显著的成效。率先提出以效益为核心，以市场为导向，以环境资源为条件，以作物互补为前提，以棉花为主体，以产前、产中、产后科技服务为保障的棉田立体种植的发展原则。阐明"时空互补原理""作物协同原理""叶日积增加"和"土地当量比提高"的棉田立体种植的高产高效原理。明确棉田立体种植的主要模式有：从间套的时间来分有秋冬套、春夏套和四季套等类型；从间套的作物来分有豆类、葱蒜类、薯类、根菜类、茄果类、瓜类、叶菜类，以及特种经济作物等；从棉田熟制来看，由于以复合间套为主，因而形成了包括一年两熟、三熟、四熟甚至五熟等多种类型。

1999年江苏省立体种植面积达19万hm²，占全省植棉面积的69%。江苏省推广的棉田高效立体种植模式呈多元化格局。组装集成了立体种植棉田内无公害化配套栽培技术，达到减少农药、化肥使用量，改善生态环境的目的。"棉田高效立体种植技术研究与开发利用"获得1999年江苏省科学技术进步奖三等奖（协作）。

10. 棉花因种栽培技术体系

本研究先后受国家"八五"重点科技攻关、江苏省科学技术厅"九五"农业科技重点攻关、江苏省科学技术厅科技开发等项目资助。针对江苏省抗虫棉和高品质棉的不断推广与应用，提出相应的因种栽培技术，有效地挖掘了抗虫棉和高品质棉的增产潜力。

（1）常规转基因抗虫棉栽培技术。促苗早发、去杂保纯。在长江流域育苗移栽的地区，需要培肥钵土，移栽大田后，以促为主，尽早搭好丰产架子。及早除杂株和异型株。在营养钵育苗条件下，移栽前应在苗床上彻底去除杂株，淘汰子叶偏小、叶色浅、茎秆粗壮的棉苗。合理密植、优化群体。适当提高种植密度，以提高群体生长优势，增加单位面积总铃数。抗虫棉密度一般应比同类常规品种增加5%～10%。平衡施肥、科学运筹。在长江流域营养钵育苗移栽的田块，在施足基肥的前提下，第一次花铃肥施用要早而缓；第二次花铃肥要求重施；打顶后施好长桃肥；有条件后期根外喷肥。常规转Bt基因抗虫棉对钾、硼等元素敏感，生产中在施足氮肥的基础上，应注意增施钾肥和硼肥。因苗化调、塑造株型。适度化学调控，促进其为营养生长为主向生殖生长为主的顺利过渡，是常规抗虫棉高产栽培技术关键。黄河流域棉区分2次施用较为适宜，初次化调用药量应比常规棉品种少。长江流域棉区在看长势、看天气、看肥效发挥的基础上，一般用缩节胺2～3次，以轻控为原则。

（2）转基因杂交抗虫棉栽培技术扩行降密。由于抗虫杂交棉营养生长优势，必须扩大行距降低密度，充分发挥个体生长潜力，形成高质量的群体，一般要求其移栽密度比常规棉品种降低5%～10%。增加投入。抗虫杂交棉生物学产量明显高于常规棉品种，整个生长季节内对肥料的需求量较高，要求较常规棉品种增加22.5～37.5kg/hm²纯氮。叶枝利用。转基因杂交抗虫棉营养生长优势明显，生殖生长优势也明显，因此，合理的利用叶枝，不仅可简化棉花管理程序，而且利用叶枝可调节棉花成铃，从而实现提高产量和品质增加效益的目的。化学调控。根据抗虫杂交棉的生育特性，要重视盛蕾前后的化控措施，缩节胺的用量可略大于常规棉品种，从达到苗期因苗化控防高脚、促生长；蕾期轻控促稳长促现蕾；花铃期适控，促开花、保结铃、促大铃之目的。

总之，转基因杂交抗虫棉配套栽培技术为培育壮苗，扩行降密（比同类常规棉品种降5%～10%），增加投入（总氮量提高10%左右），优化调控（叶枝利用、化学调控），合理治虫。"转基因抗虫棉抗性、产量调控生理基础和关键栽培技术的研究与应用"获得2007年江苏省农业科学院科学技术进步奖二等奖（主持）。

（3）高品质棉保优栽培技术适时播种，培育壮苗。当日平均气温稳定通过8℃以上即为安全播种期。齐苗后，先于苗床两头揭膜通风，降低苗床湿度。随着气温升高和苗龄增大，采用通风不揭膜方法，保持棚内温度25～30℃。棉苗移栽前1周，日夜揭膜炼苗，做到苗不移完，膜不离床。合理密度，优化群体。根据不同生态条件、不同种植方式以及肥力水平，确定适合本地区的大、小行配置方式和种植密度。要根据不同品种的生长发育特性确定密度。在早熟套栽茬口和肥力水平较高的田块，适宜的种植密度以30 000～33 000株/hm²为宜，在中晚熟茬口肥力中等偏低的田块适宜的种植密度为33 000～37 500株/hm²。增加投肥，合理运筹。根据不同品种需肥量的特性，肥料运筹遵循"前适、中重、后补"的原则。系统调控，塑造株型。化控的次数及化控量应视苗情灵活掌握，但应以轻控为原则。棉花生长中后期视苗情用磷酸二氢钾或叶面肥连续喷施，以提高棉株的生理活性，防止衰老。叶枝利用。高品质棉的种植密度较低，肥料投入有保证条件下，可适当的保留叶枝。

11. 棉花栽培应用基础研究

（1）棉铃发育机理及影响因素。1979年开始研究陆地棉不同品种、不同时期棉铃与纤维发育的特点，主要结果：①伏桃的发育大部分时间处于适宜的高温范围内，叶片、铃壳内的含糖量及最后单铃籽棉重都高于秋桃；②不同品种的棉铃在发育过程中，铃壳可溶性糖含量的变化存在一定的差异；③不同品种单铃不孕籽数和不孕籽率差异较大；④不同时期形成的棉铃，棉籽质量的差异较大；⑤棉花适量施用花铃肥，可以增加铃重和提高成铃率；⑥在沿海棉区影响秋桃发育的主要因素是温度；⑦开花期影响纤维品质的本质是温度效应。"影响棉花铃重因素的分析研究"获得1981年江苏省农牧业技术改进三等奖（主持）。

（2）陆地棉（*G.hirsutum* L.）棉铃发育机理及影响因素。以陆地棉棉铃为研究对象，运用数理统计方法，明确环境因素对棉铃发育影响的基础上，增加铃重、改良纤维品质的技术途径。在棉铃发育机理方面，首先提出棉纤维和种仁干重的增长变化与铃龄呈二次曲线关系，纤维素的沉积量与铃龄呈指数函数关系；棉铃发育过程中光合产物合成、运输和分配上的"源""库"关系；提出了纤维素与种仁内脂肪的形成和积累保持相对平衡状态的新论点。在影响棉铃发育的因素中，提出了棉铃发育的"启动温度"的临界值开花后10d内平均温度低于22～23℃，棉铃发育的启动速度受抑制，最终影响单铃籽棉质量。明确了开花前13～15d连续出现高温会导致单铃胚珠数减少，开花前4～6d的高温导致单铃不孕籽数增多。揭示了花铃期高温和秋季低温对棉铃发育的负面效应，提出采用两膜栽培可提高铃重，增加产量的技术原理，在生产上是可行的。

本项目研究论文被AGRIS和CAB文献库所收录，并多次被有关专著和论文所引用，丰富了棉花栽培学的内容。气温、耕作栽培因素对棉铃发育的影响机理的阐明，为制订合理的栽培措施提供了科学依据。"陆地棉棉铃发育的研究"获得1994年农业部科学技术进步奖三等奖（主持）。

（3）转基因抗虫棉源库特征及产量调控生理基础。转基因抗虫棉生物学类型。研究结果可将不同来源的转基因抗虫棉划分成平衡生长型（杂交抗虫棉类型）；和缓长快速型（常规抗虫棉类型）；开花成铃前伸均衡型（杂交抗虫棉类型）和后延集中型（常规抗虫棉类型）；"源""库"协调型（杂交抗虫棉类型）和单株库容量大，单铃库容量小、流限制型（常规抗虫棉类型）三大类。

转基因抗虫棉源库特征。研究结果表明，转*Bt*基因抗虫棉33B源器官虽前期生长缓慢，但中后期生长旺盛，可为中后期大量开花结铃提供良好的物质基础。然而不同的转基因抗虫棉品种其源库特性存在较大的差异。33B成铃趋于后延且集中，虽单铃库容量较小，但株体库容量大，是常规棉泗棉3号的2.27倍，这是33B最终增产的主要原因。转*Bt*基因抗虫棉叶片、铃壳贮存的营养物质向纤维输送速度降低，部分贮存物质被束缚在叶片和铃壳中，最终导致铃壳率提高。这也正是实行品种改良提高转*Bt*基因棉产量的潜力所在。

转基因抗虫杂交棉内源激素表达。抗虫杂交棉和常规棉籽棉中的IAA含量花后10d时最高，但开花10d后均大幅度下降，至花后40d时又出现1个高峰，之后再度下降；在棉铃发育前期（花后30d内）抗虫杂交棉籽棉中的IAA含量较高，而花后40d抗虫杂交棉和常规棉籽棉中IAA含量差异不大。转基因抗虫杂交棉在棉铃发育过程中，铃壳和籽棉中的IAA、GA_3和ZR含量较高，而ABA含量较低，表明棉铃内部生理代谢较旺盛，内源激素IAA、GA_3和ZR共同诱导了棉铃体积增大和籽棉的充实。

转基因常规抗虫棉*Bt*毒蛋白表达的环境调控机理。在不同氮肥水平处理下，抗虫棉棉叶中*Bt*蛋白表达量表现随着生育进程下降，但不同处理间从蕾期至花铃期*Bt*蛋白表达量下降的幅度有较大的差异，随着施肥水平的下降*Bt*蛋白表达下降幅度越大，即施肥能提高抗虫棉生育后期抗虫蛋白的表达，有利于抗虫棉生育后期保持较高的抗虫性。花铃期适度化控有利于花铃期*Bt*蛋白的稳定表达。研究结论从理论上充实了棉花栽培学科的内容，从实践中为转基因抗虫棉"应变"栽培技术的制订提供理论依据。

（4）高品质棉生理特征及环境条件对高品质棉纤维品质的影响。高品质棉源库特征研究结果表明，高品质棉源器官生长旺盛，生长速度快，叶面积系数超过常规棉，且主茎功能叶的叶绿素含量表现先高后低，比叶重全生育期均高于常规棉，这为中后期大量开花结铃提供了良好的物质基础。高品质棉光合产物积累多，营养物质运转快，实现了"源""库""流"三者协调同步，具体表现为叶绿素含量的先高后低，棉株主茎功能叶全氮测定结果表现同样的结果。高品质棉棉株生长中后期营养物质输转率高，这是高品质棉产量潜力较大的生理基础。

高品质棉氮素代谢特征研究结果表明，高品质棉蛋白质合成能力，氮素代谢的关键酶硝酸还原酶（NR）活性在全生育期显著高于其亲本，尤其在盛蕾、盛铃期高品质棉的硝酸还原酶（NR）活性较其亲本高28.37%。谷丙转氨酶（GPT）活性也极显著高于亲本，结铃期测定结果，高品质棉的谷丙转氨酶（GPT）活性较亲本高39.04%，研究结果还证实，盛花期前高品质棉的氮代谢活性较强。

高品质棉棉铃发育过程中内源激素表达。高品质棉棉铃对位叶GA_3和ZR含量高于常规棉，具有较强"叶源"生理优势；棉铃发育前期（花后30d内），铃壳及籽棉中较高的IAA、ZR、GA_3含量，共同诱导棉铃体积的增大和籽棉的充实；此外，高品质棉在棉铃发育后期，IAA、ZR和GA_3下降，内源ABA逐步积累的动态，反映了高品质棉内源激素系统较为协调。

生态环境对纤维品质的影响。高品质棉不论在徐淮棉区、沿海棉区或其他地区种植均表现良好的纤维品质，而且棉纤维整齐度和长度受年份和生态环境条件影响较小，但棉纤维的比强度和马克隆值受环境条件影响较大，徐淮棉区、沿海棉区的棉纤维综合性状优于南京地区，南京地区表现棉纤维偏粗。

栽培环境对纤维品质的影响。钾肥试验结果表明，高品质棉对钾肥的需求量比常规棉大，N∶K为1∶1.2以上较为适宜，钾肥的应用，有提高纤维长度和比强度的趋势。外源激素使用结果表明，高控处理对高品质棉的生长发育以及棉铃形成均产生负面效应，过度高控，有降低比强度的趋势。因此，高品质棉宜轻控和少控。

第二节　油菜科学研究

油菜相关研究始于1932年成立的中央农业实验所农艺系，1938年中央农业实验所与全国稻麦改进所合并后，麦作杂粮系曾开展油菜相关研究，主要进行西南地区芥菜型油菜种质资源普查与收集整理等方面工作。

1958年，根据江苏省发展油料作物的需要，决定建立油料作物系。园艺系主任姜诚贯研究员调任油料作物系主任，同时调入粮食作物系大豆专家费家骅及园艺系薯类专家吴玉梅两位助理研究员为骨干，另有来自粮食作物系的研究实习员凌以禄，筹备开展大豆、油菜、花生、芝麻及向日葵等油料作物科研工作。大体的分工是，大豆：费家骅、凌以禄、唐甫林；油菜：吴玉梅、王开瑞、傅寿仲；花生：蒋伯章；芝麻和向日葵：陈玉卿。

1961年院对油料作物系作重大调整。油料作物系与经济作物系合并。花生研究由徐州所承接，芝麻及向日葵研究中止。

1977年解散院作物大组，恢复原粮作、经作、农业物理系和生理生化室。其后改系为所，经济作物研究所各组改为研究室，设立油菜研究室。

2003年，院科研体制改革，将研究室改为项目组，油菜项目组仍按研究室运行，先后设常规育种、杂交育种、种质资源、生物技术4个项目组。为满足科技发展需求，先后从华中农业大学、南京农业大学、湖南农业大学、中国农业大学、华中科技大学等高校引入不同专业、不同学历水平的优秀人才。

2016年，按照院科研体制改革要求，油菜项目组改回油菜研究室，设油菜种质创新、遗传育种和栽培生理3个研究方向。

油菜学科的科研工作大体分为两个阶段。

1978年改革开放以前。江苏省油菜科研起步于1958年，从地方品种资源收集、油菜生长发育规律和氮素营养等方面着手开展研究工作。计划经济时代，油菜科研的主要任务是为"两当"（当地当时）生产服务，解决生产中的科学技术问题。主要目标是提高油菜生产水平。油菜氮素营养的开拓性研究结果，探明油菜氮素吸收利用规律，揭示不同氮素营养水平下油菜生育和代谢规律及其与产量的关系，为我国油菜高产、高效栽培技术的形成、发展奠定了坚实的理论基础。

改革开放以后。改革开放（1979年）后，油菜产业大发展。增加产量，改善品质成为油菜产业发展的两大任务。油菜科研工作围绕品质改良和杂种优势利用两大主线展开，全方位进行应用研究、应用基础研究、技术开发研究和国际合作。在品质改良、杂种优势利用、应用基础研究、人才队伍和科研条件建设等方面取得显著成效，获得多项成果。

一、油菜种质创新

1. 品种资源收集、整理、评价和入库

20世纪50年代中期，开始进行地方品种、农家品种的收集、整理工作，评选出一批优良白菜型品种应用于生产。如泰县油菜、兴化油菜等。同时，引进了甘蓝型油菜早生朝鲜、胜利油菜等，进行生产应用和熟期改良。1980年前后，从北美、欧洲和澳洲引进了一大批优质油菜品种。20世纪80年代初重新对地方品种进行征集。1983年以后先后对收集的芸薹属（*Brassica*）6个种和近缘野生种资源1 300余份材料进行整理归类，并对植株形态特征、农艺性状、品质性状和抗逆性进行田间鉴定和评价；主要品种已编入《中国油菜品种资源目录》和《中国油菜品种志》。完成了江苏种质资源的种子繁殖入库（国家库）任务。20世纪80年代中期，先后参加云南、新疆油菜野生资源考察和资源搜集工作，采集到500多份十字花科芸薹属野生油菜及其他属植物。编撰《江苏油菜品种目录》（油印本）；开展芸薹属6个种自交亲和性和种间杂交亲和性研究。目前，保存芸薹属6个种及其近缘野生种资源4 000多份。

在油菜种质资源研究方面取得多项成果，主持完成的成果"芸薹属6个种的收集研究和利用"1985年获得江苏省科学技术进步奖四等奖，"油菜抗菌核病种质的创新与利用"2008年获得江苏省科学技术进步奖三等奖。参与完成的成果"新疆野生油菜新种质资源的发现与研究"1993年获得新疆科学技术进步奖二等奖，"我国油菜种质资源收集研究与利用"1994年获得农业部科学技术进步奖二等奖，"中国农作物种质资源收集保存评价与利用"2003年获得国家科学技术进步奖一等奖。

2. 种质创新与利用

通过种间杂交，EMS诱变和辐射诱变等途径创新获得多个种质材料。

（1）抗菌核病种质'宁RS-1'。宁RS-1由甘蓝型油菜军农1号、3-67、Midas、Wesroona及花椰菜和白菜型油菜灌县花叶等亲本复合杂交育成，田间抗性鉴定结果表明，宁RS-1对油菜菌核病的相对抗病效果RRA和RRB分别为57.4%和55.7%，达到中抗水平，人工接种鉴定为低抗。利用宁RS-1为亲本，已育成1025等多个双低油菜新品系以及宁杂花叶等双低抗病杂交油菜新组合，这些品系（组合）在各级产量鉴定试验中均有良好表现。宁RS-1还被用于油菜抗菌核病性遗传与抗病基因分子标记研究。

（2）无花瓣油菜APL01。1980年以甘蓝型油菜小花瓣品种为母本，以花瓣缺失的白菜型品种作为父本杂交，经过连续多代自交与互交，筛选，育成了综合性状良好的甘蓝型油菜无花瓣种质'APL01'，于2003年获得植物新品种权。

（3）高芥酸油菜。1996年采用品种间杂交技术，以NY007为母本，HY500为父本配置组合，自F_2开始，利用半粒法与单株筛选相结合，连续进行芥酸含量的正向选择，育成了甘蓝型油菜高芥酸新品种——'宁油9号'，芥酸含量在50%～55%。于2006年获得植物新品种权。

（4）高含油量材料。1998年采用系统育种与杂交育种相结合，以含油量起点较高的群体为选择对象，正向选择与淡色种皮选择相结合，分别从'98089'品系和（NY10/APL01）及（NY10/9503）等两个组合中，育成了'HOC1''HOC2'和'HOC3'3个种子含油量均达到50%的新种质。个别株系达到55%以上，年度间含油量性状较为稳定，变异系数为4.42%～5.76%。

（5）雌性不育材料"FSM-1"。1996年在宁油10号的姐妹系中，发现部分植株结实不正常。分单株收获，第二年种植发现植株开花正常，经镜检，花粉活力正常，但结实不正常，为获得种子进行强制自交，同时用与正常品种进行正反交。翌年经观察，发现这些材料雌蕊柱头发育不正常，作母本时杂交结籽不正常，作父本时杂交结实正常。进一步进行杂交验证、形态观察、柱头乳突细胞电镜及组织解剖结构分析和柱头花粉萌发观察。结果表明，柱头乳突细胞功能变异导致雌性器官发育不正常。鉴定为雌性不育变异，定名为FSM-1，该材料在植物生殖器官发生、发育，油菜杂交制种，特殊植物的果实（生育）控制方面有应用价值。

（6）耐湿材料'WR-4'。WR-4是从530份资源中经鉴定、筛选获得甘蓝型油菜高耐渍种质。应用全淹6d、去水后7d的相对死苗率作为判断幼苗耐淹性指标，从530份油菜种质资源中鉴定获得WR-4等3个耐淹材料和WR-24等不耐淹材料。用耐淹品系WR-4和不耐淹品系WR-24为材料，研究淹水处理后两个品系的植株形态差异、植株可溶性糖和脯氨酸的含量以及SOD活性和MDA含量等生理指标的变化差异。结果表明，淹水逆境下，WR-4植株根系发育良好，有支细根发生，淹水6d后，WR-4的根长增加了9.4%，WR-24的根长没有明显增加；淹水6d+去水后3d，WR-24的干重增长幅度明显低于WR-4；淹水6d+去水后1d，WR-4叶片中可溶性糖的含量和脯氨酸的含量增加，且高于WR-24；WR-4叶片中氧化产物MDA的含量去水后逐渐下降，而WR-24中MDA含量仍在增加，相当于对照的2倍。通过组织化学染色，WR-4叶片中积累的过氧化氢

（H_2O_2）和超氧阴离子（O_2^-）较WR-24少，抗氧化酶SOD的活性明显高于WR-24。结果表明：淹水胁迫下，WR-4通过增加可溶性糖及脯氨酸等渗透调节有机物的含量和及时启动抗氧化酶系统来恢复淹水伤害的能力显著高于不耐淹品系WR-24。WR-4可作为耐湿种质应用于油菜耐湿育种计划。

（7）高油酸材料。高油酸材料N1379T。利用低剂量^{60}Co-γ射线处理萌动的油菜种子，对处理后代的油酸含量进行连续5代的正向筛选，油酸含量从60%左右提高到85%以上，并育成生长势强、油酸含量稳定的高油酸材料N1379T。基因检测发现N1379T中*BnFAD2-1*和*BnFAD2-2*基因均发生了突变，将突变基因命名为*BnFAD2-1H*和*BnFAD2-2H*，并且*BnFAD2-1H*或*BnFAD2-2H*单位点突变可使油酸含量提高到75%左右，双位点突变使油酸含量达到85%以上。

转基因高油酸材料W-4。2008—2013年用RNAi沉默技术获得了转基因高油酸种质。W-4种子中平均油酸含量为（85.1±0.73）%，F_2、RF_2分离群体中，单株种子间高油酸与低油酸性状呈3:1分离；显示转基因高油酸性状受一对显性基因控制，无细胞质遗传效应。对RNAi沉默转基因油菜*fad2*基因表达的效果及其器官特异性分析，结果表明转基因油菜W-4在种子发育过程中表达的*fad2*基因的dsRNA干扰了*fad2*基因表达，转基因油菜中RNAi干扰*fad2*基因表达具有种子特异性，其表达受*napin*启动子控制。

（8）抗除草剂材料。抗咪唑啉酮类除草剂油菜新种质M9。在常年喷施咪唑啉酮类除草剂'豆施乐'的油菜和大豆轮作育种田中发现天然突变株，并经多年自交纯合和抗性鉴定，获得的抗性新种质M9。应用浓度梯度法对M9的抗性效应进行了鉴定，结果表明，M9对咪唑啉酮类除草剂具有较强抗性，在100～400mg/L'豆施乐'有效浓度范围内，所有处理植株均未发现药害症状，表明该抗性材料具有实用价值。抗性基因检测表明M9的抗性是由*BnALS1*基因发生1处单碱基突变，使蛋白序列的653位丝氨酸（AGT）被天冬酰胺酸（AAT）替代所致。这是我国首次公开报道的抗ALS类除草剂油菜新种质，M9的发现为我们创制基于ALS靶酶突变的抗除草剂油菜新种质提供了契机。

抗磺酰脲类除草剂油菜新种质M342。应用EMS诱变萌动种子和除草剂定向筛选技术，创制了抗磺酰脲类除草剂油菜新种质M342，ALS靶基因克隆发现，M342抗性是由*BnALS3*基因发生1处单碱基突变，使蛋白序列的第574位丝氨酸（TGG）残基被亮氨酸（TTG）替代所致，M342是我国公开报道的第一个经化学诱变获得的抗磺酰脲类除草剂油菜新种质。抗性效应鉴定表明，M342对磺酰脲类除草剂苯磺隆的抗性是苯磺隆除草剂杂草防治推荐使用浓度的3～4倍，在生产上有实用价值，可用于抗除草剂的常规油菜品种选育。

高抗磺酰脲类除草剂油菜新种质DS3。应用EMS二次诱变和除草剂高浓度筛选，创制了高抗磺酰脲类除草剂油菜新种质DS3。第一次诱变获得了抗磺酰脲类除草剂油菜新种质EM28，EM28为*BnALS3*基因的第574位氨基酸由色氨酸突变为亮氨酸，为单基因突变体。对EM28进行第二次诱变得到双基因突变体DS3，DS3不仅*BnALS3*基因的第574位氨基酸由色氨酸突变为亮氨酸，而且*BnALS1*基因的第197位氨基酸由脯氨酸突变为亮氨酸。抗性效应鉴定表明，DS3对磺酰脲类除草剂苯磺隆和甲基二磺隆的抗性是苯磺隆和甲基二磺隆除草剂有效除草浓度的12～16倍。因此，DS3不仅在抗除草剂常规油菜新品种选育中具有应用价值，而且在抗除草剂杂交油菜新品种选育中也具有应用价值。

高抗磺酰脲类除草剂油菜新种质5N。以2个单基因突变体M342和PN19为亲本，通过人工杂交，配制（M342×PN19）组合，自F_2代开始在组合分离世代3～4叶期喷施苯磺隆除草剂，并选择强抗性植株进行分子标记检测，花期筛选ALS1+ALS3双基因突变植株套袋自交，从F_4代筛选获得ALS1+ALS3突变基因均为纯合的优良单株自交系5N。5N为*BnALS1*和*BnALS3*基因的第574位氨基酸由色氨酸突变为亮氨酸的双基因突变体，对磺酰脲类除草剂苯磺隆和甲基二磺隆的抗性是苯磺隆和甲基二磺隆除草剂有效除草浓度的16倍，5N可应用于抗除草剂的常规油菜和杂交油菜新品种选育。

（9）矮秆材料。超矮秆材料'矮源1号'。1990年从澳大利亚引进。甘蓝型油菜，株高30cm左右，叶片皱缩、向内翻卷，自交结籽率低。品质符合双低标准。矮秆性状受单基因控制遗传，现已克隆了相关基因*BnaIAA7*，并验证了该基因与生长素合成相关。

矮秆材料DF59。利用EMS诱变技术，在宁油18号的诱变后代中筛选出株高为65cm左右的矮秆突变体DF59，遗传研究表明，该性状受一对部分显性基因控制，F_1代株高在130cm左右，在油菜矮化育种中具有较大的应用价值。经过对F_2代进行BSA分析，结合转录组分析结果，以及大群体鉴定，将控制该性状的*BnDwf.C9*基因精细定位到C9染色体上小于100kb的区间内，已经获得与IAA调控相关的候选基因，正在进行功能验证。相关基因已申请国家发明专利。

二、油菜遗传育种

江苏油菜品种改良经历了三次大的更新。一是20世纪60年代中后期甘蓝型油菜品种替代传统白菜型油菜品种；二是20世纪80年代末优质、双低油菜品种替代非优质油菜品种；三是20世纪90年代末期杂交油菜品种替代常规油菜品种。

1. 甘蓝型油菜早熟育种

20世纪60年代，在引进、推广甘蓝型油菜品种'胜利油菜'和'早生朝鲜'过程中，发现这类品种存在生态不适应性。因熟期晚，生长发育及产量形成与当地自然气候不同步，开花结实不正常，导致含油率和产量下降。傅寿仲等在甘蓝型油菜种质资源极其缺乏的情况下开始早熟高产育种研究。一是通过系统选育，以终花期为选择指标，从'胜利油菜'和'早生朝鲜'的天然群体中分离、筛选早熟变异。如果仅从早开花入手进行选择往往获得的是春性极强的变异类型，形成新的生态不同步，极易遭受冬春的冻害。二是通过杂交育种创造变异。根据生态学原理通过（甘/白）杂交的后代材料"搭桥"，进行（甘//甘/白）杂交，早熟性育种效果十分显著。育成了'宁油1号''宁油3号''宁油4号''宁油5号''大花球'和'宁油7号'等早中熟甘蓝型油菜品种。早中熟高产品种'宁油7号'是一个"匀长"型品种。该品种以'宁油1号'为母本，'川油2号'选系'川2-1'为父本杂交，F_2-F_3代经异地（四川省茂汶羌族自治县）夏播加代选择早熟性状，父本中含有白菜型油菜'成都矮油菜'的早熟基因。'宁油7号'具有良好的早熟性和生态适应性，并保留了甘蓝型油菜的抗病性，在产量形成期与长江下游地区最适温光条件同步，产量构成三因素（角数、粒数和粒重）协调，其中粒重优势尤为明显，三个因素的积数较大，容易形成高产结构。该品种在1974—1976年华东地区油菜品种试验中产量、含油量名列首位。由于'宁油7号'适应于当时多熟制发展的需要，特别是能够耐迟播，晚茬栽培时较易获得高产。该品种先后通过了苏、浙、皖、沪等省市的品种审定，1980年通过国家审定。'宁油7号'适应性广，西至贵州遵义，东至长三角地区，推广达15年之久，为当时我国油菜三大主体品种之一，累计种植面积达$2.67 \times 10^6 hm^2$。

2. 双低（低芥酸、低硫代葡萄糖苷）油菜育种

我国（省）油菜品质改良起步比加拿大晚15年，始于1975年。当年引进了加拿大的低芥酸品种'Zephyr'。此后，陆续引进了一批国外优质品种，主要有Oro、Regent、Westar、Primor、Marnoo、Wesroona和Start等。国家从"六五"开始设立攻关项目，进行油菜品质改良。油菜品质改良经历了从单低（低芥酸）到双低（低芥酸、低硫苷）的过程。在低芥酸育种阶段以系统选育为主。应用"半粒法"快速鉴定技术从F_1植株种子分离筛选低芥酸单粒进入产量、农艺性状鉴定。经过近10年的努力，1985年育成低芥酸油菜品种'宁油8号'通过省审定。但由于遗传背景中原产地生态型影响，品种适应性、抗性不理想，未能大面积推广。实践证明，选择当地生态

型品种作亲本与优质品种杂交，在导入国外品种低芥酸或双低基因同时，摒弃其遗传背景，才有可能育成全新优质品种。经过又一个10年，傅寿仲、戚存扣等于1997年育成低芥酸、高产、黄籽品种'宁油10号'通过省审定。2001年通过国审。'宁油10号'选自一个多品种（系）复式杂交组合后代。低芥酸基因来自'Start'，遗传背景中聚合了多个当地生态型的优良基因。它的育成打破了低芥酸性状与产量、抗性间的负向连锁。低芥酸育种的历史是短暂的。随着芥酸、硫苷快速鉴定、精确检测技术方法的成熟，双低育种程序于20世纪80年代中期建立起来。低芥酸育种很快过渡到双低育种。2003年育成江苏省第一个双低油菜品种'宁油12号'，随后，于2004年育成'宁油14号'和'宁油16号'，2006年育成'宁油18号'。在双低育种初期，注重了双低性状的选择压，忽视了产量性状选择压。在双低遗传背景下选产量，结果高产与优质的矛盾依然突出。"七五"末期及时将育种重点目标从"双低、高产"转换到"高产、双低"上来，把产量改良提到优先地位。同时，通过加强了亲本选择、充分利用半成品材料间的互交、目标性状的回交，提高产量性状的选择压等途径，极大提高了高产、双低品种的育种效率。2006年，标记性品种'宁油18号'育成，产量、抗性有了新的突破。'宁油系列'双低品种审定推广大大推进了江苏省油菜生产的"双低化"进程。

没有品质分析技术便没有油菜品质改良育种。油菜种子芥酸含量"半粒法"纸层析定性分析技术，是"六五"攻关成果之一。"半粒法"可以直接定性鉴定单个种子芥酸含量。由于其不破坏种子生命力，根据鉴定结果可获得低芥酸种子用于田间性状筛选。江苏省是"半粒法"技术引进、改良和应用最成功的单位之一，通过举办培训班传播到江苏省其他单位。1998年引进了"岛津气相色谱议"，将"半粒法"与气谱分析相结合，建立了"油菜种子主要脂肪酸含量快速定量分析技术"，提高了包括芥酸在内的目标脂肪酸选择效率。很长一段时间，由于缺少理想的油菜种子硫苷鉴定技术，低硫苷材料的筛选遭遇挫折，"氯化钯法"结果不稳定，低硫苷材料鉴定结果稳定性差，选择准确率低。1987年，戚存扣从加拿大引进"葡萄糖试纸法"，它是一种简便快速硫苷含量定性鉴定技术。该技术的应用提高了低硫苷材料的选择效率，很快在全国得到推广应用，解决了硫苷单株筛选的燃眉之急。后来，借助"中、澳油菜高产育种与品质改良"合作项目，改良建立了"葡萄糖氧化酶-过氧化酶法"半定量分析油菜种子硫苷含量。进入20世纪90年代后，国家项目资助下，先后购置了近红外分析仪、Angilant气相色谱仪、气-液质谱仪、Butch种子油分定量测定仪等，设立了油菜品质分析室。2006年后，高建芹等建立了以"脂肪酸、硫苷、含油量近红外快速鉴定技术""脂肪酸气相色谱快速、精确定量技术"和"硫苷气相色谱精确测定技术"为核心的油菜品质性状快速鉴定、精确定量分析技术体系。它使"索系抽提法""半粒法""葡萄糖氧化酶-过氧化酶法"等鉴定含油量、芥酸和硫苷的技术黯然失色。油菜品质性状快速鉴定、精确定量分析技术的建立，一方面提高了双低性状鉴定、筛选的效率，另一方面也推动了双低油菜育种程序的建立，加快了双低育种的步伐。

3. 杂种优势利用研究

利用杂种优势是提高油菜产量的重要途径。江苏省是开展油菜杂种优势利用研究较早单位之一。

（1）细胞质雄性不育杂种优势利用。1976年起依据油菜质、核与育性关系，采用具有不同质、核育性结构品种为亲本进行杂交和连续回交，于1984年育成MI CMS，并实现三系配套。1984年起通过杂交、回交和品质鉴定，将双低基因导入MI CMS三系，于1991年育成双低MI CMS三系，即'宁A6''宁B6'和'宁R1'。在此过程中建立了"油菜育性和品质性状同步筛选法"，提高了MICMS双低三系的转育效率。并于1996年育成第一个双低杂交油菜组合'宁杂1号'通过省审，2000年通过国审。'宁杂1号'的育成标记着江苏省双低杂交油菜育种进入新阶段。'宁杂1号'全国累计推广$1.00 \times 10^6 hm^2$。2001年获得江苏省科学技术进步奖一等奖。同年被农业部推荐为长江流域双低油菜主推品种。2003年育成'宁杂3号'通过省和国家审定。浦惠明等针对'宁A6'的缺点，应用"同步转育法"对'宁A6'进行遗传改良，育成新型MICMS双低不育系'宁A7'并实现三系配套。随后，于2007年育成'宁杂15号'，2010年育成'宁杂19号'等杂交油菜新组合。在MICMS三系选育过程中，开展了MICMS育性遗传、恢复基因分子标记、改进杂交种株型结构、亲本提纯、保纯技术和杂交制程技术等方面的研究。研究制订了双低杂交油菜种子生产技术规程等。2001年提出应用位点组方法对产量、含油量、千粒重等重要经济性状进行改良技术。

（2）细胞核雄性不育杂种优势利用。20世纪90年代中后期，在原有的隐性细胞核雄性不育两用系S45AB的基础上，从贵州省农业科学院油料作物研究所引进隐性细胞核雄性不育两用系430AB；从安徽省农业科学院作物研究所参加长江下游国家区试的杂交油菜组合C022（审定名称：皖油14）后代中分离出细胞核雄性不育株，通过连续多代兄妹交，选育出隐性上位细胞核雄性不育两用系22AB；从华中农业大学引进了甘/白杂交后代中选育出的隐性上位细胞核雄性不育两用系T1AB。利用本单位常规育种方向选育的大量优异亲本，对不育系进行改良，育成了配合力较高的雄性不育两用系G2AB、18AB等，育成了隐性上位细胞核雄性不育临保系ZB01等，实现了隐性核不育三系配套。2005年双低、高产两系核不育杂交种"宁杂9号"通过江苏省审定，是江苏省第一个通过审定的核不育杂交油菜品种；2007年早熟高产核不育杂交油菜"宁杂11号"通过国家（长江上游）审定、2008年通过江苏审定、2009年通过江西审定、2010年通过安徽认定，随后还通过了湖南、湖北的扩区登记，在长江流域油菜主产区均可推广应用，'宁杂11号'具有早熟、高产、矮秆抗倒、适于机械化等特点，2009年列为农业部跨越计划冬闲田油菜专用品种，并被列入国家油菜主推品种，得到大面积推广应用。后来陆续育成了'宁杂27''宁杂29''瑞油501'等细胞核雄性不育杂交油菜品种。

（3）化学诱导雄性不育杂种优势利用。"十五"后，在双低遗传背景下油菜产量育种处于平台期，产量潜力徘徊在250kg/亩左右。突破这一瓶颈一方面需要种质资源创新，另一方面需要育种技术方法创新。而化学杀雄技术使潜在的品种间杂种优势充分表达。它可以避免CMS的细胞质效应和GMS的三交种缺点。2008年起，戚存扣牵头开展化学诱导雄性不育杂交油菜育种研究。通过广泛优选亲本，大群体配合力检测分析和产量、品质、农艺性状多重比较，鉴定、筛选最优杂交组合。目标明确，选择效率高，育种周期短，成效显著。于2013年育成江苏省首个高产、高油、抗病、抗倒化学诱导雄性不育杂种'宁杂1818'通过江苏省、陕西省审定，并通过国家审定。产量潜力突破300kg/亩，含油量达到46.0%，抗倒性、抗病性强于对照，适应性广。随后，育成'宁杂1838''宁杂559''宁杂118'和'宁杂158'等化学诱导雄性不育杂种新组合通过审定（登记），推广、应用于生产。

4. 无花瓣育种

去除花瓣能够避免开花期花瓣对光能的无效损耗，减轻菌核病的危害。早在20世纪70年代，在江苏白菜型地方品种的搜集和整理中，发现里下河地区的一些白菜型油菜地方品种，存在花瓣缺失（0-3）的突变单株。1980年以甘蓝型油菜小花瓣品种为母本，以花瓣缺失的白菜型品种作为父本杂交，经过连续多代自交与互交，筛选，育成了综合性状良好的甘蓝型油菜无花瓣种质'APL01'，于2003年获得植物新品种权。"甘蓝型油菜无花瓣种质选育技术"，获得国家发明专利。先后对该性状的遗传、生理和分子生物学进行了深入研究。近几年来，无花瓣已转移至CMS和NMS杂交体系中。2010年以来，通过qRT-PCR分析研究了油菜花瓣发育相关基因的表达分析。并定位了主效QTL位点qAP.C8-2。进一步比对分析确定，BnaC08g10850D和BnaC08g10870D有可能与花瓣发育相关，为无花瓣性状候选基因。

5. 黄籽油菜育种

选育黄籽油菜品种是提高油菜含油量的重要途径之一。系统分析表明：相同遗传背景下甘蓝型黄籽比褐籽含油量高1.16% ~ 3.35%。对甘蓝型油菜黄籽研究表明，种皮色泽与含油量密切相关，$r=-$（0.468 ~ 0.662）。黄籽的种皮较薄，栅栏组织比黑籽减少1/2 ~ 2/3，细胞较少，较短，含油量一般较高。选育黄籽油菜品种，不但有可能提高含油量，而且可能改良油、饼的品质，即提高蛋白质含量，降低纤维素含量。采用复交法于1997年育成我国第一个甘蓝型油菜低芥酸黄籽新品种'宁油10号'，其含油率较高（40% ~ 43%），芥酸含量低于1%。

研究表明，油菜种皮色主要受核基因控制遗传，与细胞质基因无关。甘蓝型油菜种皮色至少受3对基因控制，当3个位点均为隐性时种皮为黄色。自然资源中，甘蓝型油菜无黄种皮品种存在。已有的甘蓝型油菜黄籽品系主要来自甘蓝型油菜与白菜型黄籽材料的种间杂交后代。甘蓝型黄籽油菜的种皮色显著不同于白菜型和芥菜型油菜，表现为土黄姜黄色。研究表明，黄子性状的表达受环境条件影响较大。黄籽品种随种子成熟度提高，种皮色逐渐加深。黄籽材料种皮色的变异是客观存在的。同一植株不同结角部位的种子皮色表现不一致，年度间种皮色差异较大。甘蓝型黄籽油菜虽经长期选择、自交纯合，始终不能获得纯黄籽品系。黄籽油菜存在着种皮色遗传不稳定性。这种不稳定性可能源自甘蓝的"CC"染色体组上黑种皮基因对白菜的"AA"染色体组上黄种皮基因的上位性作用。另一方面甘蓝型油菜种皮色变异的原因除与基因互作有关外，也可能与AC两个染色体组间的互作及环境条件影响有关。由于甘蓝型黄籽油菜遗传基础的复杂性以及遗传不稳实性，在现有甘蓝型品种中进行杂交选育纯黄种子比较困难。通过种间杂交途径，用具有黄种皮基因的"C^yC^y"染色体组（埃塞俄比亚芥）代换甘蓝型黄籽油菜的"CC"染色体组，获得多个纯黄种皮甘蓝型油菜种质材料应用于黄籽油菜育种计划。

6. 远缘杂交育种

（1）甘、白杂交研究。20世纪60年代初，在早熟育种过程中通过（甘/白）杂交后代材料"搭桥"进行（甘//甘/白）杂交。利用白菜型油菜的早熟性改良甘蓝型油菜品种"胜利油菜"等晚熟特性，育种效果十分显著。先后育成了'宁油1号''宁油3号''宁油4号''宁油5号''大花球'等早中熟甘蓝型油菜品种。后来用甘蓝型油菜小花瓣品种为母本，白菜型花瓣缺失品种为父本杂交，经过连续多代自交与互交，筛选，育成了甘蓝型油菜无花瓣种质'APL01'。

（2）芸薹属种间及其近缘种属间杂交亲和性研究。1980年起应用人工杂交技术配置芸薹属（Brassica）6个种的种间正反交组合，统计各个组合的结角率、结籽率，研究6个种的自交亲和性和相互间杂交亲和性。2000年起通过对甘蓝型油菜与芸薹属种间杂交、甘蓝型油菜与萝卜属、甘蓝型油菜与十字花科杂草间的种、属间杂交亲和性观察，研究甘蓝型转基因油菜花粉漂移规律，为制订转基因生物安全标准提供依据。

（3）埃塞俄比亚芥与甘蓝型油菜种间杂交研究。为了将存在于埃塞俄比亚芥CC基因组中的黄种皮基因转换到甘蓝型油菜CC基因组中，1988—1996年，对"甘蓝型油菜/埃塞俄比亚芥黄子品种（Dodolla）"杂交组合后代进行了形态学、细胞学和遗传学研究。获得I1045等多个甘蓝型油菜黄籽品系和甘蓝型油菜-埃芥二体附加系（I1096）材料，后来（2007—2013年），对二体附加系材料进行了细胞遗传和分子遗传研究。研究结果表明，通过种间杂交将埃芥CC基因组中的控制黄籽遗传的基因转移到甘蓝型油菜中是完全可能的。

7. 抗除草剂育种

经济作物研究所是国内最早开展抗除草剂油菜选育研究的科研单位之一，20世纪90年代初，先后从国外引进抗阿特拉津、草甘膦和草胺膦除草剂的油菜新种质。1993—2003年通过十多年选育研究育成了一批具有草甘膦和草胺膦抗性的油菜"三系"亲本材料，并筛选到多个高产新组合，但上述抗性亲本均为从外国引进的没有自主知识产权的转基因材料，且我国转基因油菜尚未被批准进入商业化生产，因此无法在生产上应用。2004年初夏，我们在喷施咪唑啉酮类除草剂"豆施乐"的油菜和大豆轮作育种田中发现1株未被除草剂杀死的油菜植株，抗性鉴定证明该材料具有咪唑啉酮类除草剂抗性，经连续多年自交纯合，2008年获得植株、经济性状稳定的抗性材料M9。基因检测表明M9抗性是由*BnALS1*基因发生1处单碱基突变使蛋白序列的653位丝氨酸（AGT）被天冬酰胺酸（AAT）替代所致，这是我国首次公开报道的抗ALS类除草剂油菜新种质，M9的发现为我们创制基于ALS靶酶突变的抗除草剂油菜新种质提供了契机。2007年我们开始利用植物*ALS*基因的高度保守性和靶位点突变产生抗除草剂的特性，应用EMS诱变萌动种子和除草剂定向筛选技术创制抗磺酰脲类除草剂油菜新种质，2012年获得生长势强、丰产性好，具有实用价值抗性突变体M342，这是我国公开报道的第一个经化学诱变获得的抗磺酰脲类除草剂油菜新种质。应用上述方法我们先后获得LS1、LSx、EM1、EM28和PN19等一批具有不同突变位点的抗性新种质，通过EMS二次诱变和除草剂高浓度筛选，先后获得DS3、DSx、RT-1和RP-1等一批单基因双位点抗性突变体新种质，同时通过有性杂交聚合不同抗性位点育成5N等一批高抗除草剂的新材料，其中M342、DS3和5N这3个新种质已被全国18个国家级和省级农业科学院所、6所大学和3家公司引种应用，用于抗除草剂油菜新品种选育。我们利用上述抗除草剂新种质，将抗性基因转育到油菜亲本材料中，于2018年育成抗除草剂油菜新品种宁R101，登记编号GPD油菜（2018）320256，这是我国首个登记的抗磺酰脲类除草剂油菜新品种。2019年育成抗除草剂油菜新品种宁R201。

8. 抗逆育种

（1）抗菌核病。20世纪80年代中期完成了芸薹属6个种资源材料抗菌核田间鉴定工作，鉴定结果证实了芸薹属中不存在菌核病免疫的种质的结论。同时筛选获得比较抗菌核病材料'宁RS-1'，后经接种鉴定证实'宁RS-1'是我国少数几个菌核病抗性表现较好的种质之一。

2009年起，对多聚半乳糖醛酸酶抑制基因-*PGIP*进行研究。该基因能专一性地抑制菌核病病原菌的内切多聚半乳糖醛酸酶的活性，促进植物体内寡聚半乳糖醛酸积累，有效阻断病原菌侵染，抑制病害的发生。通过酵母双杂交方法在油菜cDNA表达文库中对与多聚半乳糖醛酸酶（polyga-lacturonase，PG）互作的蛋白进行了筛选，分离到一个与PG互作的蛋白，称为C2结构域。利用qRT-PCR法以宁RS-1为材料，采自南京油菜田的核盘菌为致病菌，根据已经报道的油菜PGIP基因序列，设计简并引物，从宁RS-1基因组DNA中经PCR克隆到1条包含1个内含子与2个外显子的基因*PGIP2*。利用半定量RT-PCR分析了*BnPGIP2*基因在核盘菌未诱导和诱导后宁RS-1中的表达量差异。结果发现，核盘菌诱导后宁RS-1中的*BnPGIP*表达含量明显提高，表明宁RS-1在受到核盘菌侵染后体内的*BnPGIP*基因受到诱导表达。抗病品种宁RS-1和感病品种APL01基因表达差异，进行比较分析，结果推测抗病品种宁RS-1对菌核病的抗性可能是由于*PGIP*的上调表达，抑制了核盘菌*PG*蛋白对侵染部位油菜组织细胞壁的降解，从而抑制了油菜菌核病的发生与蔓延。采用同源序列法，从甘蓝型油菜宁RS-1中克隆得到*PGIP*基因家族新成员*PGIP18*。通过生物信息学分析发现，该基因的DNA具有1段长97bp的内含子序列和两段外显子序列，编码的氨基酸序列与甘蓝型油菜*PGIP2*亚家族蛋白同源性较高，且都由保守的N端信号肽和富含亮氨酸的LRR重复结构域组成。该基因的克隆为揭示油菜中内源*PGIP*基因的抗病机制和功能研究提供了新的基因资源。

（2）耐湿性。2010年在建立"油菜苗期耐淹性快速筛选方法"的基础上，开展对油菜种质资源的耐淹筛选，从530份资源中筛选获得高耐渍材料SY0015、SY0367、SY0648等9个。进一步对'WR-4'耐渍材料研究表明：淹水胁迫下，WR-4通过增加可溶性糖及脯氨酸等渗透调节有机物的含量和及时启动抗氧化酶系统来恢复淹水伤害的能力显著高于不耐淹品系WR-24。甘蓝型油菜苗期耐淹性，呈主基因+多基因遗传，受两对主基因控制，但环境对耐淹性状的表型影响较大；检测到8个耐渍性QTL位点；克隆获得油菜乙醇脱氢酶基因*BnADH3*，发现转录因子*BnERF*、乙醇脱氢酶基因*BnADH3*以及磷脂酸磷酸酶基因*BnLPP1*与耐渍性相关。

（3）抗倒伏。甘蓝型油菜抗倒研究始于2008年。应用抗倒性不同的9个油菜品种（系）研究田间抗倒性的评价指标及抗倒性与株型结构关系。研究结果，成熟期植株抗拉力反映抗根倒能力，根重量及根颈粗与抗根倒伏能力密切相关。成熟期茎秆抗折力矩反映品种的抗茎倒伏能力，茎重，尤其是茎干重/茎秆长度反映茎秆抗倒能力。株高、茎秆重心高度/株高等形态指标与抗倒性有密切关系。株高适中、重心高度/株高较小、分枝数适中、角果分布均匀、株型为紧凑型的品种比较抗倒伏，单株生产力也较高，是理想的抗倒株型。

应用植物数量性状主基因+多基因混合遗传模型多世代联合分离分析方法，研究甘蓝型油菜初花期单株抗压力的遗传。结果表明，抗倒伏性状遗传受2对加性-显性-上位性主基因+加性-显性多基因控制；主基因呈加性效应，并存在明显互作效应；抗倒伏性状遗传行为以主基因控制为主，遗传变异占表型变异的53.43%，而环境变异占表型变异的46.57%。表明环境对油菜抗倒伏性状的影响比较大。

分析了甘蓝型油菜6个抗倒伏材料和5个易倒伏材料薹期、花期植株不同部位的木质素含量，结果，抗倒伏材料在薹期、开花期的根、根颈和茎部合成的木质素含量较高。对木质素合成关键酶基因*F5H*、*4CL*和*COMT*进行RT-PCR扩增结果表明，*F5H*和*4CL*可能是与油菜抗倒伏相关的关键基因。

利用SSR和SRAP标记技术，获得了*qLR2*、*qLR18-1*和*qLR18-2* 3个与抗倒伏指标（单株抗压力）相关的QTLs。*qLR2*位于LG2连锁群上，*qLR18-1*、*qLR18-2*均位于LG18连锁群上，两者仅相距16.2cM。

（4）耐盐碱。耐盐性研究始于2008年。研究发现甘蓝型油菜种子萌发耐盐浓度约为1%，半致死浓度约为1.3%，极限浓度约为1.5%。用1.2%和1.4%的高盐浓度对108份甘蓝型油菜资源筛选结果，在盐浓度为1.2%时，发芽率在75%以上的有23份材料；在盐浓度为1.4%时，只有1份材料种子发芽率超过50%。

通过人工海水模拟胁迫研究了不同甘蓝型油菜品种发芽能力的差异，初步建立了油菜耐盐性的筛选体系。通过单盐NaCl与人工海水胁迫筛选获得了耐盐的恢复系N3、N9和常规品系st5、st6以及不耐盐材料1042、1009、s16等。用单盐和复盐对种子萌发及幼苗生长的影响鉴定结果，在不同盐浓度胁迫下，宁杂15号的耐盐性强于秦油10号和宁杂11号。

三、区域试验与品种推广

1. 油菜区域试验

区域试验是作物育种工作的重要组成部分。油菜区域试验工作始于"六五"攻关。伍贻美是我所负责油菜区试工作第一人。先后主持完成了江苏省"六五"至"九五"期间的"优质油菜、双低杂交油菜的区域试验"任务、"七五"至"九五"期间"长江下游区优质油菜新品系联合鉴定试验"和"江苏省优质油菜联合鉴定试验"，并负责江苏省相关中间试验的数据汇总和试验总结工作。此时，试验数据的收集、整理和分析都是由人工完成的。区域试验工作从试验的安排落实、田间管理、试验记载、数据采集、资料汇总和数据分析的全过程，坚持严格、严肃和严密的原则，抱着对生产负责、对育种者负责、对品种负责的态度，客观、公正地对品种进行试验评价。在此期间，通过区试审定了宁油8号、宁油10号、宁油12号、宁油14号、苏油1号、苏油3号、淮油8号、镇油1号、扬油1号、扬油3号、扬油5号、宁杂1号、宁杂3号、淮宁1号等一大批优质油菜新品种、新组合。完成了"国家长江下游优质油菜新品种（2000—2012年）区域试验"、主持完成了"江苏省优质油菜新品种（2000—2012年）区域试验""江苏省油菜新品系联合鉴定试验"和"江苏省油菜新品种生产试验"任务。

"十一五"以后，油菜区域试验工作有了一些新的变化。一是国家级和省级油菜区域试验规模扩大。长江下游油菜区域试验由原来的1组增加到4组，每组参加试验的品种数由7～8个增加到10～12个。省油菜区试也由1组增加至2组（常规组和杂交组）。同时，还承担了"长江下游区油菜新品种联合鉴定试验""省攻关协作组新品系联合鉴定试验"等。二是区域试验种植方式发生变化，由育苗移栽改为直播。2015年起，国家将油菜列为非主要农作物。新品种发放由审定制改为认定登记制。油菜区域试验不再由政府相关部门组织，而由企业和教学科研单位自行组织试验。政府相关部门不再是品种审定的责任主体，企业和教学科研单位是品种认定的责任主体。这样的制度对品种试验工作赋予新的要求。目前，依然承担着教学科研单位自己组织的"长江下游区油菜区域试验"和"江苏省油菜区域试验"等试验任务。

2. 油菜品种推广

江苏省是我国油菜主产省和高产省之一。据统计，20世纪50—60年代，江苏省油菜品种主要为白菜型地方品种，单位面积产量较低。全省平均油菜单产低于50kg/亩，年度间变化较大。科学技术进步奖推动了油菜产业发展。20世纪70—80年代，由于以宁油7号为代表的一批早熟高产品种的育成推广，江苏省油菜种植面积和单产稳定增长，面积增加到700万亩左右，单产逐年上升至90kg/亩左右。20世纪80年代后期以来，随着优质油菜品种和双低杂交油菜品种的育成推广，叠加政策因素，江苏省油菜生产出现了面积快速增加，单产显著提高的新局面。1994年油菜种植面积创下历史新高，达到1 150万亩。新品种、新技术的推广应用，一方面极大地促进了江苏省油菜单产的迅速提升，另一方面推动了油菜籽品质大幅提升。"八五"至"十五"，全省油菜平均单产分别为125.47kg/亩、135.87kg/亩、147.47kg/亩，平均单产年递增率为1.5%以上。"十一五"全省油菜单产更是突破150kg/亩，达到166.1kg/亩。"十二五"油菜单产稳定在170kg/亩以上。"十一五"以来，全省双低油菜面积稳定在90%以上，商品菜籽"双低化率"达到85%左右。

四、油菜栽培生理

1. 油菜氮素营养研究

20世纪50年代中期，姜诚贯先生等对不同氮素营养水平下油菜生育和代谢的特点、不同类型油菜品种的生长发育和氮素营养特点与合理施肥、低氮水平下不同施肥时期与油菜生长发育和产量的关系和土壤供氮状况与油菜吸收利用的关系等四个方面的研究结果为油菜高产栽培技术建立奠定了理论基础。

2. "三发"栽培技术

20世纪60年代中期，傅寿仲等与江苏及长江中、下游地区的同行一起，在总结群众油菜栽培经验基础上提出了"冬养春发""冬壮春发"和"冬春双发"等三种栽培技术途径。20世纪80年代后期，从长江上游地区引入秋发栽培技术。通常"三发"高产栽培指"冬壮春发""冬春双发"和"秋发"栽培。提出了"三发"栽培的技术意见。

（1）冬壮春发。在适期播种，壮苗移栽的基础上，确保壮苗越冬。以春季大生长期为重点，投放技术措施。以中等的营养生长基础，争取较高的生殖生长水平，形成合理适中的产量架构，实现2 250～3 000kg/hm²产量指标。由于这一技术途径适应性较好，各项指标比较适中，风险较小，在大面积生产上推广应用较多。

（2）冬春双发。在适期早播，培育大壮苗移栽的前提下，在冬前有效生长期内，以较多的肥水促进冬发，冬季封行，春季再施足肥水，形成较大的产量架构。在措施上，强调发中有稳。实现3 000kg/hm²以上产量指标。这一技术途径需要较早茬口，投入较大，在大面积生产上以及条件好的地区采用。

（3）秋发。采取"三早三防"措施，确保油菜在秋、冬有效生长期内，充分扩增营养体，其冬前LAI高峰值显著高于冬发，冬季防止早薹早花，春季看苗施肥，调控营养生长与生殖生长，形成庞大产量架构。防止脱肥或贪青是栽培的关键。实现3 000~3 750kg/hm²高产指标。

3. 看苗诊断技术

冬油菜高产群体叶色呈两"黑"两"黄"的节奏性变化，这种变化与植株体内糖、氮转换规律十分吻合。提出用"平头高度"作为重要形态指标来考察油菜抽薹期植株生长的优劣。高产田抽薹期的最适"平头高度"应在40cm左右；过低，表现为抽薹"一根葱"，春发不足；过高，表明春发过旺，植株营养生长向生殖器官转换不畅。临花前的"抽薹红"，即为"二黄"征象，是春发稳长的标记，表明生长中心已转向生殖器官，此时施用花肥不会产生贪青旺长。成熟期看"株相"，为个体株、枝、角、粒发展是否平衡，经济系数高低的综合表现。

4. 多效唑调控技术

20世纪80年代后期，通过多效唑对油菜苗期和越冬期生长的效应研究，发现一定浓度的多效唑能够有效抑制地上部生长，促进地下部生长，明确多效唑对油菜植株的促控作用。提出油菜5叶期施用多效唑培育壮苗技术和越冬期施用多效唑增强油菜抗寒性技术。为油菜高产栽培提供技术支撑。

5. 油菜群体质量栽培发展了高产的理论基础

油菜群体质量栽培的研究始于20世纪80年代，是作物群体质量研究的组成部分，它涉及源库关系、形态生理指标、产量因素形成和群体冠层结构等内容。

（1）油菜源、库关系的特殊性。油菜光合产物的"源""库"矛盾随生长发育阶段更替而不断变化。苗期植株地上部的繁茂性与根系的扩展相呼应。蕾薹期扩"库"与增"源"要并举，在保证叶系发育充分的同时，要促使花蕾有效分化，适当控制腋芽和无效花蕾分化。开花期由于各个器官对养分的需求旺盛，竞争激烈，"源""库"矛盾激化，要通过技术调控来克服旺长对有效角果数与早衰对每角粒数形成的影响。结角期"库"基本定型，"源""库"关系主要表现为"源""流"与"库"的矛盾。一般来说，"库"的容量基本上能够满足"源"的供给量，"流"畅则能高产。但在角果内部要协调果形、粒数和粒重的平衡发展。"库"容对"源"流也有调节作用。由于籽粒的灌浆物质主要来自角果皮的光合产物，因此，单位角果皮面积的生产力和单位角果皮面积承载的籽粒数在很大程度上反映了油菜结实期的"源""库"关系。

（2）叶片和角果皮两个光合器官的交替。叶片与角果是油菜两个最重要的光合器官。研究表明，高产群体最大最适叶面积指数（LAI）和相应的最大最适角果皮面积指数（PAI）非常相近，最适范围为4.0~4.5。LAI与PAI之间存在着密切的正相关。因此，调节LAI便可调节PAI。LAI和PAI与籽粒产量均呈二次曲线关系。当营养生长与生殖生长高度协调情况下，PAI可能略大于LAI，并且获得更高的收获指数。油菜角果皮和叶片两个光合器官的交替是伴随着角果的形成而完成的，其交替的快慢对产量的形成有很大的影响。交替过快是植株营养生长不足导致早衰的表现。相反，交替过慢是植株旺长贪青的表现。

（3）高效角果层结构与高产群体构建。油菜角果层是一个空间结构。它的厚度、密度、整齐度是衡量成熟期长相和种子产量高低的重要指标。高产群体角果层厚度可达70~90cm，但不是愈厚产量愈高，角果层厚度与产量间呈二次曲线关系。分析结果，结角层上部30cm空间内的角果数占角果总量的75%以上。因此茎枝空间分布要合理，群体要总茎枝数适宜。高效角果层架构以一次分枝为主，适当利用二次分枝，提高高效分枝比例。江苏高产研究与实践表明，甘蓝型油菜3 750~4 125kg/hm²高产群体，适宜的茎枝配比为：主轴9.75万~11.25万/hm²，一次分枝120万~135万/hm²，二次分枝135万~150万/hm²。

南方冬油菜高产群体质量栽培技术体系是围绕构建合理的茎枝空间分布和高效、优质的结角层架构，走"小群体、壮个体、高积累"的栽培技术路线，在群体发展进程中掌握"壮、稳、盛、高"四个环节。采取适当降密，适量增加后期施肥比例等措施，提高角果光合生产力。

6.双低油菜保优栽培技术

总体上，非优质油菜与双低油菜的栽培生物学特性是共性多于个性。根据油菜品质性状的遗传特点，建立了双低油菜保优栽培技术体系。①根据品种生态型，合理安排播种期，规模化种植；②实行轮作，防止非优质品种的自生株混入；③注意氮、磷、钾和硼肥的合理施用，不可偏施氮肥，不施含硫的化学肥料；④加强以油菜菌核病为重点的病虫害综合防治。

7.轻型简化栽培技术

油菜轻简化栽培经历了板茬、免耕栽培（直播或移栽）、谷林套播及全程机械化作业的发展过程。

（1）板茬栽培。油菜轻型简化栽培技术是从板茬油菜发展起来的。它的创新基础源于太湖地区稻茬板田种植油菜的传统技术。20世纪70—80年代通过总结、提高、示范、推广加以完善配套，成为长江流域冬油菜区主要推广技术。免耕使油菜的播种期和移栽期提早，延长冬前有效生长期，充分利用光、温、水资源，油菜成活快、发棵早，省工节本，有利于增产、增效。据调查，正常年景增产10%~15%；多湿年景增产7.4%；干旱年景增产16.4%。但如遇播、栽后渍害严重则有减产趋势。盐碱较重容易返盐碱田块，则不宜采用。

多年实践表明，板茬油菜的高产栽培的关键技术：一是沟系配套，防涝降渍，防止烂根死苗或僵苗不发。二是化学除草，防止草害。春肥腊施，狠促春发，防止早衰。

（2）套作栽培。套作栽培综合免耕与套作的优点，是油菜轻简栽培的一项新技术。目前生产上以稻（茬）套种油菜为最多，还有棉套油及旱粮套油等多种形式。在稻套油栽培中，因前作水稻品种类型的差异，使油菜套播期幅度拉大。在连续多年暖冬的气候下，播种期也有盲目延迟的倾向。实践证明，适时适墒早播（10月中旬前播种）；稻、油共生期的壮苗技术；及时腾茬、炼苗，提高成苗率，促进壮苗越冬等是稻田套播油菜高产的重要技术环节。稻田套播油菜因播种迟个体生长量小，种植密度以30万苗/hm²。在肥料运筹上，氮肥以种苗肥：腊肥：薹肥比为5：2：3或5：1：4较为合理。磷肥可作苗腊肥一次施入。钾肥以70%作苗腊肥，30%作薹肥较为合理。搞好田间沟系配套，及时排水降渍。要特别重视苗期病虫草害的防治。目前这项技术尚未十分成熟，仍须进一步完善。

（3）直播油菜高产栽培技术。整地：水稻收获后，浅旋压茬，开沟降渍，施足基肥。种植密度：适期直播为2.5万~3.5万株/亩；迟播为3.5万~5.5万株/亩。直播方式：机条播。播深：2~3cm。播后轻压土壤，便于出苗。提倡春肥腊施，看苗施用薹肥。

（4）机械化生产技术。一是机播、机收、田间管理全程机械化；二是集中规模化种植；三是选用抗倒、抗病品种；四是合理密植，控制分枝形态；五是科学施肥（年前年后比7：3），防止贪青迟熟；六是掌握适收期，降低机收损失率（控制在8%以内），力求丰产丰收。

8.薹用和油蔬两用油菜高产栽培技术

甘蓝型油菜菜薹是新型蔬菜类型。研究表明，大部分双低油菜品种（系）可作为薹用或"油蔬两用"栽培。对育成的双低油菜品种宁油16号菜薹品质检测结果，粗蛋白、粗纤维、维生素C、可溶性糖含量分别为3.60%、0.75%、37.5mg/100g和2.20%，与白菜型油菜相当。但甘蓝型油菜菜薹具有甘蓝的清香味、嫩脆、细腻，口感优于白菜薹，并且富含维生素和微量元素。它既可鲜食，又可脱水加工成干菜供应市场。普通油菜只收获油菜籽，而双低油菜通过油蔬两用栽培，在保证油菜籽产量基本不减或略有增产的同时，增收一季油菜薹，从而大幅度提高油菜种植效益。

无论是薹用栽培还是"油蔬两用"栽培，均应选用苗期生长势旺、冬发、春发能力强的双低油菜品种，如宁油16号、宁杂1818、宁杂118等，采用早发高产栽培方式种植。具体技术如下。

薹用油菜生产技术。"薹用"是指只收薹，不收种子。一般可采三次薹。第三次采薹结束后，植株可耕翻作绿肥用。

适期播种。播种：宁油16号适宜移栽播种期，苏北为9月10日，苏中为9月15日，苏南为9月20日，用种量0.125kg/亩。

肥水管理。施氮量：20kg纯氮/亩。施足基肥，重施薹肥。基肥施用量占油菜总施肥量的70%左右，N、P、K配合。以有机肥复合肥为主，搭配使用速效肥，缺硼地区增施硼肥。越冬期施用腊肥。薹肥用量占总施肥量的10%左右。

及时采薹。当主茎薹高35~40cm时，及时摘取主薹15~18cm上市销售。摘薹后及时补肥，每亩补施尿素5~7kg，促进下部休眠芽萌发，长出分枝。二次摘薹，一般在首次摘薹后15d左右，主要采摘新萌发的大分枝，采摘长度为7~10cm。根据二次分枝生长情况，进行第三次采薹，采摘长度为5~7cm。

"油蔬两用"高产栽培技术。"油蔬两用"即在油菜生长的薹期摘取主茎薹作为食用，植株低位休眠芽萌发的分枝生产菜籽供榨油用。第一次采薹后，补施花肥促进植株下部休眠芽萌发，形成下位分枝开花结籽，实现"一种两收"。既能收获常规油菜同等产量的油菜籽，又能收获菜薹（200~300kg/亩），增加现金收入。研究表明，摘薹对油菜籽产量影响不明显，摘薹后补施氮肥可增加菜籽产量。实行"油蔬两用"栽培，每亩可增加经济效益30%以上。

早播早栽。9月上中旬播种育苗为宜。为平衡菜薹上市，可分期育苗、移栽。移栽密度每亩10 000~12 000株，以提高菜薹产量。

足肥促长施足底肥。一般每亩施油菜专用复合肥30~50kg、硼砂0.25~0.5kg；施用苗肥：移栽活棵后，每亩追施尿素4~5kg；重施薹肥：抽薹前追施尿素7~10kg、氯化钾4~5kg。增施临花肥：摘薹前2~3d施尿素3~5kg，促进低位休眠芽萌发、生长。

防治病害：摘薹后油菜低位分枝增多，株型由上生分枝型变为下生分枝型，田间通风透光性差，菌核病易于发生。分别于初花、盛花期用"多菌灵""菌核净""菌核清"等喷雾防治菌核病。

第三节　豆类科学研究

豆类作物研究室主要围绕食用豆、大豆和菜用豆开展种质资源收集，遗传评价，优质、多抗高产新品种选育及主要育种技术研究与开发，优质高效安全栽培技术研究以及新品种、新技术和新模式在生产上的试验与示范。先后培育出优质、高产、多抗豆类新品种37个，累计推广面积达500万亩以上。在豆类作物种质创新及病虫害防控等研究领域居于国内领先地位，对江苏乃至全国豆类产业发展做出了重要贡献。

在近90年的发展历程中，豆类作物研究室的科研工作进程可分为以下几个阶段。

中央农业实验所阶段（1931—1950年）

1934—1943年，原棉作系主任华兴鼐开始进行蚕豆研究。首先研究了蚕豆杂交技术，蚕豆的花色遗传，叶形遗传等遗传规律。

华东农业科学研究所阶段（1950—1959年）

1958年，由于当时油料生产的需要，我院决定成立油料作物系。由园艺系主任姜诚贯研究员调任油料作物系主任。这段时间，大豆科学研究的基础性工作全面展开，研究人员从江苏、安徽、山东、上海等地收集大豆种质资源1 300余份，通过田间种植和系统观察，对上述材料的农艺性状进行了初步评价，对大豆的抗病毒性、抗倒伏性进行了田间表型鉴定，选择出一些综合性状较好的材料，进行杂交育种，通过系统选择，培育出58-161、徐豆424等综合性状较好的材料，开始在生产上应用。并安排有关同志到徐州等地驻点，协助当地农业科技推广人员搞好大豆新品种和新技术推广。

中国农业科学院江苏分院阶段（1959—1970年）

1961年油料作物系与经济作物系合并，费家骅任大豆组组长。这段时间，大豆种质资源的研究继续进行，杂交育种工作全面开展，先后培育出苏协1号、穗稻黄、苏丰等大豆杂交新品种。夏大豆58-161在长江中下游地区得到迅速推广。夏大豆的生长发育规律得到系统研究。

江苏省农业科学研究所及改至江苏省农业科学院阶段（1971—2000年）

在种质资源方面重点研究了江苏省淮南地区的夏大豆种质资源，并综合全省的大豆资源研究成果，编制了江苏省大豆种质资源目录。1976—1981年，对全省野生大豆资源进行了第一次收集和田间评价，共收集野生资源208份。编制了江苏省野生大豆种质资源目录。1974年开始春大豆育种，先后育成宁镇1号、2号、3号、77-124等。宁镇1号曾在生产上大面积种植。1976年开始，接受亚洲蔬菜研究和发展中心的绿豆示范和品种选育计划，育成绿豆苏绿1号、苏绿2917A等。1979—1984年，安排科研人员到灌云等地建立大豆丰产方，推广大豆栽培新技术。1980—1985年，在太湖地区开展了麦豆稻轮作制度的研究。

2000年至今

2000年，大豆组合并到蔬菜研究所，开始了春季毛豆品种的杂交育种，先后育成早生翠鸟、日本青3号等。2006年，开始了豇豆、四季豆和绿豆新品种选育。2006年，加入国家食用豆产业技术体系，主要从事绿豆新品种选育和病虫害的生物防治，同时增加了蚕豆、豌豆、小豆等方面的研究。大豆育种方向调整为可适应全省的夏大豆干籽粒育种，鲜食春夏大豆育种。绿豆科研重点在雄性不育研究、绿豆突变体柱头外露和花开张研究、抗豆象绿豆新品种选育和非转基因绿豆抗除草剂突变体筛选等。

2017年豆类作物研究室整体又重新回到经济作物研究所，科研队伍得到进一步充实。到2020年，共有在编研究人员12人，编外人员2人，硕士、博士研究生15人，博士后5人。研究内容涉及绿豆、大豆、豇豆、蚕豆、豌豆的种质资源的深度研究、重要基因的挖掘、新品种选育等。

"十五"以来，作为第一完成单位先后荣获2018年江苏省科学技术一等奖，2018年江苏农业科技一等奖，2015年江苏省科学技术二等奖，2009年江苏省科学技术进步奖三等奖，2007年江苏省科学技术进步奖三等奖。作为中方第一申报单位获得2014年国家国际合作奖，2015年国家友谊奖，2014年江苏省友谊奖，2012年江苏省国际合作奖。

一、种质资源的征集、保存与研究利用

1. 大豆资源收集与鉴定

我所的大豆种质资源收集与鉴定工作始于1955年，从江苏、山东、安徽、河南等省搜集到大豆种质资源1 256份，通过在徐州农科所内进行田间观察，评价了上述大豆资源的生育期、抗性性状和籽粒性状，为上述材料的杂交亲本利用打下基础。

1983年，开始进行野生大豆研究。先后从全省征集到野生大豆资源288份。到1990年，通过连续7年的努力，基本明确了江苏省野生大豆的生物学特性，主要表现为对光照反应敏感，基本全部为蔓生、紫花、多分枝、多荚、多粒、百粒重低（一般为3~4g），籽粒蛋白质含量较高，多数材料具有较强的耐旱和抗湿能力，耐贫瘠，较抗大豆病毒病。其多分枝、多荚、多粒和高蛋白等性状可以作为大豆品种改良的潜力性状。但是野生大豆的籽粒较小、蔓生和裂荚性状也是遗传改良的难点。1988年，编写了江苏省野生大豆品种资源目录，并将繁殖的野生大豆种子连同已经研究清楚的农艺性状上交吉林省农业科学院大豆研究所。1985—1995年，先后主持国家栽培大豆和野生大豆的种质资源农艺性状鉴定和繁种入库子专题，通过连续多年的努力，在全省淮南地

区补充征集栽培大豆品种资源756份，并对其农艺性状进行了鉴定和评价，这些资料最后编入了《中国大豆品种资源目录（续编一）》和《中国大豆品种资源目录（续编二）》。

1975—1978年，从美国、苏联、日本等国征集春播大豆资源256份，在南京孝陵卫进行封闭种植和后续大田种植，从中选择出beeson、soufu400、鹤之友1号、白千城、出羽娘等综合性状较好的材料，用作春大豆杂交亲本。通过杂交，选出宁镇1号、宁镇2号等春大豆新品种。1994—1996年，结合全国大豆生态研究，从全国引进各省代表性大豆资源186份，在南京六合夏播种植，结果表明：原产于高纬度的大豆在南京种植，生育期明显缩短，产量下降，原产于低纬度地区的材料，生育期明显延长，甚至不能正常成熟。2012—2013年，结合大豆异黄酮在大豆生长发育过程中的含量变化，从全国引进异黄酮含量较高的大豆。2008年开始，为了适应大豆表型性状和基因型关联性研究，陆续从全国21个省份（覆盖全部大豆生态区）搜集栽培大豆种质资源1 084份，通过田间表型鉴定和室内分子鉴定，发掘出一批在蛋白、脂肪酸亚组分等性状的优异种质和优异等位变异，更好的服务大豆品质育种。通过广泛收集和征集，对346份野生大豆种质资源进行了表型鉴定和遗传群体构建，并发掘抗病毒病、耐盐等抗逆基因位点和连锁分子标记，用于改良栽培大豆中的目标性状。

2. 食用豆（绿豆、小豆、蚕豆、豌豆）资源收集与鉴定

2006—2015年，对豌豆种质资源进行系统研究。结果表明：来源于全国8个省市的豌豆品种或品系，无限型品种占62.5%，有限型品种占26.5%，亚有限型占11%。在560份资源中，白花品种占45%，紫花品种占42%，红花占6%。在叶型中，完全叶占75%，半无叶占25%。半无叶全部来源于我国西部及中原的干旱和半干旱地区，初步推测，半无叶性状是在长期干旱或半干旱条件下，豌豆为减少水分蒸腾而形成的一种自我保护机制。在品种的使用类型上，干籽粒型、软荚型和甜脆豌豆型分别占55%、28%和12%，特大荚、适合鲜豆粒加工的占5%左右。在干籽粒颜色上，淡黄色皮占35%，水白色占26%，绿色皮占25%，紫红色皮占8%，深紫红皮占6%。豌豆的种皮色可能与豌豆原产地的温度、湿度和光照等气候有关。豌豆干籽粒百粒重的变异较大，大粒豌豆品种百粒重为55g左右，如成都大荚豌、重庆菜豌豆等。小粒豌豆品种百粒重仅7g左右。豌豆粒重大小呈现明显的正态分布，其中18～25g的中粒品种占50%左右。豌豆品种中，适合芽菜生产、荷兰豆生产、咔嚓豆和干籽粒生产的品种类型比较齐全，豌豆的主要病害是白粉病和根腐病，主要虫害是潜叶蝇。

对来自泰国和中国12个省市的小豆资源进行系统研究，结果表明，大部分小豆资源叶型为圆形，只有1.67%的小豆资源叶型为披针形。小豆幼茎色以绿色和紫色为主。单荚粒数在6～7粒的小豆品种最多，荚宽在6～7mm的小豆品种最多，百粒重在7～9g的小豆品种最多。多数小豆品种对光照反应敏感，尤其是原来产于低纬度地区的材料，引种时要特别注意。小豆抗旱能力很差。

对来自亚洲蔬菜研究中心、泰国、缅甸等国家和研究机构及中国13个省市的绿豆资源进行系统研究，结果表明，有限结荚型品种占85%左右，无限结荚型占17%左右，亚有限型占3%。株高在80～90cm区间的绿豆品种数量最多，单株分枝一般3～4个，单株结荚一般28～34个，每荚粒数7～12粒，籽粒90%为圆柱形，光泽较强的材料占70%左右。干籽粒千粒重在40～50g的品种占75%左右，千粒重最小的为21.2g；千粒重最大的为78.9g。绿色品种占90%，黄皮材料大约3%，黑色绿豆2.5%，还有部分是半野生、野生，有泥膜种质资源。绿豆的主要病害是叶斑病，在上述资源中，通过田间观察，有26份材料抗性较好。绿豆的主要害虫是盲蝽象和豆象，抗豆象基因主要存在少数野生种质中。绿豆具有很强的抗旱性、抗贫瘠性。

对来自日本、叙利亚及中国7个省市的657份蚕豆资源进行收集和调查，数据结果显示，分枝数在3.0～3.5个的蚕豆品种数最多，占18.4%。百粒重在120～140g的品种数最多，占35.3%。百粒重最大的有261.27g。单株粒重在60～90g的品种数最多，占31.6%。单株产量最大为277.31g。

单株荚数在15～20个的品种数最多，占29.5%。单株荚数最多的为52个。我国是世界上的蚕豆主要生产国，主要区域位于云南、四川、重庆、江苏（南通和盐城）、甘肃和青海，单产以江苏蚕豆为最高，纯作时干籽粒可以达到亩产225～255kg，同时江苏蚕豆百粒重最高，平均达到155g，少数鲜食品种达到250g左右，江苏蚕豆也是鲜食口感风味最好的蚕豆。云南蚕豆百粒重仅70～75g，干籽粒红色。四川和重庆蚕豆籽粒中等，成熟较早，面积较大。青海和甘肃蚕豆到南京种植，普遍迟熟，籽粒较大、干籽粒全部绿色，黑脐。

3. 菜用豆（豇豆、四季豆、扁豆）资源收集与鉴定

2007—2012年，对豇豆品种资源进行了较为系统的研究。结果指出，本研究室现有的豇豆资源中无限结荚型占92%，有限结荚型占8%。鲜豆荚颜色中，深绿色品种202份，占39.9%。绿色品种89份，占16.3%。水白色品种180份，占32.9%。白色品种35个，占6.4%。紫色品种12个，占2.2%。有花斑的品种28份，占5.12%。鲜豆荚长度中，50～60cm的品种占70%左右，低于30cm的品种10%左右，高于70cm的不到10%。在干籽粒百粒重上，18～24g的中粒种386个，占70.7%，小于17.9g的品种87个，占15.9%。大于24.1g的品种73个，占13.4%。在干籽粒颜色上，浅紫色的270份，占49.5%，白色的65份，占11.9%。花纹的88份，占16.1%。深紫色的42份，占7.7%，黑色的81份，占14.8%。在抗性上，耐根腐病品种有22个，根腐病严重品种有45个。耐白粉病品种有12个，严重感染白粉病品种55个。江苏是豇豆资源较多的省份，也是豇豆播种面积较大的地区，全省每年种植豇豆大约65万亩，春季40万亩，秋播25万亩，豇豆比较耐低温，对高温敏感。主要播期为春季的2月中旬到5月初，秋季的7月底到8月25日。

自2006年开始进行四季豆相关研究。从江苏、安徽、湖南、湖北、江西、浙江、四川、重庆、上海和广东等地共收集四季豆品种资源358份。田间种植和观察调查表明，已经征集到的资源中的绝大多数材料为无限结荚习性，蔓生型，植株高大，叶片卵圆，株高200～250cm，有限型材料不到10%。鲜豆荚荚色方面，绿色品种占45%，淡绿色占35%，白色占15%，黄色和紫色各占2%左右。在鲜豆荚荚型上，棍棒型占50%左右，扁形占35%左右，卷曲型占4%左右，特大豆荚（长宽超过18cm×2.0cm）占3%左右。在干籽粒方面，籽粒性状上，肾型的占多数，扁平型的不到20%，特大籽粒的不到4%。在干籽粒皮色上，多数为咖啡色，第二位是白色，第三位是褐底花纹和马鞍色。四季豆在江苏年种植面积大约8万亩，春季和秋季播种面积相仿，四季豆较耐低温，很不耐高温。主要病害为根腐病、茎腐病和白粉病。

二、豆类作物遗传和育种基础理论研究

1. 蚕豆质量性状遗传研究

我所是国内最早开展蚕豆质量性状遗传研究的单位，1936—1949年，先后从湖南常德、四川遂宁，南京等地收集蚕豆变异性状材料50种以上，变异性状有株型、叶色、叶形、花色、花形、粒色、脐色等。经长期研究，明确单性遗传变异有24种；连锁遗传有三对，即黄绿高株与淡黄种皮色有连锁，交换价31.22%；白脐与淡黄种皮色有连锁，交换价为35.24%；黄绿高株与白脐有连锁，交换价约50%。

2. 大豆遗传研究

1984年开始，开展了大豆结荚习性和大豆开花习性的研究，从大豆顶端花序的形态和大豆不同层次叶片的大小对大豆的三种结荚习性给出了明确而量化的区分指标，使得不同大豆结荚习性的鉴别首先采用数字化。

1985—1989年，对来源于全国的1 200份大豆种质资源进行研究后指出，大豆籽粒的蛋白质含量和脂肪含量呈显著负相关。蛋白质和脂肪含量的高低，与大豆原产地的气候条件有着很强的内在联系，高温多湿的气候环境有利于高蛋白的合成，干燥少雨和较大的昼夜温差有利于大豆籽

粒内脂肪的积累。通过长期的自然驯化和获得性遗传，形成了千姿百态的大豆种质资源。

1989年，研究了栽培大豆和野生大豆脂肪酸的组成及其相互关系。研究指出，栽培大豆的脂肪含量高于野生大豆，蛋白质含量明显低于野生大豆。在脂肪酸组成中，野生大豆的亚麻酸含量明显高于栽培大豆。启示我们：大豆的优质油脂育种要优先考虑使用栽培大豆作杂交亲本。

1990年，研究了大豆高产和高蛋白的选择指数，结果表明，不同的选择指数对大豆籽粒产量和大豆蛋白质产量具有不同的选择效应。对于不同的选择群体应采用不同的选择指数和选择模型，才会收到比较理想的选择效果。

1998—2002年，在江苏省自然科学基金的支持下，研究了耐光氧化大豆种质资源的批量筛选技术，并研究了大豆耐光氧化和耐干旱的相互关系，在研究过程中，选出了耐光氧化大豆种质资源12份。耐光氧化品种具有较强的清除体内自由基能力和抗干旱能力，上述技术的创建和种质资源的筛选，为大豆抗旱育种和高光效育种打下了初步基础。

三、豆类作物育种技术研究及应用

1957—1970年，大豆的选种方法主要是集团选择法，即杂交后代经过F_1的去伪存真后，F_2代进行单株选择，从F_3至F_6代，全部进行集团选择，在数量性状基本稳定后再决选优良单株，建立株行等。1971—1980年，大豆杂交后代的处理主要采用系谱法，即从F_2开始，一直采取优中选优的技术，选拔优良家系，直到数量性状基本稳定，开始家系鉴定。1981—2010年，主要采取综合选择法处理杂种后代，这种技术可以保存较多的株系间变异，减少株系内的单株保存数量。操作简单，省工省本，可以在有限的试验面积上，获得较多的优异家系。

在变异群体的制备上，1982年开始，进行部分双列杂交。在针对部分抗性性状进行定向改良时，主要采取单次回交和多次回交手段。

在高产育种中，我们坚持将主流推广品种作为骨干亲本，进行大量测交，在后代的自交纯化和选择中，尽量将理想株型、叶形和叶形分布状态、分枝数进行综合考虑，较多的选择顶部叶片较小，中部叶片长椭圆、下部叶片卵圆或椭圆的材料。苏豆13的成功选择就是一个典型的个案。大豆的干籽粒百粒重和单产多数情况下负向相关明显，选择高产品种时，我们将较大比重放在粒重19~24g的材料上。如苏豆3号，苏豆5号、苏豆20、苏豆21。

在高蛋白育种中，我们坚持对高蛋白产量进行选择，尽量避免过分强调高蛋白含量的选择带来的单位蛋白质生产总量水平偏低的弊端。如苏夏7209。

育种过程的亲本选择往往比后代的处理技术更加重要。产量育种中，杂交的亲本应该选择推广主流品种和产量稳定，久经考验的传统品种，以避免新审定品种可能带来的某些不确定性。亲本要求具有较大的遗传差异，地理远缘和生态远缘都是可以选择的搭配组合。亚种之间的杂交变异丰富，但是稳定时间过长，还需要大量的回交次数，才可能获得成功，这些只能用于育种的长期计划和培育中间体。

1982年开始，我们开始高蛋白育种，亲本的选择原则是亲本之一必须是高蛋白材料，另一个多数是高产材料。大豆病毒病是长江中下游地区的主要病害，不管育种的主攻方向是什么，在亲本的遴选中不要使用高感病品种，除非是进行抗病遗传研究。

鲜食大豆新品种的选育要非常注意豆荚商品性和口感风味的选择，除了在亲本的使用上强调产量、抗病性、鲜荚大小、百粒重大小外，还要兼顾茸毛色、鲜豆仁口感，豆荚炭疽病等因素。

1.大豆育种技术研究

（1）大豆分子育种技术研究。主要包括分子标记辅助育种技术、全基因组选择育种技术、基因编辑技术等。通过分子标记辅助育种技术培育的耐盐大豆新品系苏夏HT020正在参加黄淮海大豆联合鉴定。建立了大豆脂肪酸亚组分高效基因编辑技术体系，实现高效率打靶。构建并完善大豆蛋白、脂肪酸亚组分等性状的基因组选择（GS）育种模型。

（2）相关病虫害防控技术研究。重点研究大豆花叶病毒病的发生、传染和预防措施。并从大豆病毒病和寄主的互作机理上探讨防治病毒病的新技术，取得了以下创新性研究成果。

首次提出病毒编码的P3蛋白在病毒的复制及运动过程中起桥梁作用，锚定与膜相关的病毒复制复合物（VRC）到肌动蛋白丝；后发现P3C端帮助P3靶向VRC，参与病毒基因组的复制，该部分研究一直处于P3蛋白领先地位。

酵母双杂交技术筛选到与SMV互作的37个寄主因子，进一步诠释了这些基因参与病毒侵染的生物学功能。已发表的有细胞骨架基因*Actin*、植物早期分泌系统基因*Snare 12*、植物内质网同源蛋白及*Dynamin*基因。以*Dynamin*基因为例，研究发现*Dynamin*基因可介导病毒利用植物内吞作用途径，结合内吞小泡帮助其侵染，这是首次揭示植物病毒中可利用该途径，也是植物早期分泌途径Potyvirus被发现后，利用另一个胞内转运途径，将对植物病毒侵染机制和利用寄主转运的机制提供一个新认识。

利用EcoTILLING技术检测得到*eIF4E*基因隐性抗病材料，可阻断病毒编码的Vpg与eIF4E的互作，应用于育种。为大豆抗大豆花叶病毒育种提供宝贵资源。

（3）大豆耐盐基因定位研究。图位克隆大豆耐盐主效QTL并解析其作用机制，发现大豆至少有两个耐盐主效基因，分别位于大豆的第3号染色体和第18号染色体上，其中第3号染色体上的大豆耐盐基因*ncl*是一个离子转运蛋白，在盐胁迫环境下高表达*ncl*基因能够显著提升大豆的耐盐能力。

（4）豆类作物耐逆性的研究。2010年开始，在大豆耐逆方面，筛选不同镉耐受及积累差异的大豆品种，通过转录组测序获得差异表达基因，并在烟草和大豆中进行功能验证；在大豆品质方面，通过Microarray技术，获得在异黄酮含量有差异的品种中差异表达的转录因子，并在大豆中进行了功能验证。

（5）大豆芽苗菜研究。利用LED精确调制光谱波长，研究不同LED光谱对大豆芽苗菜酚类化合物组成，抗氧化能力和合成相关基因表达量的影响。结果表明，光照虽然一定程度上降低了幼苗长度和产量，但显著增加了大豆芽苗菜的酚类化合物含量。短波长单色光蓝光（450nm）和紫外光-A（UV-A，380nm）通过上调酚类化合物合成相关基因的表达显著增加总酚类化合物和总黄酮类化合物含量及大豆芽苗菜的抗氧化能力。利用液质联用技术，在大豆芽苗菜样品中鉴定出66种酚类化合物单体，其中异黄酮、酚酸和黄酮醇是主要成分。首次提出6′-丙二酰大豆苷、6′-丙二酰染料木苷、大豆苷、2-氢大豆苷元-7-*O*-葡糖苷酸、芹菜素-6-*C*-葡萄糖苷、芹菜素-7-*O*-葡萄糖苷、白杨素、槲皮素-4′-*O*-葡糖苷酸和高良姜素等可作为区分不同光处理的生物标志物。为大豆芽苗菜的设施栽培提供了技术支持和理论依据。

2. 食用豆育种技术研究

（1）绿豆杂交育种研究。提高产量是绿豆育种工作的重要目标之一。但是，绿豆（*Vigna radiata*）是严格的闭花传粉植物，天然异交率大概只有1.68%，这是绿豆杂交种制种过程中的一大障碍。本课题组利用^{60}Co对绿豆品种V1197进行辐射诱变，发现一个突变体表现为翼瓣和龙骨瓣缺失，花药和柱头外露，异交率提高，命名为"开花传粉绿豆"。将控制开花传粉的基因*cha*定位于绿豆的第6染色体，并且发现一个与拟南芥YUCCA家族同源的候选基因*Vr06g12650*。该基因存在一个1-bp的缺失，从而导致移码突变。*Vr06g12650*是控制绿豆开花传粉的重要候选基因。该突变体为选育开花传花绿豆提供了遗传资源，迈出了走向绿豆商业化杂交种制种的重要一步。

（2）绿豆抗豆象和根腐病相关育种研究。分别将抗豆象绿豆品种V2802和V2708与感豆象品种KPS1杂交和回交，并发展高代回交群体，将抗豆象基因定位在绿豆的第5染色体，并发现两个重要的候选基因*VrPGIP1*和*VrPGIP2*。这两个基因编码聚半乳糖醛酶抑制蛋白（polygalacturonase-inhibiting protein，PGIP），可能影响了豆象对绿豆的消化。同时，本研究发现SSR标记DMB-SSR158在*VrPGIP2*的3'端，而且该标记与V2802的抗豆象性状紧密连锁。

绿豆根腐病抗性研究：近两年在全国绿豆主产区进行了根腐病病情调查和病原菌分离，共计分离获得致病病原菌76个，明确了我国各绿豆产区根腐病主要致病病原菌。在此基础上对收集的绿豆资源进行了抗源筛选，获得了一批优异抗性资源。

（3）绿豆远缘杂交育种研究。本课题组还对黑吉豆（*Vigna mungo* var. *mungo*）的抗豆象性状进行遗传研究，通过SLAF测序开发SNP标记并构建遗传图谱，定位得到与黑吉豆抗豆象相关QTL两个。

（4）绿豆耐盐基因研究。利用水培法开展绿豆的耐盐能力评价和分级。通过多光谱荧光技术，将绿豆盐胁迫下多项生理指标与荧光参数相关联，构建绿豆耐盐性多光谱分析模型。

（5）绿豆种质资源营养评价及抗氧化能力分析。研究结果显示，绿豆中淀粉含量为39.54%～60.66%，蛋白质含量为17.36%～24.89%，脂肪含量为0.42%～1.22%，灰分含量为2.78%～3.53%，对绿豆中的硬脂酸、软脂酸、油酸、亚油酸和亚麻酸进行了定性定量分析。通过抗氧化模型明确了游离态多酚对绿豆抗氧化活性起主要贡献作用，筛选出苏黑1号和苏绿3号等综合品质较高的绿豆品种。

（6）芽苗菜专用豌豆品种的筛选及栽培技术研究。筛选出适宜生产芽苗菜的10个豌豆品种，包括苏豌12046、苏豌12054、川豌6004和苏豌麻豆等。明确了适宜豌豆芽苗菜生长的LED光谱配比为红蓝光比例3∶1。与白光相比，红蓝3∶1显著提高豌豆芽苗菜的可食鲜重和可食率，且提高其可溶性糖、维生素C、总黄酮类化合物和总酚类化合物等的含量。提出光照时间的增加有利于促进豌豆芽苗菜的生长并有利于可溶性糖、可溶性蛋白和总黄酮类化合物含量的积累，明确了12h/d的光照时间是适宜培育高营养品质豌豆芽苗菜的光周期。

3. 菜用豆育种技术研究

（1）豇豆育种技术研究。豇豆耐盐指标建立和基因定位。耐盐性研究始于2007年。研究发现，150mM NaCl为豇豆苗期最适耐盐鉴定浓度。用150mmol/L的盐浓度鉴定84份豇豆资源的耐盐性，根据隶属函数（Fi值）进行聚类分析，筛选出8份耐盐材料（Fi>0.60）。豇豆耐盐相关性状QTL定位结果表明，定位到4个主效QTLs，Chr.09的VUIn584-VUIn724区间聚集了3个主效QTLs，解释的表型变异为10.5%～48.7%；在Chr.08的VUIn675-VUIn578区间定位到1个主效QTL，解释的表型变异为12.6%～18.2%。

豇豆分子标记开发。应用耐盐性不同的2个豇豆品种进行比较转录组测序分析，共检测到823个差异表达基因（DEGs）；与耐盐品种（苏紫41）相比，盐敏感品种（苏豇1419）除了富集耐盐品种中所有GO功能类别外，还富集到11个耐盐品种没有的GO功能类别；开发一批InDel标记，应用于豇豆品种鉴定及遗传研究。

豇豆品质性状研究。主要开展了豇豆花青素和营养成分含量变化分析。紫荚品种（苏紫41）花青素含量最高，青荚品种（苏青29）纤维素含量较高、脂肪含量较低，白荚品种（苏豇1419）钙和脂肪含量较高，绿白荚品种（苏豇3号）营养成分含量一般，这些特征可供豇豆特色品种选育及其规模化生产参考利用。

（2）菜豆育种技术研究。四季豆（普通菜豆）育种技术研究：对来自国内外共计280份普通菜豆资源进行了主要农艺性状的表型鉴定，结果显示，普通菜豆资源具有丰富的形态性状多样性，通过开发的Beadchip对该普通菜豆资源进行了芯片测序，并对产量等性状进行了基于SNP的全基因组关联分析，利用生物信息学方法筛选出与产量等性状相关的关联位点，为普通菜豆的分子育种提供了关键性状的标记选择依据。

4. 豆类作物新品种选育

（1）大豆新品种选育。夏大豆新品种选育：1954年，从夏大豆地方品种滨海大白花中选出新品种58-161。1959年，育成夏大豆新品种苏丰，苏豆1号和穗稻黄。1968年，"文化大革命"开始后一段时间，江苏省农业科学院大多数科研人员下放劳动，江苏省农业科学院的大豆种质资源保存到仪征大豆原种场，在仪征期间，凌以禄等同志和江苏省种子站、南京农学院大豆组有关同志合作，育成夏大豆新品种苏协1号。

58-161：夏大豆中的中熟品种，该品种由我所系统选育而成，有限结荚习性，株型收敛，叶片长椭圆。株高65～75cm，分枝3.5～4.2个，籽粒黄色，球形，淡褐脐，光泽强，商品性优良。该品种中抗大豆花叶病毒病，耐根腐病，抗倒伏能力较强。它曾经是我国黄淮海地区的主要推广品种之一，1965—1978年，在江苏省淮北和长江中下游地区，累计推广近2 000多万亩。

穗稻黄：该品种由我所从上海奉贤穗稻黄的自然变异群体中，采用系统选择法育成。该品种有限结荚习性，中熟偏迟，干籽粒百粒重22～24g，籽粒黄皮，黑脐，抗倒伏能力较强，株型和叶形较好，具有较好的稳产性，曾经在我国长江中下游地区推广近20年。

1978年，58-161和苏豆1号两个夏大豆新品种的选育和推广，获得1978年江苏省科学大会奖。

改革开放以后，夏大豆研究工作主要是重新整理在"文化大革命"中临时存放到仪征大豆原种场、吉林省农业科学院等地的淮南夏大豆种质资源，总数大约为750份，每年夏天种植200份左右，对上述资源重新进行田间农艺性状鉴定和评价，为夏大豆育种提供遗传种质和亲本选择的理论依据。并为编写江苏省大豆品种资源目录做准备。淮南夏大豆育种和资源研究同步进行，当时夏大豆对照种是苏豆1号，先后育成夏大豆新品种苏豆3号、苏豆4号、苏7209等。

2017—2019年，豆类研究室回到经济作物研究所后，加强了夏大豆新品种选育工作，育成首个适合江苏省淮南地区推广的早熟高蛋白大豆品种苏豆13，该品种转让相关公司，在江苏省及周边生态适宜区进行推广应用。另外选育出适合淮北地区推广的夏大豆新品种苏豆19、苏豆20、苏豆21等新品种。

春大豆新品种选育：春大豆新品种选育主要是针对我国南方多熟制地区，多年来实行麦稻轮作带来的土壤理化性能变差，肥料报酬率不断下降，试图实行豆类作物和禾本科作物的科学轮作，但是水稻是高产作物，大豆与禾本科作物轮作，只能种植干籽粒春大豆，后茬接种水稻，为此，开设了干籽粒春大豆育种课题。在中国农业科学院品种资源所的支持下，我所获得了230份国外春大豆资源，这些资源主要来源于美国、日本等国家，并从我国东北引进了部分优良春播大豆品种，与镇江农科所合作，经过连续8年的努力，育成春播大豆宁镇1号和宁镇2号等新品种。

宁镇1号：该品种由夏大豆品种穗稻黄和美国春大豆Beeson杂交育成，属于春大豆中的中熟品种，高产、稳产、适应性广，是太湖地区麦豆稻轮作制度的配套品种。宁镇1号不仅可在江苏省种植，在浙江、四川、江西也有一定的推广面积。

秋大豆新品种选育：1979—1983年，凌以禄和南京农学院、启东农科所等在南通启东等地开展秋大豆育种和试验示范，选育秋大豆苏14-1和苏14-2，这两个品种在南通地区曾经有较大种植面积。

春播鲜食型大豆新品种选育：育成适合春播的苏早1号、日本晴3号、苏豆10号等早熟毛豆新品种，育成苏奎1号、苏奎2号、苏奎3号、苏新5号、苏新6号等春播中晚熟毛豆类型品种。育成国审适合春季播种的干青兼用大豆品种苏豆8号。上述大豆品种均转让相关公司在江苏省及周边生态适宜区进行推广应用。

夏播鲜食型大豆新品种选育：育成了苏豆8号，苏豆16、苏豆17、苏豆18等夏季毛豆新品种，其中苏豆18属国审大豆品种，可在我国南方多熟制地区作为鲜食夏大豆推广，丰富了江苏省大豆新品种的品种类型。上述大豆品种均转让相关公司在江苏省及周边生态适宜区进行推广应用。

（2）食用豆新品种选育。开展绿豆杂交育种，同步进行辐射育种，经过连续15年的时间，先后育成苏绿2号、苏绿3号、苏绿4号、苏黑绿1号和苏绿5号。苏绿3号是最早通过省级以上鉴定的黄色种皮绿豆，全生育期65～70d，有限结荚习性，干籽粒千粒重45g左右。苏黑绿1号是一个黑色种皮的绿豆，全生育期70d左右，单株分枝多达5～6个，干籽粒千粒重42～46g，种皮光泽强，种子生命力强，种皮中含有较多的花青素，具有良好的药食同源作用。上述绿豆新品种，最主要特点是均为有效结荚型，结荚集中，不裂荚，适合机械收获。籽粒容易煮熟，多数品种籽粒绿色，光泽强，商品性优良。

2011年，首先育成小豆新品种苏红1号和苏红2号，2015年育成苏红3号至苏红5号等系列品种。通过系统选育，先后选育出苏翡翠小豆，苏黑皮小豆和苏黄皮小豆等适合江苏及其周边省市种植，可用于特色功能食品开发的小豆新品种。

2002年开始，经过长期探索和实践，逐步掌握了蚕豆杂交高成活率的技巧。通过多年的努力，选育出鲜食型蚕豆苏蚕2号，苏蚕3号。这些蚕豆的基本特点是籽粒大，干籽粒百粒重高于190～200g，对照品种日本大白皮是200～210g。但是苏蚕1号和2号的亩产鲜豆荚显著高于对照种，在多年试验中，纯作亩产鲜豆荚位于1 100～1 200kg，高于对照15%～20%。成熟时间和对照相仿。抗蚕豆褐斑病和蚕豆赤斑病能力强于对照种。育成干青兼用型蚕豆新品种苏蚕1号，亩产比对照启豆2号高20%左右。

2014年，育成籽粒型豌豆，苏豌1号，蔓生型，白花，无限结荚习性。株高130cm左右，单株结荚65～70个，每荚粒数5～6粒，干籽粒淡黄色，球形，光泽较强，百粒重25～28g。亩产180～200kg，比对照增产20%左右。适合在长江中下游地区秋播。苏豌2号，软荚型，白花，亚有限结荚习性，株高100～120cm，单株结荚65～80个，10月底播种，翌年4月中旬采收鲜豆荚作为蔬菜上市交易，亩产商品鲜豆荚550～650kg。鲜豆荚长5.5～6.2cm，宽0.8～0.9cm，每荚5～6粒，一般在开花后22～24d采收嫩豆荚，采收期30～35d。

经过12年的努力工作，先后选育绿豆新品种5个，包括苏绿3号、苏绿4号、苏绿5号、苏绿6号、苏黑绿1号和苏绿7号。小豆新品种5个，包括苏红1号至苏红5号，苏翡翠小豆，苏琥珀小豆和苏黑皮小豆。蚕豆新品种5个，包括苏蚕1号、苏蚕2号、苏蚕鲜1号、苏蚕鲜3号和苏蚕鲜4号。豌豆新品种6个，包括苏豌1号、苏豌2号、苏豌3号、苏豌4号、苏豌5号和苏豌6号。

（3）菜用豆新品种选育。先后育成苏豇1号、苏豇2号、苏豇3号、苏紫豇1号、苏豇11号和苏豇12号。苏豇1号是豇豆中的中熟品种。鲜豆荚绿色，豆荚长65cm左右。该品种无限结荚习性，设施栽培下，亩产鲜豆荚1 600～1 800kg，播种到采收60d左右。耐豇豆病毒病和根腐病，中抗白粉病。苏紫豇1号为豇豆的迟熟品种，鲜豆荚深紫色，鲜豆荚长70～75cm，粗0.8cm。一般亩产鲜豆荚1 600～1 700kg。该品种无限结荚习性，播种到采收鲜豆荚65～70d。耐豇豆病毒病，中感根腐病，抗豇豆白粉病和霜霉病。苏豇11号和苏豇12号均为中熟品种，前者鲜豆荚为水白色或翠绿色。两个均是高产品种，设施栽培下，亩产鲜豆荚可以达到1 800～2 000kg，抗病能力也较强。

2007—2019年，先后选育出苏菜豆1号、苏菜豆2号、苏菜豆3号、苏菜豆5号和苏菜豆6号等新品种，其中推广面积较大的是苏菜豆1号、苏菜豆5号和苏菜豆6号。苏菜豆1号和2号是圆棍形豆荚品种，苏菜豆5号和6号是大荚扁荚型品种。通常圆棍形品种采收期和货架期较长，扁荚形品种外观较好，可根据不同地区居民的消费习惯和喜好，选择适销对路的品种。

育成新品种苏扁1号和苏扁2号等。苏扁1号是中熟扁豆，豆荚深绿色，长6.5cm，宽1.4cm，一般亩产鲜豆荚1 700kg。苏扁2号是早熟扁豆品种，出苗到采收鲜豆荚只要70d，主花序长达30cm，一般亩产鲜豆荚1 800kg。鲜豆荚长6.7cm，宽1.2cm，口感好。近期还育成扁豆新品种特优2号和特优3号等，即将进行扁豆新品种鉴定。

5. 相关栽培技术研究

（1）大豆高产栽培技术研究。1959年，以夏大豆苏丰为研究材料，研究了大豆的糖氮代谢基本规律。研究指出，在大豆营养生长期，大豆的代谢以氮素代谢为主。开花初期到终花期，大豆的代谢为氮素代谢与碳素代谢并重，大豆从鼓粒开始，明显转向以碳素代谢为主的代谢方式。推广大豆减量播种，播种量由原来的每亩地用种12.5～15kg下降到8～10kg，极大地提高了大豆个体的素质。小麦后免耕种植大豆，提早了大豆出苗时间，增加了大豆的有效生育时间，据初步统计，上述两项技术的推广，使得当时阜阳的550万亩大豆，亩产量增加了20～27.5kg。

（2）麦豆稻轮作制度的研究。1978—1983年，开展了麦豆稻轮作制度的研究，大豆组先后派人在苏州驻点，不仅实行了麦豆稻轮作制的品种配套，而且比较详细地研究了该轮作制度下的作物持续增产的系列栽培技术，以及对土壤的改良效应。该项目1984年获得江苏省人民政府三等奖。

（3）绿豆机械化栽培技术研究。在当今劳动力资源日益紧缺、劳动力成本不断提升的背景下，绿豆机械化栽培刻不容缓。经过多年试验，成功解决了绿豆机械收获的重大难题。在绿豆成熟期，当群体中有70%的豆荚颜色达到固定色泽时，每亩地用80mL乙烯利兑水30kg均匀喷雾于绿豆植株，大约一周后，绿豆叶片基本全部脱落，非常有利于绿豆的机械收获。此外，使用乙烯利后绿豆植株上后熟的豆荚成熟速度明显加快，且绿豆籽粒的商品性和化学品质不受影响。这一技术已在江苏的启东、滨海和安徽明光等地大面积使用，深受豆农欢迎。

6. 其他相关研究

1983—1987年，开始关注大豆的加工研究，先后到南京豆制品厂和仪征大豆加工厂等单位进行调研和座谈，准备联合开展豆乳冰淇淋和维他豆奶的研制。2017年开始，利用由江苏省农业科学院经济作物研究所培育的特色绿豆、大豆及小豆品种，对营养成分及功能因子进行分析，建立以健康营养、多元化选择和高品质生活所需要的豆类加工产品，研发出五彩红豆薏仁粉和五珍黑豆核桃粉两款针对不同人群的、高抗氧化活性的豆类功能食品。制订相关产品加工生产标准，与企业合作，确保'苏农科'豆类杂粮品牌产品的质量标准和生产加工控制流程，打造'苏农科'豆类杂粮核心技术成果的品牌产品。

第四节　药食同源类作物科学研究

2011年4月，经济作物研究所设立滩涂作物研究项目组和特种经济作物研究项目组；2015年1月，两个项目组合并为根茎类作物研究课题组，与花生研究课题组、功能作物研究课题组合并，成立特色经济作物研究室；2017年11月，根茎类作物研究课题组从特色经济作物研究室独立出来，成立药食同源类作物研究室。

本学科针对江苏地方特色农业产业发展的技术需求，重点开展江苏地方优质特色药食同源作物农家品种的收集整理和筛选提纯、种苗脱毒快繁技术、新型高效种植技术以及应用基础研究，为江苏省地方现代特色高效农业产业发展提供技术支撑。

一、种质资源的收集、鉴定、创新与利用

主要围绕江苏省地方特色药食同源作物进行种质收集整理和开发利用。

1. 江苏省地方特色优质芋头品种的改良和发掘利用

经过多年连续的引种工作，目前拥有芋头资源150份，其中包括多子芋121份、魁芋22份、多头芋3份、匍匐芋4份，分别来自安徽（1份）、北京（1份）、海南（1份）、河南（1份）、

湖北（1份）、湖南（1份）、四川（1份）、广东（1份）、日本（1份）、广西（2份）、江西（4份）、陕西（2份）、上海（3份）、山东（6份）、浙江（9份）、福建（9份）、云南（20份）、江苏（86份），同时通过田间资源圃和实验室离体库两种方式保存。根据芋头种质资源描述规范和数据标准，对所有资源的株高、叶柄、叶片、开花、抗病性等26个生长性状进行调查统计，获得3 848条资源数据。针对江苏省地方特色优质芋头生产用种只用当地农家品种的现状，对江苏省主要芋头地方品种，进行各地方特色优质芋头地方品种的筛选改良，已选育获得优质特色芋头新品种7个，通过江苏省品种鉴定或成果评价，满足江苏省各地方特色优质芋头产业发展需要。同时还获得一批优良的品系和株系等后备材料，为今后育种提供了宝贵的材料基础。

2. 江苏省周边地区山药地方品种的收集整理和发掘利用

引进了江苏省及周边省区山药地方品种105份，包含薯蓣58份、褐苞薯蓣1份、参薯39份、山薯5份、黄独1份和尖头果薯蓣1份。分别来源于江苏、江西、云南、四川、贵州、福建、广东、广西、海南、河南、河北等，建立了山药种质资源圃进行保存。通过引种筛选，选育出优质口感的块状紫山药品种苏蓣1号和苏蓣5号，以及块状白山药苏蓣6号、加工型块状白山药苏蓣7号等新品种，推动了江苏省山药主产区优质特色山药特色品种形成，为解决江苏省传统山药主产区地方品种雷同、产品同质化的问题提供支撑。

3. 大蒜等其他作物资源的改良和发掘利用

在全国范围内引进大蒜地方品种82个，建立了大蒜种质资源圃，通过种植观察，针对各个品种利用特点，进行了适宜青蒜、蒜薹、头蒜产品的生产品种分类，并对江苏地方特色主栽品种和适宜本地区苗用、薹用和头用的大蒜品种进行了提纯复壮，推动江苏苗用和薹用大蒜品种选育工作的开展，为解决江苏苗用和薹用大蒜种植品种单一、退化严重问题提供支撑。

二、品种选育

江苏省沿江地区独特的自然条件和农耕习俗，悠久的种植历史和消费习惯，形成传统地方特色农产品——优质芋头和山药，是当地传统地方农家土特产。然而长期的农户自发零星种植，自留种芋（薯），自由串换，种芋（薯）供应不规范，导致优质农家品种混杂退化、病毒积累退化等加重，口感和风味均严重退化。江苏省农业科学院"优质芋头"学科团队，针对主产区优质芋头和山药地方特色品种的退化问题，开展了品种改良和选育、种芋脱毒快繁技术研究与应用，经过8年攻关，育成7个适宜江苏沿江地区芋头主产区的新品种和4个块状山药新品种，促进了江苏优质芋头和山药的种性复壮，为特色农业产业的发展奠定了坚实的基础。

1. 脱毒组培集中快繁技术体系研究

芋头和山药生产上长期使用自留种薯，导致病毒感染积累严重，对其品质和产量造成严重影响，是制约芋头、山药产业发展的一个关键因素。芋头和山药是营养体繁殖作物，只有采取无病毒种薯定期脱毒更新，才能保持其优良特性。目前，种薯定期更新等技术应用显示出明显的增产提质效果。应用先进的脱毒技术，开展种芋（薯）脱毒快繁技术研究与应用，推动种芋（薯）定期脱毒更新，是实现生产优质高效的基础性工作。

一是完成了利用山药带腋芽茎段组织培养技术体系、山药组培苗诱导零余子技术以及香沙芋脱毒组培技术等薯芋类作物组织培养技术体系，逐步建立了山药、芋头脱毒组培集中快繁技术体系，为山药、芋头的种薯（芋）集中快繁体系建设提供技术支撑。

二是研制了"利用山药零余子和微型薯块苗床集中繁育种薯技术"，组装了"靖江香沙芋种芋集中快繁技术体系"，为解决山药和芋头种薯（芋）供应问题提供技术支撑。

共申请国家发明专利7项，获得授权专利4项。

2. 芋头品种选育新方法

芋头品种的选育一般采用系统选育方法，时间周期长。在芋头收获季节按单株取茎尖作为外植体，诱导形成组培苗。对组培苗进行病毒鉴定，将无毒组培苗进行2代扩繁形成脱毒组培苗株系。将完成生根的脱毒组培苗按株系移栽到网室基质苗床上生长，收获核心种芋。对脱毒组培苗株系进行考种鉴定，保留具有品种典型特性脱毒组培苗株系，并将此脱毒组培苗株系的种芋混合，即形成较大规模的提纯复壮品系。再经后续扩繁体系繁殖后，则可将脱毒种芋用于生产。该技术利用组织培养技术快速扩繁、脱毒和室内环境可控的特点，将原来需要三年才能完成的芋头地方品种的提纯复壮及脱毒核心种芋生产工作，缩短为一年完成。此技术2016年获得国家发明专利授权（专利号：ZL201410199733.2）。

3. 新品种选育

采用上述品种选育新方法共选育芋头新品种7个，采用系统选育法选育山药新品种4个，其中4个芋头品种和3个山药品种获得省级成果评价。

苏芋1号。该品种为多子芋类芋头品种。全生育期160d左右；母芋150g，结子孙芋12～15个，单个子孙芋50g左右，芽粉红，单产可达1 300kg/亩；抗病能力较好，耐芋疫病；硬度高、糯性好、质地偏沙、黏液多，综合口感优良。适宜江苏省沿江及苏南地区栽培。2015年通过江苏省鉴定（苏鉴芋201501）。

苏芋2号。该品种为多子芋类芋头品种。生育期为139d；营养生长较强，母芋200g左右，结子孙芋数16～20个，单个子孙芋50g左右，椭圆形，芽白色带紫，单产1 200kg/亩；耐芋疫病能力较强；糯性强、香味浓，口感品质好，适宜蒸煮食用。适宜江苏省沿江及苏南地区栽培（苏鉴芋201505）。

苏芋3号。该品种为多子芋类芋头品种。生育期较早，为128d；母芋150g左右，结子孙芋11～18个，单个子孙芋50g左右，呈椭圆形，芽粉红色，单产1 300kg/亩；耐芋疫病能力较强；硬度较高，适宜蒸煮和菜用。适宜江苏省沿江及苏南地区栽培（苏鉴芋201506）。

苏芋4号。该品种为多子芋类芋头品种。全生育期135d左右；母芋160g，结子孙芋10～15个，单个子孙芋28g左右，芽粉红，单产可达1 100kg/亩；口感与苏芋1号（CK）类似，抗病性好于对照；可以在江苏省沿江地区推广应用；适于全程机械化作业。苏园会评字【2017】第015-1号。

苏芋5号。该品种为多子芋类芋头品种。生育期132d；母芋140～160g，结子孙芋10～15个，单个子孙芋重30g左右，芽粉红，单产1 100kg/亩；口感与苏芋1号（CK）类似，抗病性较好，可以在江苏省沿江地区推广应用；适于全程机械化作业。苏园会评字【2017】第015-2号。

苏芋6号。该品种为多子芋类芋头品种。生育期140d左右；母芋210g左右，结子孙芋12～15个，单个子孙芋重30g左右，芽白色，梗紫色，单产1 400kg/亩；口感较好，抗病性较好，可以在江苏省沿江地区推广应用；适于全程机械化作业。苏园会评字【2017】第015-3号。

苏菜芋2号。由福建永泰红芽芋农家品种系统选育而成的多子芋类芋头品种。生育期147d；母芋较大为200g左右，结子孙芋为9～12个，单个子孙芋大，可达55g，芽粉红，单产可达1 600kg/亩；耐芋疫病能力一般；口感嫩、滑、糯，香味浓，品质好，硬度中等，适宜菜用，也可蒸煮食用。

苏蓣1号。块茎表皮紫褐色，肉紫色；淀粉、粗多糖、皂苷和花青素含量较高；单株结薯2个左右，块茎长25cm左右，周长20cm左右，重量1.0kg左右，单产可达2 000kg/亩以上；适于垄作全程机械化种植（苏鉴蓣201501）。江苏第一个省级鉴定山药品种。

苏蓣5号。由浙江紫蓣药经系统选育的块状山药新品种；块茎表皮紫褐色，肉紫色；淀粉和花青素含量较高；单株结薯2个左右，块茎长15～20cm，粗度（平均直径）6～7cm，单株块茎重500g左右，单产可达1 300kg/亩以上，不结零余子；外形与对照苏蓣1号相似，但抗病性和产量均好于对照，可在江苏省山药产区推广；适于垄作全程机械化种植。苏园会评字【2017】第016-2号。

苏蓣6号。由浙江白山药经系统选育的块状白山药类型；肉白色，短纺锤形；淀粉含量较高；单株结薯3个左右，块茎长12～17cm，粗度（平均直径）6～8cm，单株块茎重400g左右，单产可达2 000kg/亩以上，结少量零余子；抗病性强；商品性好；适于全程机械化作业，可在江苏省山药产区进行推广。苏园会评字【2017】第016-3号。

苏蓣7号。由浙江白山药经系统选育的块状白山药类型；肉白色，短纺锤形；含水量较高；单株结薯2.7个左右，块茎长15～20cm，粗度（平均直径）9～11cm，单株块茎重600g左右，单产可达2 400kg/亩以上，结少量零余子；田间炭疽病发生轻，抗病性优于对照，综合性状好；适于全程机械化作业，可在江苏省山药产区推广。苏园会评字【2017】第016-4号。

三、基础研究

针对芋头和山药的特色性状，开展了相关机理研究，为特色品种应用奠定理论基础。

1. 芋基因组的从头测序

分别利用Pacbio和Nanopore测序技术，对'XH01'进行了测序，经过初步组装，得到芋基因组大小为2 405Mb，通过二代回比，单碱基错误率，转录组数据评估，完整性评估表明基因组质量较好。经过Hi-C组装后，共有2 311Mb长度的序列挂载到14条染色体上，占比96.09%，而对应的序列数目为112 171条，占比75.88%。最终Contig N50为400.0kb。预测得到约2 126Mb的重复序列，占总序列长度的88.43%。预测得到28 695个基因；1 112个miRNA，48个rRNA，636个tRNA；2 476个假基因。预测得到的28 695个基因中，总共有91.36%的基因可以注释到NR等数据库。

芋基因组的测序为芋的遗传多样性、遗传进化、遗传图谱构建、重要性状机理研究等奠定了坚实基础。

2. 芋淀粉相关基因的克隆和表达分析

芋的球茎淀粉含量很高，可达干物质量的70%～80%，其淀粉颗粒较小，直径一般小于5μm，且易于消化，具有较好的食疗保健功能，在食品工业中用途也很广泛。淀粉的生物合成过程十分复杂，涉及多个淀粉合成代谢酶，本课题组对其中几个关键酶进行了克隆和基因表达模式分析。

通过对'靖江香沙芋'转录组数据进行功能注释，克隆获得淀粉合成酶AGPase基因和SS的3条基因。AGPase基因序列全长为1 596bp，命名为*CeApS1*（NCBI：Colocasia KU288757）；SS基因的序列长度分别为1 932bp、2 409bp和3 606bp，分别命名为*CeSS1*、*CeSS2*和*CeSS3*。4个基因均表现在"靖江香沙芋"的母芋和子孙芋中表达量较高，在叶片、叶柄和根中低表达，其中芋球茎中的*CeApS1*、*CeSS1*和*CeSS2*表达水平与球茎发育密切相关，在播种160d后达到最大值，表达模式与球茎淀粉含量的积累显著正相关，而*CeSS3*的表达量在播种后一直在增加，在球茎成熟期达到最大值。

3. 山药花青素合成相关基因克隆

紫山药也称"紫人参"，是山药中的精品，因其肉质和表皮红中带紫而得名。紫山药富含花青素，而花青素是迄今所发现的最强效的自由基清除剂，具有抗氧化衰老、抗突变、抗癌与抗动脉硬化等功能。由于花青素通常贮藏于花、叶等器官中，所以对于花青素合成的酶及其相关基因的研究多集中于这些器官，而对块茎等地下器官中的研究较少。

以富含花青素的紫山药'苏蓣1号'为材料，克隆得到花青素生物合成途径中关键酶基因*DaF3H*（KF561995），其序列全长为1 325bp，最大开放阅读框为1 089bp，编码362个氨基酸。*DaF3H*在山药幼叶中表达量最高，在成熟叶片和茎中几乎不表达。茎叶和块茎中花青素积累量增速与*DaF3H*表达密切相关。运用接头PCR法对*DaF3H*的启动子序列进行了克隆，元件预测显示该序列中存在GT-1光调控元件以及生长素、金属离子、MYB-bZIP-MYC等元件的结合位点，叶片遮光处理试验表明，*DaF3H*受光调节。

为了解黄酮醇在紫山药中的合成特点，利用3'-和5'-RACE技术从紫山药中分离到黄酮醇合成酶*DaFLS1*基因（KJ022640）。*DaFLS1*基因编码序列全长为1 113bp，其开放阅读框长度为1 005bp，编码334个氨基酸。*DaFLS1*在紫山药幼嫩叶片中表达水平最高，并且在紫山药幼叶中的表达有2个高峰期，而在其他组织中的表达量极低或不表达，即*DaFLS1*在紫山药中的表达情况符合黄酮醇合成酶基因（FLS）的特征。

4. 山药膨大机制研究

参薯（*Dioscorea alata*）是薯蓣科薯蓣属作物中一个重要的分枝，既可食用也可药用。以参薯品种'米易'为材料，对其块茎在生长发育过程中的体积、鲜重、折干率、淀粉、可溶性蛋白、可溶性糖、多糖以及内源激素（IAA、KT、ABA、GA3和JA）进行了动态分析：其体积和鲜重快速增长时期均出现在膨大第20～30天；折干率则在膨大后期增长最快，可溶性蛋白、淀粉和多糖均表现前期含量出现峰值后开始下降，到第40天后不再下降，均开始上升，而此时可溶性糖达到最高值，之后开始下降；IAA和KT含量较低，GA3和JA含量较高，但20d后GA3开始迅速下降，ABA含量一直处于上升中。对其不同生长时期中部块茎的石蜡切片观察可知，膨大时期块茎薄壁细胞面积增大了273.83%，细胞数目增加了172.78%，块茎膨大由细胞数目增加和体积增大共同作用。本研究结果为南方参薯类山药引种至长江下游地区的高效栽培提供技术支撑，为块茎膨大调节提供理论依据。

四、栽培技术研究

江苏省地方特色优质芋头和山药是具有显著区域性的传统地方特色农产品。优质芋头主要分布在沿江苏南地区，徐州的丰沛县、连云港的两灌和南通的启海地区是江苏优质山药的三个主产区。随着江苏省农业生产向现代农业转型升级，优质芋头和山药生产环节费事费工劳动强度大的问题凸显，同时气候灾害影响风险大，严重威胁着江苏优质芋头和山药产业的发展。针对山药、芋头等江苏省地方特色优质保健根茎类经济作物生产中存在的栽培技术问题，构建全省山药芋头创新技术研发联合体，从省工节本、机械化作业、高效种植、安全生产四个角度着手，开展技术创新研究和示范推广，形成了一批较为成熟的技术，推动山药、芋头传统栽培技术的革新，促进山药、芋头产业向现代高效农业产业发展。

1. 芋头起垄覆黑膜全程机械化高效种植技术

基于起垄覆黑膜种植技术，集成优化群体、科学施肥和绿色防控技术，引进改造配套机械，实现了种植环节全程机械化，省工节本效果显著。该技术革新传统芋头种植农艺，满足了优质芋头适度规模经营的技术需求。适宜沿江地区优质多子芋生产，2018年列入江苏省主推技术。

2. 芋头大棚高效种植技术

传统芋头露地栽培，上市时间较迟且集中，采挖期间受到连阴雨气候影响，芋头产品保存难、品质下降，影响其效益。"芋头大棚高效种植技术"，一方面将芋头产品上市期提前到中秋前，并一直持续到春节前后，延长货架期近一倍；另一方面大棚田间小气候可控，研制了配套的合理群体结构、合理肥水管理等技术体系，且采挖期间田间干爽，产品口感和耐储性均好，因此该技术实现了品质和产量均显著提高，大大提高了芋头种植效益。适宜江苏省全省范围种植。

3. 块状山药垄作全程机械化栽培技术

该技术选用优质块状山药新品种，实行起垄覆黑膜种植，集成优化株行配置、科学施肥和绿色防控技术，引进改造配套的起垄和收获机械，实现全程机械化作业，满足山药规模化种植的技术需求，省工节本效益显著。该技术适宜江苏省山药主产区应用，2018年列入江苏省主推技术。

4.优质山药定向槽垄作浅生轻简栽培技术

传统柱状山药粉垄栽培，存在费时费工、劳动强度大、成本高的问题。引进"山药定向槽浅生栽培技术"，开展了适宜品种选育，研究该技术合理群体、科学施肥、绿色防控等配套技术体系，人为改变山药由垂直向下生长为靠近垄面土层一定斜度横向生长，研制配套的起垄机械，实现关键环节的机械化作业，减少用工投入和劳动强度，降低雨涝塌沟风险，既满足了山药高产优质的需要，又符合现代高效农业规模种植的需求。对土壤条件要求不很严格，适宜江苏省全省范围种植。国内首次成功突破薯蓣类山药定向槽栽培的技术瓶颈，革新薯蓣类山药传统种植技术，省工省事节本显著，满足山药规模种植需求。

第五节　特色经济作物科学研究

1958年，江苏省农业科学院成立油料作物系，主要开展大豆、油菜、花生等油料作物研究，1959年江苏农学院毕业的蒋伯章负责花生研究。1961年院对油料作物系作重大调整，花生学科划归徐州所，江苏省农业科学院中断了花生研究。2008年农业部（现农业农村部）启动国家现代农业产业技术体系建设，我院入围国家花生产业技术体系，南京试验站成为花生体系25个综合试验站之一，隶属粮食作物研究所。2011年，以花生学科团队为基础组建小杂粮项目组，隶属江苏省农业种质资源保护与利用中心。

2015年1月院学科调整，花生学科整体划入经济作物研究所，隶属特种经济作物研究室，2015年开拓功能性植物研究方向，主要开展甜叶菊、瓜蒌、西红花等功能性植物的研究。2016年我所花生团队牵头，联合徐州、泰州和泰兴等科研团队，入选院首期"小而特"学科名单。

针对江苏省花生、甜叶菊、瓜蒌等特经产业存在的瓶颈问题，开展种质资源的收集、鉴定和评价，选育和推广满足市场多样化消费需求的专用型新品种，研发和集成对环境友好、对综合经济效益有显著提升的高效绿色栽培技术，探索和创新特经作物的种苗快繁体系，开展特经作物耐逆机理等相关基础研究，为特经作物产业的可持续发展提供技术支撑。

"十一五"以来，作为第一完成单位获得2016年江苏农业科技奖一等奖，参与中华农业科技奖1项，江苏省科学技术进步奖1项，江苏省农业丰收奖1项，江苏省农业科学院科学技术进步奖二等奖1项。

一、种质资源的收集、鉴定和评价

1.花生种质资源的收集、鉴定和评价

花生学科团队从成立伊始，重点开展花生种质资源的收集、鉴定与评价工作，主要工作内容总结如下。

（1）中国花生品种及其系谱数据库。建设了中国花生品种及其系谱数据库，获软件著作权1项（登记号：2014SR070981）。该数据库是国内第一个收录花生品种主要性状及其系谱信息的数据库，具有品种系谱追溯、主推品种推广面积和骨干亲本查询等功能，系谱追溯可检索出某种质衍生的所有品种以及这些衍生品种的推广面积，截至2017年1月31日，数据库累计收录历年审（认、鉴）定、登记的各类花生品种2 541份。该数据库为科研单位、技术推广部门和农业行政管理机构提供了方便的品种信息查询途径。由于单位网站注册、管理等规定限制，目前该数据库已由河南省农业科学院负责更新和日常管理。

（2）花生资源的收集与数据、实物共享。目前学科团队已收集和保存国内外各类花生资源1 600余份，包含花生普通型、龙生型、珍珠豆型和多粒型四个栽培种及部分野生资源，实物存于江苏省农业种质资源中期库；按照花生种质资源描述标准，对收集花生资源的植物学、主要农艺经济等54个性状进行了采集，总计8万余份数字记录，构建江苏农业种质资源（花生）数据库，为科研单位对花生品种的查询和利用提供了便捷途径。

与中国农业科学院油料研究所、河南省农业科学院、山东省花生所等国内主要花生科研单位开展了长期的资源交流与合作，累计提供了500余份次的实物共享。

（3）花生资源的抗性、品质鉴定工作。对花生资源开展大规模的抗性和品质性状鉴定评价工作如下。

对800余份花生资源进行0.5%耐盐鉴定，筛选到3份芽期耐盐和4份苗期耐盐种质，及远杂9102等3份全生育期耐盐资源。

对500余份花生资源进行芽期实验室PEG模拟耐旱鉴定，对表现良好的200余份资源进行大田苗期自然抗旱鉴定，获得丰花1号等3份耐旱资源和3份旱敏感资源。

以人工老化处理后的发芽率为指标，对100余份花生资源进行耐老化鉴定，筛选出耐老化种质2份。

以夏季高温高光强下叶片黄化程度为评判标准，对200余份花生资源进行耐光氧化鉴定，筛选到8个耐光氧化的品种。

对本地花生叶斑病致病菌进行分离，纯化出2份叶斑病致病菌，对600余份资源进行接菌后的叶斑病抗性进行鉴定，筛选出中花5号、中花16号、丰花1号、豫花15号、鲁花4号、鲁花11号等抗性种质16份。

利用近红外光谱分析技术，对1 000余份花生种质资源进行了粗脂肪、蛋白质、脂肪酸、氨基酸等品质的定量分析，筛选出赣榆小花生等高油种质9份（含油量>55%）、开17-6等高油酸种质23份（油酸含量>70%）、阜花10号等高蛋白种质7份（蛋白含量>30%）和高含糖量种质7份（蔗糖含量>5%）。

上述特异资源，为相关育种和基础研究工作奠定了良好材料基础。

（4）江苏花生地方资源的收集与鉴定。江苏生态类型多样，本地花生地方资源存留丰富。与徐州所联合收集、鉴定了来自江苏各市的243份地方花生品种，并对该批次材料进行简化基因组测序，得到22万余个SNP多态性标记，完成群体进化分析和田间各类性状GWAS关联分析，定位到与株型、裂纹、生育期、抗旱性显著相关的、含SNP标记的基因位点7个，可用于进一步的基因克隆研究和育种利用。

通过资源收集、鉴定与评价研究，筛选出一批产量较高、抗病耐逆，品质优良的特色花生资源，应用于种质资源创新与育种，"花生种质资源的鉴定与育种利用"获得2016年江苏农业科技一等奖。

2. 甜叶菊种质资源的收集、鉴定及评价

从2009年起开展国内外甜叶菊资源的收集、鉴定，目前收集国内外种质资源107份，并通过来源、叶形及有效活性成分的含量进行分类，其中国外的材料9份，国内的99份；根据叶片性状分，圆形、椭圆形11份，卵圆形10份，披针形39份，镰形、菱形、楔形共10份，其他不规则性状共27份。根据甜菊糖苷含量的不同，其中高ST含量的6份，高A3含量的23份。

以此为基础从中选育出了两个甜叶菊品种'苏甜1号'和'苏甜2号'，以适应不同市场的需求。'苏甜1号'主要针对以总苷为目标的日本市场的需求；而'苏甜2号'主要针对高A3为需求目标的欧美市场的需求。

3. 瓜蒌种质资源的收集、筛选

自2018年起，对国内的种质资源及品种进行了收集、整理，共收集瓜蒌资源近103份，并在此基础上进行了系统的分类和筛选，其中地方材料48份，本省野生种18份，外省野生种37份。103份材料中药用材料占27份。通过抗性鉴定，从中选育出一个抗病材料和一个高产材料。2020

年经过江苏省农业技术推广协会，对"苏蒌1号新品种选育及配套栽培技术研发"进行了科技成果评价［苏农技协（评价）〔2020〕40号］。

4. 其他作物种质资源的收集、筛选

谷子（学名：*Setaria italica*）：属禾本科的一种植物。古称稷、粟，为"五谷之首"。去皮后俗称小米。粟的稃壳有白、红、黄、黑、橙、紫各种颜色，俗称"粟有五彩"。在禾谷类作物中，谷子的营养价值最高而且营养相对平衡，富含多种功能成分。人类必需的多种氨基酸含量和氨基酸总量均高于同类食物，是古代和当今中国人广泛认同的具有较高的健身和食疗作用保健功能的食物。广泛栽培于欧亚大陆的温带和热带，中国黄河中上游为主要栽培区。随着杂交谷子育种的成功，种植面积逐步增加。

从全国各地收集糜黍及小谷子共58份，其中糯米20份，粳米28份，小谷子10份；其中黄米18份，红米17份，白米5份，褐米4份，其他4份。

二、基础研究

1. 花生组学、基因克隆等基础研究

在种质资源筛选的基础上，选用特异资源，开展了花生耐逆组学和耐逆、品质重要基因克隆工作。

完成耐旱花生品种丰花1号在旱胁迫条件下不同时期的转录组测序，筛选胁迫前后有显著表达差异的转录本并和定量PCR验证，并通过在不同抗性资源中的表达分析，验证脯氨酸代谢是花生响应旱逆境的最主要途径，为花生耐旱品种的选育提供参考。

同源克隆与花生耐逆相关的乙醛脱氢酶家族基因*ALDH7*、*ALDH10*和*ALDH12*，发现该类基因表达易受各种逆境胁迫的诱导，在大豆中开展异源转基因工作，过表达后能显著增强大豆的耐盐和耐旱能力，为花生耐逆品种的选育提供参考。

根据花生干旱转录组测序结果完成花生耐逆相关MYB基因的克隆。选择*AhMYB44*基因与cDNA文库进行酵母双杂交系统的筛选、鉴定，获得一个与非生物胁迫密切相关的互作蛋白，结构域分析其属于钙依赖性磷脂结合蛋白（膜联蛋白）推测*AhMYB44*可能通过胞内钙信号调控花生胁迫响应过程，揭示了MYB家族基因参与花生耐逆的机理。

开展花生脂代谢研究，根据花生种子与营养器官转录组文库锚定拟南芥油脂合成相关GPAT同系物，获得花生油脂合成关键酶*AhGPAT9*。通过生物信息学分析、基因表达分析与拟南芥异源表达等研究手段，表明*AhGPAT9*在花生发育种子内高丰度表达，其次是叶片；结合GUS组织和亚细胞定位结果，推测*AhGPAT9*为内质网定位的功能酶，可能改变16/18C与20/22C长链脂肪酸组分的比例，提高不饱和脂肪酸的含量。综上推测花生*AhGPAT9*参与三酰甘油从头合成途径，对改变种子油脂组分及品质具有重要作用。

开展花生耐冷种质的转录组、蛋白组和代谢组综合分析，发现鞘氨醇、脯氨酸、松二糖等小分子的积累及含缬酪肽蛋白（valosin-containing protein，VCP）可能作为关键因子参与到花生荚果对冷胁迫的响应中；采用抗冻能力差异较大的两个花生品种，在收获期分别进行室温与冻害处理，比较分析其转录组差异，发现大量差异表达的基因富集于糖代谢和激素信号转导中；利用同源克隆方法获取了花生冷胁迫相关的*COLD1*基因，ORF全长1 131bp，构建过表达载体进行拟南芥转基因验证工作。上述研究为花生耐冷机理的研究和耐冷品种的选育提供参考。

2. 甜叶菊有效活性成分——甜菊醇糖苷生物合成途径关键基因的研究

甜菊醇糖苷（SGs）是甜叶菊叶片中一类天然甜味剂，其甜度为蔗糖的150～300倍，而热量仅为蔗糖的1/300。2010年从甜叶菊叶片中分离了2个与甜菊醇糖苷生物合成途径相关的关键酶基因：细胞色素P450基因*KAH*和*UGT76G2*基因。*KAH*属于典型的细胞色素P450家族成员，也是*GAs*

和*SGs*分支后的第一个关键酶基因，该基因在根、茎、叶和花中呈组成性表达，叶和花中的表达丰度较高；*UGT76G2*属于植物中含有PSPG基序的UGT家族成员，它能将叶片中甜度较低的STV转化成甜度较高的甜菊苷A。它在甜叶菊根、茎、叶、花不同组织中具有组织表达特异性，在叶组织中的表达丰度略高，在根中不表达而在茎中表达较低。

2016年，我们从不同甜叶菊品种中分别克隆关键分支点酶KAH的编码基因*SrKAH*，对获得的核酸序列进行生物信息学分析和功能预测。结果从8个材料中获得一个共同的核酸序列，而在甜菊糖苷A含量较高的守田3号和苏甜2号中均存在多个*SrKAH*序列。这些核酸序列虽然高度同源但关键碱基的突变造成开放读码框位置和大小有明细差异，这也许就是总甜菊糖苷积累差异的原因之一。

2016年成功从不同甜叶菊品种中扩增到7个新的关键节点酶编码基因并对这些基因进行功能分析预测，并利用分子生物学手段将筛选到的基因整合到酵母异源表达系统中。

为探究甜叶菊叶片中甜菊糖苷积累与其合成途径关键基因表达的关系，2017年分别检测了鑫丰3号苗期不同冠层和3个不同品种甜叶菊（守田3号、江甜3号、谱星1号）收获期混合叶片样品中多种糖苷的含量，同时定量检测对应样品中甜菊糖苷合成关键基因的表达水平。结果显示，甜菊糖苷合成基因的表达水平可以影响总糖苷的积累，且在同一甜叶菊品种中单一糖苷合成调控基因的表达水平可以反映其调控的单糖苷的积累量。

3. 甜叶菊枯斑病、褐斑病的病原菌鉴定及MeJA的抗病作用研究

首次报道并分离了引起甜叶菊叶斑病的炭疽菌和链格孢菌。此外发现甜叶菊离体叶片饲喂100μmol/L的MeJA后接种细极链格孢，病斑面积明显小于对照；JA通路相关基因*LOX3*和*JAR1*在甜叶菊接种细极链格孢后上调表达，*JAZ1*和*JAZ4*反之下调表达，表明JA通路参与甜叶菊对细极链格孢的响应。外源施加MeJA能够有效增强甜叶菊叶片对细极链格孢的抗性，在甜叶菊褐斑病的防治中具有很好的应用前景。

三、特经作物新品种选育

1. 花生专用型新品种选育

基于资源筛选，选择了开封KJ-1、鲁花9号、豫花9331、中87-77、泰花2号、中92-411、徐花4号等一批产量较高、综合抗性好、品质优良的亲本资源。通过有性杂交、物理、化学诱变等途径，开展花生新种质的创制和新品种选育工作。常年完成15~20个杂交配组、10余份花生新品种比较试验、30余份花生新品种鉴定试验和600余份花生选种圃鉴定工作，先后参加江苏、贵州等省级区域试验及长江流域片花生品种多点试验，育成苏花0537、宁泰9922、苏花154037、苏花1713等花生新品种6个，完成省级鉴定3个、国家新品种登记2个。部分品种介绍如下：

宁泰9922属中大果型珍珠豆型中熟品种，适合江苏及周边地区种植。2015年通过江苏省花生新品种鉴定（苏鉴花生201513），2018年获得农业部登记[GDP花生（2018）320134]，一般亩量在320~350kg。该品种春播全生育期130~135d，夏播125d，株型直立，结荚集中。主茎高42.6cm，第一侧枝长44.6cm，总分枝数7.7个，结果枝数5.8个，单株饱果数9.7个，百果重218.7g，百仁重98.6g，出仁率74.3%，荚果长、宽分别为33.18mm和14.58mm。荚果普通型，出仁率高，种皮粉红色。种子休眠性较强，耐瘠性一般。2014年经农业部油料及制品质量监督检验测试中心检测，含油量50.32%，粗蛋白质22.97%。2019年，宁泰9922经营权转让江苏姜丰种业有限公司。

苏花0537属中果型珍珠豆型早熟品种，适合江苏及周边地区种植。2015年通过江苏省花生新品种鉴定（苏鉴花生201515），2018年获得农业部登记[GDP花生（2018）320196]，一般亩产在280~320kg。该品种春播全生育期120~125d，夏播115d。株型直立，早发快长。主茎

高38.0cm，第一侧枝长41.8cm，总分枝数6.7个，结果枝数5.4个，单株饱果数9.8个，百果重196.7g，百仁重101.8g，出仁率72.9%。荚果长、宽分别为29.7mm和15.4mm。荚果普通形，籽仁圆柱形，种皮深红色；种子休眠性强，耐瘠性好，田间中抗黑斑病，锈病中等。粗脂肪含量52.5%，粗蛋白质含量27.2%。

苏花1713于2018年参加长江流域片花生新品种联合鉴定试验，19个试点平均亩产荚果311.8kg，产量与对照中花16相仿。该品种全生育期122.2d，主茎高57.2cm，总分枝数8.2个，百果重183.5g，百仁重79.3g，出仁率76.3%。中抗锈病，感叶斑病，休眠性强，抗旱性中等，抗倒性一般。据农业农村部油料及制品质量监督检验测试中心监测，该品种含油量54.4%，其中，油酸含量46.5%，亚油酸含量31.9%，油亚比1.46，蛋白质含量26.2%。

苏花154037于2017年参加长江流域片花生新品种联合鉴定试验，年平均亩产荚果314.7kg，居参试品系第八位，籽仁亩产224.19kg，全生育期124.8d。主茎高42.9cm，总分枝数7.54个，百果重191.5g，百仁重83.6g，出仁率71.2%。含油量51.39%。感叶斑病，抗锈病，抗旱性中等、抗倒性弱。

近年来，提出江苏省专用型花生品种选育和科学布局的设计。根据苏花0537（鲜食型）、7506改良系（食用型）和徐花18号（油用型）三个专用型花生品种的特征特性，在徐州、泰州、南京等地开展了品质生态适应性研究，发现徐州试点油酸含量最高，南京试点蛋白质含量较高，表明不同区域的温光、土肥条件对于花生的品质有很大的影响，科学布局可以使花生专用型品种的品质效益最大化。此外，针对不同类型的花生品种，开展了夏直播露地垄作花生高效轻简化生产技术模式的集成。

2. 甜叶菊品种介绍

'苏甜1号'品种主要特征特性：一是产量水平高，平均亩产甜菊干叶321.8kg；二是糖苷含量较高，总苷含量高达13%左右，最高的超过14%，属于高总苷品种；A3苷占总苷量在60%以上；三是植株抗逆性强，茎秆较粗，节间较短，近年来在甜叶菊生长期间，遭遇到了连续阴雨、低温、干旱等多种恶劣气候的影响，'苏甜1号'表现为抗逆性较强，移栽后缓苗期短、发苗快，长势旺，植株生长量大，没有出现僵苗、生育滞后或因干旱死苗的现象，没有出现倒伏现象，没有发生提早枯黄现象；四是营养生长期较长，植株现蕾期在8月初，初花期在8月中旬，从而延长了植株的有效生长期；五是脱叶方便，'苏甜1号'茎秆较粗，节间较短，自然生长条件下一般分枝。

'苏甜2号'品种主要特征特性：一是产量水平高，平均亩产甜菊干叶298.5kg；二是糖苷含量较高，总苷含量高达13.5%左右，A3苷占总苷量在77%以上，A3苷含量明显高于'苏甜1号'品种，属于高A3含量的品种；三是植株抗逆性强，叶片厚、叶色深，植株抗倒力强，抗病、耐虫、耐旱耐涝，综合性状好，移栽后缓苗期短、发苗快，长势旺，植株生长量大，没有出现僵苗、生育滞后或因干旱死苗的现象，没有出现倒伏现象，没有发生提早枯黄现象；四是营养生长期较长，植株现蕾期在8月中下旬，初花期在9月初。

3. 瓜蒌品种介绍

'苏蒌1号'全生育期210d，3月上中旬定植，苗期30～40d；5月中下旬到7月底为夏果挂果期，营养生长与生殖生长并存；8月初到10月底为秋果生长阶段，此阶段以生殖生长为主，8月20日以后开的花为无效花。10月底到12月初为采收期，此期瓜蒌的茎叶开始逐渐枯黄，果实陆续成熟，种子处于后熟阶段。前期生长势强。瓜藤攀爬能力强，幼苗期基本能自行上架，利于农事操作。以主茎和一次分枝坐果为主。瓜的形状为水滴状，瓜的颜色从最初的绿色到深绿色，成熟的瓜为橙黄色，大果、大籽，质优，商品性极佳，平均出籽率11.5%左右，中等偏高，平均亩产籽160～200kg；抗性好，尤其是对蔓枯病和炭疽病的抗性明显。

四、栽培技术的集成创新

1. 花生绿色轻简栽培技术的集成创新

开展了花生种衣剂防控地下害虫、花生专用肥、性诱剂绿色监测防控等方面的试验和示范，开展了花生农机农艺融合关键技术研究和示范，集成了成熟的技术体系和栽培模式指导本地花生种植。

2011年开始进行种衣剂的筛选和防效试验。以亩用600g/L吡虫啉悬浮种衣剂30mL+5％氯虫苯甲酰胺45mL种衣剂配方在本省花生产区进行了大面积推广，与泰兴所等共同申报并获得2015年度江苏省农业丰收二等奖。2016—2019年，继续对多个商品化种衣剂开展多年多点筛选，进一步优化本地种衣剂防控花生蛴螬技术，所用的种衣剂有噻虫·咯·霜灵（先正达迈舒平）、35％噻虫·福·萎锈（明德立达）、苯醚·咯·噻虫（先正达酷拉斯）、70％噻虫嗪+精甲·咯菌腈（先正达锐胜和亮盾）、60％高巧和40％卫福和30％辛硫磷微囊悬浮剂等等。研究表明，不同种衣剂配方均有较好的防效，其中，先正达迈舒平防治效果和增产效果最为突出，先正达酷拉斯防治效果较好，增产效果明显。

针对花生肥料一般作基肥一次性施用，生育后期存在因脱肥而早衰的情况，开展了花生专用肥（缓释肥）研究。2015—2019年选用温控肥、炭基肥、复混肥等，连续开展不同花生专用肥的增产效果研究，其中，劲素花生专用肥（N：P_2O_5：K_2O=15：12：15、腐殖酸5％）有较为稳定和显著的增产效果。

利用多种手段对花生主产区进行昆虫种群的分析和动态检测，科学判断区域内昆虫种群特性和消长规律，指导绿色防控决策。2014—2015年，用马来氏网在花生试验田进行每周一次、全年度的昆虫收集，共收集到各类昆虫样本55 026头，隶属12目、124科。2018—2019年，利用黄蓝板诱集法系统监测花生生长期间昆虫种群变化，结果表明花生生长期间诱集的昆虫隶属12～14科，以蓟马和蚜虫为主。采用性信息素，多年对斜纹夜蛾、甜菜夜蛾和棉铃虫进行更为定向的诱捕和监测，如2019年，发现斜纹夜蛾在6月中下旬和8月中旬有2个成虫发生高峰，甜菜夜蛾在6月底、8月中旬和9月中旬有3个成虫发生高峰。利用上述各类数据，及时掌握了田间昆虫种群，跟踪了蛾类成虫产卵和幼虫危害动态，对花生及时采取虫害防控措施有很好的指导意义。

针对本区域花生机械化偏低的现状，率先在本地开展了花生农机农艺融合关键技术研究与示范。对100个不同花生品种（系）进行果柄拉力的测试与分析，发现不同来源材料间果柄强度有差异，荚果的其他性状如果嘴、果腰等与果柄强度间有一定的关系；开展本地主体推广花生品种分枝习性、成熟习性、株型、果柄、荚果、籽仁等性状的调查，为农机的配套提供基础数据；开展花生各类机械在田间的调试和规模化示范工作，表明如选用适宜品种，花生剥壳、包衣、播种、收获等环节的全程机械化生产技术是比较成熟的，集成的全程机械化体系在本地区具有很大的推广价值。

针对中花16、宁泰9922、苏花0537等主体推广品种，开展配套的栽培技术研究；通过各类栽培技术的研究和集成，形成本省花生绿色栽培技术规范，在省内花生主产区进行推广；通过品种筛选、栽培模式、养分利用、产量形成的综合研究，结合对花生重点产区病虫害发生、经济效益的多年普查，总结出适合本地操作的花生—小麦周年轮作栽培模式；开展适合与玉米间作的花生品种筛选、花生—玉米间作模式中光合利用效率和土壤菌群的研究，为花生高效间作模式的建立和推广奠定基础。

2. 甜叶菊绿色高产高效栽培技术模式的集成创新

通过多年的观察实践，详细地了解并记载了甜叶菊的形态及根茎叶的发育规律。甜叶菊从育苗到种子成熟的全生育期为250～270d。全生育进程可分为五个时期：育苗期、活棵期、营养生长期、现蕾开花期、结实期。

通过品种筛选、肥料的利用、立体栽培、病虫害综合防控等多方面的综合研究，总结出较为完整的甜叶菊—桃树套种模式；制订出比较完善的甜叶菊绿色生产技术标准，包括种苗繁育、田间移栽、大田管理、收获等环节，用于指导甜叶菊的生产。与国内外多家科研单位和龙头企业长期合作。与中山植物园等单位一起就"糖料作物甜菊产业关键技术创新及其应用"的研究，获2018年度江苏省科学技术三等奖（证书编号：2018-3-114-D5）。2019年编写了农民培训技术手册《甜叶菊优质高效绿色生产技术》（标准书号：ISBN 978-7-5713-0511-6，江苏凤凰科学技术出版社）。该技术还申请了软件著作权，《甜叶菊高产移栽管理系统》（申请号：2017R11L008771，登记号：2017SR170478）。

3. 瓜蒌绿色高效种植模式的研究

通过几年的观察，对瓜蒌的生长习性进行了系统的记载。瓜蒌的一生分为四个时期：苗期、夏果挂果期、秋果生长期、采收期。根据各种时期的生长和需肥特性，集成了完整的食用瓜蒌栽培技术要点，编写了《江苏省食用瓜蒌生产技术规程》为瓜蒌栽培技术的标准化、专业化，及产业的可持续发展提供了可能性。

五、特色经济作物种苗快繁体系的建立

1. 甜叶菊种苗脱毒、快繁体系的建立

甜叶菊种子发芽率极低，且纯度不高，生产上都是以营养繁殖为主。2016年通过对不同外植体、不同植物生长调节剂以及不同浓度的比较研究，建立了甜叶菊种苗脱毒、快繁体系。该体系中，以Ms为基本培养基，茎生长点或者茎尖是芽诱导最佳外植体；以茎生长点为外植体，添加0.4mg/L ZT以及0.2mg/L IAA有利于芽的风化；添加0.1mg/L IBA或者NAA更有利于甜叶菊的生根。同时还完善了穴盘育苗技术，减缓现有品种的退化。就甜叶菊组织培养系统，本院申请了软件著作权《甜叶菊组织培养系统》（申请号：2017R11L008633，登记号：2017SR170737），该系统可自动配置培养液和外植体的灭菌增殖。使用自动负反馈控制系统进行增殖，培养的系数更准确。系统内置人工智能处理模块，替代传统手工操作过程，生产过程更加准确。同时也可以为规模化、机械化种植进行技术储备。

2. 甜叶菊农杆菌介导遗传转化及多倍体诱导系统

以甜叶菊叶片为外植体直接诱导产生芽，最终分化成苗。并以此为基础建立农杆菌介导转化体系。该技术申请了软件著作权，《甜叶菊农杆菌介导遗传转化系统》（申请号：2017R11L008589，登记号：2017SR172488）。该系统专门用于甜叶菊农杆菌遗传转化并进行筛选。系统能自动进行制作培养基，按照时间进行农杆菌的侵染和筛选。系统使用自动控制系统，使用软件进行控制终端作业。使用PID反馈系统替代传统手工操作，生产过程更加准确。

以甜叶菊叶片为外植体，利用秋水仙碱进行诱导，并添加相应的植物生长调节剂，诱导发芽并分化成苗，筛选出多倍体植株。该技术也申请了软件著作权，《甜叶菊多倍体诱导系统》（申请号：2017R11L008661，登记号：017SR170729），系统可以自动对诱导剂和外植体进行控制，根据智能优化结果进行终端培养操作。

3. 瓜蒌种苗脱毒快繁体系的建立

瓜蒌为多年生宿根植物，目前生产上都是块根直接切段繁殖，造成各种土传病害和根结线虫病的积累，病虫害越来越严重。通过脱毒快繁可以极大地降低各种土传病害的发生，保证了优良种苗的提供，减缓了品种退化的速度。2019年以瓜蒌茎生长点和叶片为外植体，进行芽和愈伤的诱导。再通过对不同基础培养基、不同植物生长调节剂以及不同浓度的比较研究，建立了瓜蒌种苗脱毒、快繁体系。该体系中，以Ms添加水解酪蛋白和谷氨酰胺各0.5mg/L为基本培养基，以茎

生长点或者茎尖为外植体进行芽的诱导，以叶片和茎尖为外植体进行愈伤组织的诱导。芽诱导和增值最佳培养基为：Ms+0.5mg/L水解酪蛋白+0.5mg/L谷氨酰胺+0.1mg/L TDZ+ 0.1mg/L NAA；愈伤诱导最佳培养基为：Ms+0.5mg/L水解酪蛋白+0.5mg/L谷氨酰胺+1mg/L TDZ+0.5mg/L IBA；添加0.1mg/L IBA或者NAA更有利于瓜蒌的生根。快繁体系的建立有效地控制了种传、土传病害的发生，延迟了品种退化的时间。

第三章 科研队伍

据不完全统计，建所以来，有43位科研人员获得研究员高级职称，培养硕士、博士研究生103名。目前在职研究员17人，其中二级研究员4人，副研究员25人。

第一节 研究员

孙恩麟，字玉书（1893年8月—1961年9月），江苏高邮人。中央农业实验所棉作系主任，中国棉产改进事业的先驱者。1911年考取清华学校留美预备班；1914年与钱天鹤等同赴美国伊利诺大学农学院学习；后又转入路易斯安那大学攻读棉花专业，1918年获硕士学位，论文为《棉花育种之研究》。回国后，一直从事棉花科教事业，曾任江苏第一农校教员及校长、河南农专、东南大学、中央大学、南通大学等校教授，兼代金陵大学教授。培养了一批棉作科学家，冯泽芳、胡竟良等知名学者都是他的得意门生。大力推广陆地棉用以取代中棉，对早期美棉栽培、陆地棉—小麦两熟栽培和旱地植棉做出了重要贡献。1934—1937年，任全国经济委员会中央棉产改进所所长。1938年3—7月任中央农业实验所棉作系主任。1938—1946年任湖南农业改进所所长。1947年任华北棉产改进处主任。1947—1949年任农林部棉产改进处处长。1950—1961年任中央农业部工业原料司司长、农业生产总局副局长。

胡竟良，字天游（1897年4月—1971年12月），安徽滁州人。棉花科学家，中国棉产改进事业开拓者。早期倡用劝导与合作方式推动植棉事业。著有《中国棉产改进史》一书，填补了抗日战争时期棉花生产史料的空白。中华人民共和国建立后，为推广'德字棉''岱字棉'做出了贡献。1934—1936年在美国得克萨斯州农工大学学习，获硕士学位。1936年任全国经济委员会技术专员，兼河南省棉产改进所所长。1942年8月—1949年4月任中央农业实验所技正兼棉作系主任。1944年任四川省农业改进所副所长、四川大学教授。1945—1949年任中央大学教授，农林部农业复兴委员会主任秘书、棉产改进处副处长兼上海办事处分处主任，棉产改进咨询委员会秘书。1949—1957年华东农林部特产处处长，中央农业部高级农艺师。1957年8月—1971年12月中国农业科学院棉花研究所副所长、研究员。

冯泽芳，字馥堂（1899年2月—1959年9月），浙江义乌人。著名棉花科学家，中国科学院院士，中国现代棉作科学的主要奠基人。毕生致力于棉花科研、技术推广、农业教育。早年对亚洲棉的分类、遗传及亚洲棉与美棉杂种的细胞遗传学做过较深入的研究。20世纪30—40年代主持全国棉花品种区域试验及云南木棉的调查研究等，提倡在黄河流域棉区种植斯字棉，在长江流域棉区种植德字棉，对提高中国棉花的产量和品质起到了积极的作用。最早在中国从事植棉区划及棉工业区域的系统研究，提出中国划分五大棉区的意见，至今仍为科技界所沿用。

1933年获美国康奈尔大学博士学位。1933年春负责中央农业实验所农艺系棉花业务。1934年任中央棉产改进所所长兼中央大学农艺系教授。1938年7月—1942年8月任中央农业实验所棉作系主任。1942年任中央大学农学院院长。1947年任农林部棉产改进处副处长，兼北平分处主任。1949—1955年任南京大学农学院、南京农学院教授。1955年选聘为中国科学院学部委员（院士）。1957年任中国农业科学院棉花研究所首任所长、研究员。第一届省人大代表。

华兴鼐，字和州（1908年11月—1969年3月），浙江杭州人。我国著名棉花科学家和作物遗传育种家。倡导发展陆地棉代替亚洲棉，推动指导岱字棉15在江苏省普及种植，并扩大到长江和黄河流域；主持海岛棉与陆地棉杂交一代优势利用研究。研究提出棉花营养钵育苗移栽技术，缓解棉麦两熟栽培矛盾；制订江苏省棉花种植区划，为因地制宜发展棉花生产提供依据。华兴鼐除对中国南方棉产改进事业有卓越贡献外，还是中国蚕豆遗传研究的先驱者，搜集、创造大量变异材料，研究其遗传规律，特别是连锁遗传。

1933年毕业于中央大学农学院农艺系。1933—1939年任浙江余姚棉场主任，河北保定农学院讲师、副教授，湖南第二农业试验场技术股主任，湖南沅陵湖南农业改进所技师。1939—1949年任原中央农业实验所技士、技正，代理棉作系主任（1946年秋至1949年4月）、兼任国民政府农林部棉产改进处棉作股股长、南京孝陵卫棉场场长。1945—1946年赴美国康乃尔大学进修。1949—1958年任华东农业科学研究所特用作物系主任。1959—1969年任中国农业科学院江苏分院经济作物系主任。曾担任九三学社南京分社副主任委员、南京市人民代表、江苏省人民代表、第三届江苏省人民委员会委员、第三届全国人大代表。中国农学会理事、江苏省农学会常务理事、农业部品种审定委员会委员。

俞启葆，字遂初（1910年6月—1975年9月），江苏昆山人。农学家，棉花专家。潜心棉花黄苗、棕絮、卷缩叶等遗传研究。育成棉花新品种"鸡脚德字棉"。指导有关科技人员育成了高产品种"泾斯棉"。中华人民共和国成立后，长期从事科研管理工作，对建设陕西省农业科研机构和队伍，推动旱地植棉，开发新疆棉田；组织棉花黄、枯萎病和小麦条锈病防治研究，对发展西北地区农业生产做出了重要贡献。

1934年毕业于中央大学农学院农艺系。1934—1940年任中央大学助教。1940—1949年任中央农业实验所棉作系技士、技正。1949—1958年任华北农业部，西北军政委员会农林部技术研究室主任，西北农科所所长。1958—1974年中国农业科学院陕西分院副院长。

奚元龄（1912年11月—1988年5月），江苏武进人。棉花遗传生理学家。早期致力于棉花细胞遗传与育种和栽培生理研究。20世纪50年代主持长绒3号和长绒2号选育工作，陆地棉蕾铃脱落研究，主持华东地区棉花品种区域试验。60年代主持棉花高产施肥和棉花氮素营养研究。1978年研制成棉花花药培养S7-1培养基，达世界先进水平。晚年主要从事棉花体细胞组织培养和棉花原生质体培养研究。

1935年毕业于中央大学农学院农艺系。毕业后，在中央农业实验所农艺系任技佐、技士。1941年任中正大学农学院讲师。1950年获英国剑桥大学细胞遗传学博士学位。1950—1953年任华东农业科学研究所特用作物系研究员，同时筹建作物生理研究室。1954—1958年任作物生理研究室室主任。1959—1965年任中国农业科学院江苏分院作物生理系主任。1975—1977年任江苏省农业科学所经济作物研究室研究员。1978年任江苏省农业科学院经济作物研究所所长。1979—1988年任江苏省农业科学院农业生物遗传生理研究所所长。第二、第五届全国人大代表。

倪金柱（1916年10月—2004年4月），江苏连云港人。我国著名棉花栽培生理专家。长期从事棉花栽培技术研究。主持"江苏沿江棉区棉麦两熟双高产技术研究"；主持"江苏沿海旱作粮棉轮作区粮棉双增产综合栽培技术研究"；"棉花营养钵育苗移栽技术研究（第三主持人）"，大面积推广，累计创造经济效益200亿元以上；主持"南方地膜棉花综合栽培技术及增产原理研究"；主持"棉花施肥问题研究"和"棉铃发育研究"。1950—1966年的17年中，有10年在农村（太仓、启东、海门）蹲点。主编《棉花栽培生理》、编著《棉花的一生》和《中国棉花栽培科技史》等。为我国棉作事业奉献了毕生精力，培养了一批新一代的科研人才。

1941年毕业于中央大学农学院农艺系。1941—1949年先后在四川省农业改进所遂宁棉花试验场、中央大学农学院、国民政府农林部棉产改进处孝陵卫棉场、中央农业实验所棉作系等处任职。1949—1996年晋升为华东农业科学研究所特用作物系副研究员，中国农业科学院江苏分院经济作物系副研究员、江苏省农业科学院经济作物研究所研究员，任棉花栽培研究室主任。

姜诚贯（1916—1999年），江苏武进人。著名农学家。民盟成员。教授、研究员。1937年毕业于金陵大学园艺系，获农学士学位。先任金陵大学园艺助教，后执教四川长寿中学，1945—1946年赴美国学习。1949年以来，一直在华东农业科学研究所、中国农业科学院江苏分院、江苏省农业科学院从事薯类、油料作物研究工作。历任园艺系、油料系主任，经作系副主任及农业科技情报所所长等职。兼任省农业科研专业技术职称评委会主任委员，省农业科研高级专业技术职务评审委员会委员，《江苏农业学报》主编。江苏省农学会理事。曾任江苏第六届省人大常委会教科文委员会委员。南京市第四、第五、第六、第八届人大代表。民盟第四、第五届江苏省委委员。

1946年在赴美考察报告中首次介绍了"铁道冷气运输"，对当时我国开展与改进铁道冷气运输事业具有借鉴作用。20世纪50年代从事薯类作物研究，提出马铃薯栽培区划方案，被认为是对农业配置的自然条件评价做得较好范例。1962年在学术讨论会上首次使用了"作物复合群体"这一术语。1961—1964年主持油菜氮素营养系统研究，接连发表5篇论文。指导选育的油菜新品种'宁油七号'研究成果获1981年农牧渔业部技术改进一等奖。在科技情报研究所工作期间，参加全省农业发展战略研究，编写出《2000年江苏人民的食物构成设想》，主持编写了《1980—2000年江苏省农业现代化建设的设想》，为领导决策提供依据。主编的《江苏农业学报》获1990年江苏省优秀期刊奖。发表《关于薯类作物增产问题》《我国马铃薯栽培区划》《作物复合群体的特点与应用上一些问题》《油菜在不同氮素水平下生育和代谢的若干特点》等论文20余篇，参加编写《中国油菜栽培》和《中国甘薯栽培学》。主持翻译英、俄、德等语种书籍4种，其中《作物生理学》是国内有关作物生理方面的第一本译著。

费家骈（1917—1990），江苏吴江人。我国著名大豆专家。1942年7月毕业于云南大学农学院。1946—1947年先后于江苏蚕桑专科学校、吴江仁美中学任教。1950—1951年在吉林省农业专科学校吉林农业试验站工作，1955—1987年于华东农业科学研究所（后改为中国农业科学院江苏分院、江苏省农业科学院）工作，其中，1970—1971年曾经被下放到灌云县。先后担任作物学会大豆专家顾问组理事，农牧渔业部大豆顾问组成员。江苏省农业科学院经济作物研究所油料室主任，研究员。

费家骈先生全心投入大豆科研事业，在吉林、江苏先后育成大豆品种集体5号，软条枝、豌豆团、苏豆1号、宁镇1号等多个新品种。主持黄淮海中低产地区夏大豆丰产栽培技术研究，江苏省太湖地区轮作制度的研究，江苏大豆生态、品种资源、大豆生理、大豆区划和大豆加工等综合利用研究，为江苏省大豆科研做出了重要贡献。主持和参加编写了《中国大豆育种与栽培》《中国夏大豆栽培与综合利用》《大豆加工与综合利用》等科技书籍，发表科技论文30余篇。6次受到政府嘉奖，其中1984年获得江苏省政府授予的开发淮北有功人员二等奖，1986年主持的"黄淮海中低产地区夏大豆丰产技术研究"获得江苏省科学技术进步奖一等奖。

刘艺多（1918年9月—2013年6月），河南安阳人。棉花栽培专家。早期协助俞启葆技正、闵乃扬技士，从事棉花品种资源遗传材料保存和抗病虫杂交育种工作。1949年后，长期从事棉花栽培研究工作。在职41年中，有17年在农村蹲点工作。先后在苏北盐垦棉区工作组、苏南两熟棉区工作组、启东工作组工作。解决当地生产上许多实际问题，获得增产。参与"棉花营养钵育苗移栽技术研究"。1984—1987年研究棉花高产优质形成规律，创建了栽培技术体系。主编《育苗移栽棉花高产栽培技术》《棉花育苗移栽技术》。参与编写《中国棉花栽培学（第二版）》《棉花的育苗移栽》《棉花的密植和整枝》等。

1946年毕业于西北农学院农艺系。同年在中央农业实验所下属安阳棉场工作。后调中央农业实验所棉作系工作。1949年后留任华东农业科学研究所特用作物系、中国农业科学院江苏分院经济作物系、江苏省农业科学院经济作物研究所工作，1987年晋升为研究员。

陈仲方（1918年10月—1996年2月），江苏宜兴人，中国共产党党员，研究员。我国著名棉花专家。1943年毕业于四川大学农学院农艺系。1949年前在四川大学农学院任助教，国民政府农林部棉产改进处上海分处任技士。1950年至华东农业科学研究所特用作物系工作，中国农业科学院江苏分院经济作物系副研究员、江苏省农业科学院经济作物研究所研究员、棉花遗传育种研究室主任。中国棉花学会第一、第二、第三届理事；原农业部第一、第二、第三届棉花专家顾问组成员。

长期从事棉花遗传育种和栽培生理研究。1956年参与为农业部制订全国棉花区域试验实施方案、试验设计及棉花良种繁育技术规程；并为农业部培训班主讲，培养了全国第一批棉花良种繁育技术骨干。先后育成'长绒1号''宁棉1号''宁棉7号''宁棉12号'等棉花新品种。参与获得"棉花营养钵育苗移栽技术研究""全国棉花区域试验及其结果应用研究""棉花种质资源收集、保存、利用研究"等多项科研成果。参与编写《棉花育种技术》《中国的亚洲棉》《棉花种质资源目录》《中国棉花品种志》。为我国的棉花科研、生产及人才培养做出了重要贡献。

钱思颖（1920年9月—2014年2月），江苏无锡人，中国共产党党员，民盟成员，研究员。我国著名棉花专家。1944年7月毕业于原中正大学农学院农艺系。1944年7月—1947年1月辗转于江西兴国、江苏宜兴农业学校任教员。1947—1949年在南京孝陵卫棉场工作。1949年后在华东农业科学研究所特用作物系、中国农业科学院江苏分院经济作物系、江苏省农业科学研究所经济作物研究室工作，任棉花品种研究室主任。江苏省遗传学会第一、第二届理事。1978年春江苏省人民政府授予江苏省先进工作者。享受国务院政府特殊津贴。1987年7月退休。他是我国棉花远缘杂交育种研究的创建者和奠基人。1950年首创我国棉花无性杂交研究，为选育'长绒3号'提供了技术保障。长期从事棉花种间杂交研究，1954年育成'长绒2号'；1971年育成'江苏棉1号''江苏棉3号'，累计推广种植面积达500多万亩，是我国第一次大面积种植棉花种间杂交的两个新品种。坚持棉花野生种质的搜集保存研究与利用。研究了棉属野生种的开花结实性，克服棉花种间杂交不亲和性和F_1的不育性，种间关系等。创造出一批高强优质纤维特异种质系并发放给国内农业院校和科研育种单位。20世纪50—70年代先后6次在启东、海门、如东、大丰、射阳等地农村蹲点10年，进行调查研究，总结植棉经验，提出系统栽培技术措施，示范推广棉花新品种，对促进当地粮棉生产起了显著作用。

先后获得原农业部科学技术进步奖二、三等奖各1项（主持），获得国家科学技术进步奖二等奖、农业部农牧业技术改进一等奖各1项、农业部科学技术进步奖二等奖1项参与。参与编写《棉花育种技术》《中国的亚洲棉》《棉花种质资源目录》《中国棉花品种志》《怎样培育棉花良种》《中国棉花遗传育种学》《中国农业百科全书——农作物卷分册——棉花》等。为我国棉作事业奉献了毕生精力。

朱烨（1922—2007年1月），山东滕州人，中国共产党党员。1941—1945年分别就读于济南师范大学和山东农业专科学校，1945年参加革命工作，1946年加入中国共产党。1946—1949年先后在山东农业试验场和山东农业试验所任技术员。1949年1月随军南下，接管上海市任军事联络员，同年10月赴南京接管中央农业实验所任军代表。先后任华东农科所良种繁育场主任、特作系秘书、副主任，江苏省农业厅工业原料处处长，农垦局副局长，农业局副局长、江苏农业科学院经济作物研究所所长、党支部书记等职。享受国务院特殊津贴，于1987年离休。

1946—1949年"小麦腥黑穗病"防治研究取得成果并在生产中推广应用，1954年获农业科技成果一等奖；自1949年起主持"棉花营养钵育苗移栽"解决了营养钵的压制、育苗、移栽及配套栽培技术，1956年获农业部集体奖。随着大面积的推广应用1982年获农牧渔业部技术改进一等奖，至1999年该成果在全国累计推广达1.87亿亩，创造社会经济效益200亿元以上；自1985年开始主持杂交棉的研究和利用工作，选育出的'苏杂16'累计推广面积达500多万亩，创造经济效益1.4亿元；以后又相继育出'苏杂26'等新的杂交组合在生产中推广应用。

先后发表论文20余篇，如《棉花营养钵育苗移栽的研究与应用》《棉花地膜平铺覆盖营养钵育苗移栽技术》《棉花营养钵育苗移栽的三代技术》等。参与编写的著作有《棉花的育苗移栽》等。获部级、省级以上科技成果多项。

朱绍琳（1923年11月—2010年4月），安徽泾县人。我国著名棉花专家。长期从事棉花良种繁育和棉花育种工作。主持研究陆地棉"退化"问题，否定品种退化是由于生活力衰退的论点，提出以加强选择为主的良种繁育方法，已为国内棉花原种场采用，并被列入国家棉花原种生产技术操作规程，对推动全国的棉花生产做出了重大贡献。先后育成'苏棉一号'和'PD12'等棉花新品种，在生产上大面积应用。提出改进株型和光合器官是棉花高产育种的途径，并在育种中应用。重视棉花栽培技术研究，如"棉花营养钵育苗移栽的研究和推广（主要完成人之一）""盐碱地植棉研究""棉麦两熟栽培研究与推广""棉花高产栽培研究"等，都取得了比较显著的成果。特别对棉花与玉米间作进行了深入研究，对促进当时江苏沿海棉区的粮、棉间作制度的发展和推动粮、棉双增产都起到了重大作用。主编《修棉图说》《棉铃生物学》《棉花良种繁育》，参与编写《中国棉花遗传育种学》《棉花育种技术》《棉花的育苗移栽》《棉花栽培生理》等。为江苏和全国棉花科研和生产做出了重大贡献。

1946年毕业于江西省立农业专科学校农艺科。1947年在农林部棉产改进处任技佐。1949—1996年为华东农业科学研究所特用作物系助理研究员、中国农业科学院江苏分院经济作物系副研究员、江苏省农业科学院经济作物研究所研究员。先后在太仓、启东、睢宁、大丰、盱眙、滨海等地农村、国营农场蹲点工作。曾任江苏省种子学会副理事长、江苏省农学会理事。1985年获得"江苏省劳动模范"称号。

黄骏麒（1934年1月—2020年5月），上海人，中国共产党党员，研究员。1956年毕业于南京农学院（现南京农业大学）农学系，同年进入原华东农业科学研究所特用作物系（今江苏省农业科学院经济作物研究所）工作。历任江苏省农业科学院经济作物研究所所长，中国棉花学会名誉理事长、中国棉花学会常务理事、江苏省作物学会常务理事兼棉花专业委员会主任等20多个社会兼职。硕士、博士生导师。1990年被授予国家有突出贡献中青年专家，享受国务院特殊津贴。1965—1966年曾任中国驻加纳共和国大使馆经参处农业专家组专家。

长期从事棉花种质资源创新、植物分子育种等工作。在棉花品种资源的收集中，通过赴法国、美国、澳大利亚、捷克、墨西哥等多国及有关单位搜集和征集，使江苏省农业科学院成为我国收集、保存、利用野生棉和半野生棉较多的单位之一。参与发明了花粉管通道转基因技术，并育出转基因抗虫棉新品种在生产得到推广应用。

积极开展对外合作，与法国、美国、澳大利亚等棉花科研单位建立了良好的合作关系；与联合国粮农组织建立联系，于20世纪80年代初得到该组织10万美元资金的支持，为江苏省农业科学院经济作物研究所添置了全国第一台价值70多万元的"HVI900"系列棉花纤维品质测试仪。为经济作物研究所培育棉花优质品种创造了条件，并为其他棉花科研育种单位提供服务。

先后获得国家级、部级、省级科技成果奖13项，其中国家科学技术进步奖一等奖1项，国家科学技术进步奖二等奖1项，农业农村部科学技术进步奖一等奖2项，二等奖3项、三等奖2项，省级奖4项。在国内外学术刊物上发表科技论文140多篇，先后主编和编辑专业著作18本，主要有《中国棉作学》《中国抗虫棉育种》《江苏棉作科学》《植物分子育种》等。

沈端庄（1937年12月—），上海崇明人。九三学社社员。研究员。1960年7月毕业于南京农学院（现南京农业大学）农学系，曾获江苏省有突出贡献的中青年专家称号，并享受国务院政府津贴，长期从事棉花种质资源的收集、鉴定、创新与利用研究。

先后主持或参加国家自然科学基金、国家科技攻关、省科技攻关等各类科研项目16个。主要贡献如下：①收集、保存棉花种质资源2 000多份，按照国家长期种质库入库要求，提供1 300多份种质系自交种入库，无偿向中国农业科学院棉花研究所提供全套的亚洲棉品种资源和陆地棉野生种、半野生种等，并为全国各地的科研、教学、种子企业提供过大批棉花种质资源。②利用温室、暗室和南繁等技术措施，一年繁殖三代种子，使半野生种和野生种在南京开花结果，并确定了日照时间、温度的临界值，从而为棉花远缘杂交成功提供了可能性，有效保存了一批稀有种质资源。③完成了亚洲棉地理族系列表、分类、拍照和种子醇溶蛋白质电泳分析，明确了它们的特征、特性，获得了它们之间的亲缘关系。④初步揭示了低酚棉的腺体遗传规律，育成了一系列低酚棉品系，并开展了低酚棉种仁作为食品的小样实验。⑤参与宁棉12号、江苏棉1号和苏棉3号的品种选育与良种繁育工作。⑥鉴定并筛选出泗棉2号作为陆地棉品种长江流域区域试验的对照品种。⑦赴墨西哥、巴基斯坦收集种质资源和学术交流。⑧参加了国家种质资源（一类）名录审定。

共获得国家级、部（省）级科技奖励11项，其中国家级3项，部（省）级8项。发表学术论文28篇，其中第1作者论文15篇。主编出版《中国的亚洲棉》科技专著1部。

葛知男（1939年5月—），江苏宝应人。中国共产党党员，研究员。1962年7月毕业于南京农学院农学专科。翌年分配至中国农业科学院江苏分院经济作物研究所工作。1970—1980年下放至盐城地区农科所等单位。1981年调回江苏省农业科学院经济作物研究所继续从事棉花研究。

20世纪80年代初期，在沿海基地的研究揭示了江苏省旱粮棉区种植改制的途径、步骤与原理，提出了苗期增温促发，花期调控抑晚，集中成铃的盐土植棉高产、优质配套技术，推广350万亩，获奖3项，其中1985年获省政府"开发苏北科技单位"（集体）一等奖，1990年获农业部科学技术进步奖二等奖，列第2完成人。

1986年工作调整，开始主持国家长江流域棉花品种区试与高产优质早熟棉新品种选育课题。在品种区域化研究中，率先应用电算技术，进行试点相似性研究，为长江流域棉区试点布局调整提供了依据；进行品种稳定性分析研究，简化方差分析方法，提出了区试精确度的新标准与统计依据；应用灰色系统预测模型，对品种各类性状发展趋势提出量化分析方法，为育种技术改进提供了借鉴。以上有关研究成果在长江流域8省市各类棉种区试中均得以认可与应用。

在早熟棉新品种选育上，采用地源与性状差异较大的品种（系）杂交，运用病圃与非病圃，南繁加代与不同生态地区的交替选择，育成早中熟抗枯萎病棉花品种苏棉11号，并通过省级审定。该品种育成，为长江下游沿江大麦、油菜茬棉田提供了适宜品种。在克服棉种早熟与产量、品质、抗性之间的负相关关系方面，取得重要进展。审定当年，已在苏皖沿江麦油茬棉田试种近千亩。在主持省"八五""九五"早熟棉联合攻关研究中，省内计育成、审定品种3个，获省级、部级一、二等科学技术进步奖3项。

傅寿仲（1939年8月—），福建漳州人。中国共产党党员，研究员，博士生导师。1960年7月毕业于南京农学院农学系农学专业。同年9月就职于中国农业科学院江苏分院油料作物系、经济作物系，江苏省农业科学院经济作物研究所。1984—1999年连任经济作物研究所副所长、所长。1983—1992年连任第六、第七届省人大代表，1993—2002年连任第八、第九届全国人大代表。

20世纪60年代研究揭示了油菜糖氮代谢的基本规律，为高产栽培和看苗诊断提供了理论依据。60年末开始主持油菜育种研究，运用了生态学原理育成早熟、高产甘蓝型油菜品种'宁油七号'，为长江流域主栽品种之一。在杂种优势利用研究中，利用不同质核育性结构的品种杂交，首次合成新的细胞质雄性不育系MICMS，并将双低基因导入"三系"，育成宁杂系列双低杂交油菜。采用甘白种间杂交方法，育成甘蓝型油菜无花瓣特异种质，提出了高光效、高抗菌核病的形态避病育种理论基础。采用品种间杂交方法，分别育成高芥酸、高含油量品系，为育种创新提供种质储备。率先发现芸薹属植物种子强休眠基因存在于B染色体组，并对休眠特性进行了分类。积极开展国际合作交流，主持完成中澳油菜品质改良合作项目以及国际植物遗传资源委员会（IBPGR）"芸薹属植物种子休眠研究"项目。潜心培养中青年科研骨干，建好科研团队。争取国家支持建成国家油菜原原种繁殖基地，国家油菜改良南京分中心，使江苏油菜研究综合实力居于全国前列。

自1978年以来共获得国家级和部省级科技成果奖励17项次，获得国家发明专利5项、植物新品种权7项，通过国家和省审定品种20个，累计品种推广面积达7 000余万亩，创造社会经济效益30多亿元。主编《油菜的形态与生理》《江苏油作科学》等专著。参与编写《中国油菜栽培学》《实用油菜栽培学》及《杂交油菜的育种与利用》等我国油菜方面的重要著作。参与编写《江苏科学技术志》。主编科普著作3册。发表论文100余篇。

1983年江苏省人民政府授予江苏劳动模范，1988年国家人事部授予国家级有突出贡献中青年专家称号，1991年享受国务院政府特殊津贴。1997年江苏省人民政府授予"劳模立功奖章"，2002年授予江苏省农业科技先进工作者称号。2012年院庆80年庆典，院授予农业科技创新特别贡献奖。2018年11月中国作物学会油料作物专业委员会授予终身成就奖。

主要学术兼职有《中国油料作物学报》编委，《江苏农业学报》副主编、常务副主编、顾问，《江苏农业科学》副主编，中国油料作物学会理事、荣誉理事、名誉理事，江苏农学会理事、常务理事，江苏作物学会常务理事、油料专业委员会主任、名誉主任，江苏遗传学会理事等职。1990—1992年任国家自然科学基金委员会第三届农业学科评审组成员。1981—2000年连任江苏省农作物品种审定委员会委员。1997年任江苏省金陵科技著作出版基金管理委员会专家。2000—2003年受聘南京农业大学作物遗传与特异种质创新教育部重点实验室学术委员会委员。退休后曾任江苏省老科协农业委员会理事，江苏省农业科学院老科协副理事长。

李秀章（1940年1月—），江苏泰州人。中国共产党党员，研究员。1961年毕业于江苏省扬州农业学校，同年分配到中国农业科学院江苏分院经济作物系（今江苏省农业科学院经济作物研究所）工作。曾任经济作物研究所副所长、党支部书记、滨海县（科技扶贫）副县长等职。1993年起享受国务院特殊津贴。1961—1965年从事棉花杂种优势利用研究工作；1966—1973年调院革委会生产处，从事生产管理等行政工作；1984年9月—1985年7月，省级机关学校学习一年。

先后在丰县、太仓县、睢宁县、大丰县、兴化县、省农垦系统的三河农场等地蹲点；1996—1997年在滨海县任科技副县长两年。工作近40年期间，累计在基层蹲点几乎占整个工作时间的一半以上。在从事棉花新品种选育期间，师从朱绍琳老师一起育成优质、高抗枯萎病新品种'苏棉1号'，累计推广面积近500万亩；在栽培研究方面：为保证粮棉双丰收，1986年起以兴化为基点，研究试验示范改麦套棉为麦后移栽，形成的"优质棉生产农艺体系研究及其应用"在大面积推广应用；研究推广小麦后移栽配套栽培技术，在江苏省推广100万亩以上；为提高棉田经济效益，研究试验示范棉田高效立体种植模式10多种，在全省得到大面积推广。

编制了《棉花育苗移栽亩产皮棉100～125kg栽培技术规程》。1992—1999年被农业部聘为"全国农牧渔业丰收奖"评选组成员；1996—2000年任江苏省农业标准化技术委员会委员，多次受国家科委（科技部）、农业农村部及江苏省科技厅之邀参加项目论证、成果鉴定、评审。

发表论文30余篇，主编、参与编写著作4部；获部级、省级以上科技成果奖10多项，其中国家科学技术进步奖二等奖1项（第二主持人），并获"科技进步"奖章一枚；1997年院庆75周年获院颁发的"优秀科技工作者"奖章一枚。

　　承泓良（1941年4月—），江苏江阴人。中国共产党党员。1966年毕业于南京农学院（现南京农业大学）作物遗传育种专业研究生。之后，先后在原南京农学院（1966—1968年）、南通农场（1968—1970年）、复兴圩农场（1970—1978年）、江苏省农业科学院经济作物研究所（1978—1997年）和江苏省农业厅（1997—2013年）工作。1982—1983年作为公派访问学者赴美国堪萨斯州立大学和美国农业部南方作物研究所进修。1992年晋升为研究员。曾任中国棉花学会第四届理事会理事、武汉（全国性）灰色系统研究会常务理事、第四届江苏省科学技术进步奖评审委员会委员和南京农业大学作物遗传育种专业硕士研究生指导教师。

　　承担过国家"六五""七五"和"八五"棉花科技攻关项目中的棉花育种课题。主持育成并通过江苏省审定的棉花品种5个（苏棉17号和科棉3、科棉4、科棉5、科棉7号），通过安徽省审定的1个（科棉6号）。获国家农业农村部科学技术进步奖二等奖2项（分列第9和第15完成人）、国家教育委员会科学技术进步奖三等奖1项（第3完成人）和江苏省科学技术进步奖三等奖1项（第3完成人）。

　　出版著作8部，其中第一作者3部：《短季棉育种与栽培》《棉花黄萎病研究与应用》和《灰色系统决策与应用》，第2或第3、第4作者5部：《中国棉史概述》《转基因抗虫棉遗传与育种》《棉花枯萎病研究》《棉花生产技术研究与应用》和《棉纤维品质育种技术研究》。发表论文60余篇。

　　王庆华（1951年12月—），江苏泰州人。中国共产党党员。1969年3月参加中国人民解放军，1975年3月退伍。1975年9月进入江苏农学院农学系学习，农学专业，1978年8月毕业。1978年8月—1979年3月在江苏省泰州市野徐镇农技站从事农业技术推广工作。1979年4月分配到江苏省农业科学院经济作物研究所。1991年任棉花育种研究室副主任。

　　参与承担了江苏省"六五""七五"农业科技攻关"棉花高产株型新品种选育"和"棉花高产抗枯萎病新品种选育"等课题的研究，其中"苏棉1号新品种选育及推广工作"获江苏省科学技术进步奖三等奖。1991年1月—1995年12月参加江苏省及国家"八五"农业重大科技攻关"高产优质抗病棉花新品种选育"等项目研究。1996年任棉花育种研究室主任。1996年1月—2000年12月主持江苏省"九五"农业重大科技攻关"高产优质抗病棉花新品种选育"和国家"九五"农业科技协作攻关"棉花抗黄萎病育种亲本材料选育"课题各一项，参与江苏省"九五"农业重大科技攻关项目"高产优质早熟棉花新品种选育"和农业部"棉花抗黄萎病新品种选育"专项基金课题各一项。育成棉花新品种'苏棉17号'。发表学报级论文1篇，省级以上期刊论文10多篇，参与编书1部。此间三次去美国学习，其中1986年4月—1987年3月作为访问学者去美国得克萨斯农工大学学习工作。1992年10月—1993年4月去巴西工作半年，执行省科委的棉花科技合作项目。2001年以后主要从事科技开发工作，2001年1月—2002年6月在所开发部任总经理。2002年7月—2011年12月在江苏明天种业公司工作。

徐立华（1952年7月—），江苏南京人。中国共产党党员。研究员。1978年毕业于江苏农学院农学系。1979年5月考入江苏省农业科学院经济作物研究所从事棉花科研工作，1985年7月—1987年8月赴菲律宾国际水稻所进修，1990年4—6月赴埃及国际农业中心培训，1996—1998年在南京农业大学农学院作物生产与现代农业管理专业研究生班学习。曾任江苏省农业科学院经济作物研究所棉花栽培研究室室主任，中国棉花学会理事、常务理事，江苏省棉花专业委员会副主任。1999年享受国务院特殊津贴，2001年荣获第五届江苏省优秀科技工作者称号，2001年荣获江苏省农业科技先进工作者称号，2002年荣获江苏省省级机关"巾帼岗位明星"称号，2003年荣获江苏省"三八"红旗手标兵称号，2004年荣获全国"三八"红旗手称号，2006年荣获全国"双学双比"女能手称号。是中国棉花学会终身会员。

长期从事棉花栽培技术和生理研究，先后主持承担国家、农业农村部及省级以上研究课题20多项，出色完成了承担的各项科学研究任务。20世纪80年代以来，参与麦棉两熟棉生物学特性及调控技术，棉花化学调控技术，地膜覆盖棉花栽培技术，棉田高效施肥技术的研究等，上述技术广泛应用于棉花生产中。20世纪90年代以来，主持开展棉花高产高效简化栽培技术，棉花化学调控技术的完善与提高，转基因抗虫棉生物学特性及栽培技术研究等，该项技术大面积应用于棉花生产中，并产生显著的经济和社会效益。21世纪前10年，主持开展优质棉纤维形成的生物学基础及保优栽培技术、棉花优质高产标准化栽培技术体系、转基因抗虫棉Bt毒蛋白环境调控机理、江苏省棉花生产景气指数的调研与发布等，在开展应用研究的同时同步开展相关应用基础研究，丰富和发展了中国棉花栽培学的内容。

主持和参加的有关研究项目先后获国家级、部省级科研成果奖16项，其中"棉花化学调控系统工程的营建与实施"获1998年度江苏省科学技术进步奖二等奖；"陆地棉棉铃发育机理及影响因素研究"获1994年度农业部科学技术进步奖三等奖；"棉花协调栽培技术体系的研究与应用"获2002年江苏省科学技术进步奖三等奖，上述成果均为第一完成人。主笔和参加制订、修订行业和地方技术标准9项。把握科研方向，指导和培养青年科技人才。

先后发表研究论文138篇。参加编著《中国棉花栽培学》《中国棉作学》《中国棉花抗虫育种》《当代世界棉业》《棉花栽培生理》《现代中国高品质棉》《棉花优质高产新技术》《育苗移栽棉花高产栽培新技术》等专著13部。

戚存扣（1953年1月—），江苏泰州人。油菜遗传育种家。中国共产党党员，博士，二级研究员，硕士生导师。1978年7月毕业于南京农学院（现更名为南京农业大学）农学系。1978年8月—1979年5月在泰县农业局工作；1979年5月起在江苏省农业科学院经济作物研究所工作。1986年1月—1987年1月在加拿大Saskatoon试验站和Saskatchewan大学进修；1989年12月—1990年6月在澳大利亚Pacific Seeds执行"中澳油菜高产育种与品质改良"合作项目。历任研究室主任、所长助理、副所长、所长。

1986年回国后致力于油菜品质改良研究。主攻双低油菜新品种选育、杂种优势利用研究；兼顾高油分、黄籽油菜育种，抗逆育种基础研究和优质油菜品种推广、油菜生产轻简化、机械化技术集成应用研究等。1996年获"江苏省省级机关优秀共产党员"称号，1998年获"江苏省优秀中青年农业科技骨干"称号；2002年获"江苏省突出贡献中青年专家"称号，同年获"江苏省第五届优秀科技工作者"称号。

参与完成国家油菜"六五"至"八五"科技攻关计划。主持完成国家、省自然科学基金、"973""863"（重大）、"948"、科技支撑计划、行业专项和农业跨越计划、省重大农业科技攻关、高技术项目等30多项。先后育成油菜新品种20多个，累计推广3 000多万亩。获得部级、省级科技成果奖6项；国家科技发明专利9项；发表论文120余篇。参加撰写《依靠科学技术进步奖促进我国油菜产业发展（2007年）》的报告，并呈报国务院；参加编制《长江流域油菜优势区域布局规划（2008—2015年）》；主持编制《长江下游油菜"十三五"育种重大攻关项目规划》。参与出版《江苏油作科学》《作物遗传改良》《傅寿仲论文选》和《中国油菜生产抗灾减灾技术手册》等著作；参与编撰科普丛书2套。

主要兼职：国家油菜产业技术体系岗位科学家，执行专家组成员；中国农学会科技成果鉴定专家库专家；农业部油料作物专家组成员；全国作物高产创建专家指导团专家；省优良品种培育工程油料协作攻关组首席专家；省油菜生产机械化技术专家组成员；农业部油菜遗传育种重点实验室（华农）、油料作物生物学与遗传育种重点实验室（油料所）学术委员会委员；江苏省农作物品种审定委员油菜专业委员会主任。中国作物学会油料作物专业委员会理事、常务理事（第六、第七届）；中国作物学会作物栽培专业委员会理事；江苏省遗传学会、作物学会、种子学会理事等。《中国油料作物学报》《江苏农业学报》编委会成员。

顾和平（1954年4月—），江苏靖江人。中国共产党党员，研究员。1978年7月毕业于江苏农学院农学系，1979年4月开始来本院工作。2006年8月—2014年在蔬菜所工作。国家农作物审定专家，江苏省农作物审定委员。2016年8月，江苏省科协聘任为江苏省首席科技传播专家。

1979—1984年，从事太湖地区麦豆稻轮作制度研究。1979—1990年，参加江苏省野生大豆种质资源研究和春大豆选育。1986年后，主要从事豆类新品种选育，先后主持国家大豆种质资源研究子专题两项，国家野生大豆种质资源研究子专题两项。江苏省大豆新品种选育课题3项，江苏省农林厅三项工程项目1项，江苏省自然科学基金项目1项，江苏省农业自主创新资金项目1项，参加国家级、省级项目15项。主持育成豆类新品种7个，参与育成豆类新品种13个。发表科技论文32篇，其中学报论文4篇，参与编写科技书籍4部。获得江苏省科学技术进步奖2项。镇江市科学技术进步奖1项。

2010年，被农业部科技司评为援助非洲先进个人，1999年被省委扶贫促小康工作组评为先进工作者。

倪万潮（1962年3月—），江苏盱眙人，中国共产党党员，二级研究员。1988年7月硕士研究生毕业于江苏省农业科学院农业生物遗传生理研究所。同年8月就职于江苏省农业科学院经济作物研究所。1998—1999年任江苏省农业科学院经济作物研究所副所长。1999—2010年任江苏省农业科学院农业生物遗传生理研究所/农业生物技术研究所副所长。2010—2017年任江苏省农业科学院经济作物研究所副所长、所长、书记。2004年国务院特殊津贴获得者，2002年江苏省人民政府"政府特殊津贴"获得者。2001年获第七届中国农学会青年科技奖。1998年获第五届江苏省青年科技奖。1996年评为"国家高技术研究发展计划（863）"十周年先进工作者。江苏省有突出贡献的中青年专家。中国农业生物技术学会理事。江苏省生物技术协会副理事长，农业委员会主任。中国棉花学会理事。

长期从事农作物转基因技术和转基因遗传育种研究工作，先后承担国家"863"计划、国家转基因研究与产业化重大专项、国家重点研发计划、江苏省各种科技项目等的研究，率先突破了我国棉花转基因的技术瓶颈，建立了适应于大规模遗传转化需要的转基因技术体系和转基因种质资源创新技术体系，研制成功了我国转基因抗虫棉。主持或参与育成了'宁杂棉3号''宁字棉R2''宁字棉R6''GK1''GK12''GK22'等多个国产转基因抗虫棉新品种，在全国各地示范推广8 000万亩以上，直接经济效益100亿元以上，极大地推动了我国棉花科技和产业的进步和发展。组织力量申报建成了"农业部长江下游棉花与油菜重点实验室"等，为棉花和油菜学科等的深入发展提供了较好的装备支撑。

获得国家技术发明奖等国家各级科技成果奖励十余项次，植物新品种权1项，通过审定品种3个。主编《现代中国棉花生产技术》，参与编写专著《转基因棉花》等，获得国家发明专利20多个，其中国家发明专利"编码杀虫蛋白质融合基因和表达载体及其应用"（专利号：ZL95119563.8）获得国家发明专利金奖。培养研究生以及博士后人才十余名。

浦惠明（1962年4月—），江苏常熟人。中国共产党党员，二级研究员。1983年毕业于江苏农学院农学系，历任经济作物研究所油菜研究室副主任，江苏省作物学会油菜专业委员会副主任。1999年、2003年和2007年入选江苏省"333高层次人才培养工程"，2002年被授予江苏省有突出贡献的中青年专家荣誉称号。

长期从事油菜遗传育种和品质改良工作，在甘蓝型油菜细胞质雄性不育"三系"杂种优势利用与应用等方面取得突出成绩。育成双低杂交油菜新品种宁杂1号、宁杂3号、苏油3号、苏优5号、宁杂15号、宁杂19号、宁杂21号、宁杂31号、宁R101和宁R201。作为主要完成者培育的'宁杂1号'累计推广1 200多万亩，创造社会经济效益4.1亿元，获2001年度江苏省科学技术进步奖一等奖。主持选育的'苏油3号'累计推广种植800多万亩，创造经济效益1.4亿元。主持育成的苏油5号以168.88万元独家转让给江苏明天种业科技有限公司，宁杂21号以62.58万元独家转让给四川省蜀玉科技农业发展有限公司。通过对双低杂交油菜制种原理的研究，探索高产制种规律，建立了一套适合"宁杂系列"双低杂交油菜的高产制种技术体系，有效地提高了杂交油菜的制种产量和质量，对加快江苏双低杂交油菜的推广应用做出了重要贡献。另外，在抗除草剂油菜种质资源创新、油菜全程机械化生产配套农艺技术研究、转基因抗除草剂油菜生态安全性评价等方面成绩突出。

先后主持完成包括"十三五"国家重点研发课题、"十二五""863"课题、国家自然科学基金、江苏省农业重大攻关项目、江苏省自然科学基金等各类课题20多项，参加完成国家、省部级及其他课题40多项。获省级、部级科技成果奖4项，院科技成果奖4项，通过科技成果鉴定3项，获国家发明专利8项，新品种权6项，主笔发表科研论文50多篇。

周宝良（1963年5月—），江苏常州人。1985年毕业于南京农业大学农学系，获学士学位；同年师从该校农学系潘家驹教授，从事棉花细胞遗传研究，1988年获硕士学位；同年进入江苏省农业科学院经济作物研究所。江苏省"333高层次人才培养工程"首批第二层次培养对象，获国务院政府特殊津贴。被团江苏省省委授予"江苏省青年科技标兵"，当选南京市第12、第13届人大代表。

从事棉花野生资源的创新利用与细胞遗传研究工作，克服种间杂交的不可交配性，获得了一系列的三倍体种间杂种后代。通过克服棉花染色体小、取材难以掌握的困难,系统地开展了棉属种间杂种的细胞学研究,得到了22个种间杂种组合F₁的细胞学结果,其中14个组合国内未见报道。采用选择合适的桥梁亲本(海岛棉)这一途径,顺利克服了松散棉、瑟伯氏棉一直难以被育种利用的障碍。针对一些难以栽培成活的珍稀棉种,通过组培法获得幼苗,但常规移栽方法依然无法得到成苗,为此采取了试管苗嫁接的方法取得成功,使这些棉种在南京能顺利生长开花。"棉属稀有种质的繁殖保存和纤维高品质特异材料的创造"1993年获得农业部科学技术进步奖三等奖(第4完成人),获得授权发明专利3项,发表论文50多篇,参与《棉花育种学》《中国棉作学》《农业生物工程技术》《中国棉花抗虫育种》《中国棉花遗传育种学》等著作的编写。曾主持国家自然科学基金、农业部发展棉花专项基金、江苏省"十五"攻关等项目,主持国家"十五"攻关、国家基础性工作等子课题工作。2003年起到南京农业大学工作。

陈松(1963年10月—),江苏泰州人。1984年毕业于武汉大学生物学系。1987年5月调入江苏省农业科学院经济作物研究所工作。1996年入南京农业大学农学院在职攻读硕士,1999年获南京农业大学植物学专业理学硕士学位。2003年5月—2004年4月获江苏省教育厅留学基金资助,赴澳大利亚Wollongong大学和CSIRO植物研究所访学一年。

1987—2003年主要在棉花远缘杂交研究室(棉花资源项目组)从事棉花基因工程途径的种质创制、抗虫棉分子检测、棉花种质创新与利用研究。参与或主持完成多项有关转基因抗虫棉培育与应用、棉花纤维品质改良相关的国家、部、省级课题。建立了转基因抗虫棉Bt毒蛋白的ELASA检测方法和金标记免疫吸附法,后者获得国家发明专利;研究了转基因抗虫棉Bt毒蛋白时空表达规律,阐明了转基因抗虫棉抗虫性动态变化规律的生理基础。

2004年5月至今在油菜育种研究室,从事油菜转基因技术、植物基因沉默技术原理及其应用、转基因途径调控油菜种子脂肪酸组成的研究、新型选择报告基因、抗除草剂基因的开发与应用、长江下游区油菜种质资源精准鉴定与发掘利用及转基因抗除草剂油菜培育等研究。先后参与或主持完成国家"973""863""948"及国家、省自然科学基金等项目;参与完成国家油菜改良中心南京分中心、农业农村部油菜原原种基地建设项目;主持完成了长江下游生态区油菜种质资源的精准鉴定工作;主持国家科技重大专项子课题"长江下游转基因抗除草剂油菜新品种选育"。建立了稳定高效的油菜遗传转化体系,获得稳定表达的转基因高油酸油菜种质W-4;参与并获得农业农村部等科学技术进步奖4项。参加编著《农业生物工程技术》《中国棉花遗传育种》《植物分子育种》。获得国家发明专利10余项。发表论文40多篇。

肖松华(1964年11月—),安徽潜山人。中国共产党党员。研究员。1987年毕业于南京农业大学农学系,1994年获南京农业大学作物遗传育种专业硕士学位,2015年获南京农业大学作物遗传育种专业博士学位。江苏省"333高层次人才培养工程"第二批中青年科学技术带头人,硕士研究生导师,长期从事棉花、芝麻种质创新与分子育种研究。

先后主持国家基金、国家科技攻关、国家科技支撑、国家转基因重大专项、省科技攻关、省重点研发等科研项目29个。围绕高效植棉业的发展需求,开展棉花种仁无酚、抗黄萎病、抗旱、耐盐碱、抗除草剂、抗盲蝽象的种质创新与育种利用。首次实现棉花纤维和棉籽种仁产量、品质的同步改良，育成16个优质、高产、抗虫、无酚棉花新品系，开发无酚棉花种仁的油用、食用功能，增加保健食用油和优质蛋白的有效供给。牵头从国内外搜集高产、优质、抗虫、抗病、早熟、抗旱、耐盐碱、适宜机采等棉花种质系1 295份，主持创制超高产、超强纤维、抗棉铃虫、抗棉蚜、抗黄萎病、紧凑株型、早熟、适宜机采、种仁无酚、种仁高油分、种仁高蛋白等优异棉花新种质286份，领衔育成棉花新品种苏杂208、苏研608、苏杂668、苏早211通过江苏省品种审定。芝麻新品种苏芝1号、苏芝2号通过江苏省审定，一些棉花新品系已进入国家、新疆维吾尔自治区棉花新品种区域试验。获得国家级、省（部）级科技成果奖励12项；申请发明专利10项，获得发明专利5项；申报新品种权7项，获得新品种权5项；发表学术论文68篇，其中SCI收录10篇；出版科技专著3部。

张香桂（1964年11月—），江苏邳州人。研究员。1984年毕业于徐州中等农业专科学校，之后通过不断学习，先后取得南京农业大学农学大专文凭、遗传育种研究生班结业证书、农学本科文凭。

长期从事棉花杂种优势利用与棉花种质创新研究，先后参与和主持完成国家和江苏省重点攻关"陆地棉新杂交种选育""高衣分高品质棉花种质创新"等多项研究。在亲本选择、组合筛选、后代鉴定、亲本提纯复壮等方面都有自己的见解。其研究结果先后获得江苏省科学技术进步奖二等奖1项（第6）；农业部科学技术进步奖特等奖1项（参加）；育成江苏省第1个通过江苏和安徽两省审定的棉花杂交种
"苏杂16"（第2），后又育成'苏杂26'（第2）、'苏棉6039'（第2）、'宁杂棉3号'（第5）、'宁字棉R2、R6'（第6）分别通过江苏、安徽、江西省农作物品种审定；'苏远棉3号'（第1）、'苏棉9833'（第4）获国家植物新品种权。参与授权国家发明专利10个。主持完成国家项目子专题"杂种棉制种模式及高产高效栽培技术研究""转基因杂交棉诱导长柱头制种技术与示范"等研究，首次提出亲本分片种植，整株去雄，集花授粉，适当稀植等一套棉花杂交种高产高效综合生产技术，亩产种量可达100kg以上，该项技术在江苏、安徽、湖南等省被广泛应用。作为第1发明人，获国家发明专利1项，国家实用新型发明专利2项，制定发布江苏省地方标准2项。同时作为第2负责人对其研究成果直接开发应用，仅1995—1999年就创直接经济效益237万元；获院科技开发一等奖2项，院科学技术进步奖一等奖1项。发表论文100多篇，第1作者30篇。参加编著《杂交棉花高产栽培技术》和《现代棉花栽培技术》。

陈旭升（1965年6月—），浙江乐清人。九三学社社员。研究员。1986年7月毕业于浙江农业大学（现浙江大学）作物遗传育种专业，获学士学位；1989年7月，获南京农业大学作物遗传育种硕士学位；1998年7月获南京农业大学理学博士学位。曾任第二届国家农作物品种审定委员会委员，第六届中国棉花学会理事，第七届、第八届、第九届中国棉花学会常务理事，农业农村部长江下游棉花与油菜重点实验室副主任，江苏省九三学社省直工委副主任，江苏省九三农林委员会副主任委员，江苏省农作物品种审定委员会委员，三度被评为江苏省农业科学院知识产权工作先进个人。

长期从事棉花遗传育种工作，研究领域涉及抗病虫棉花新品种选育与产业化、棉花育种技术研究、棉花突变体的鉴定与分子定位。主持育成杂交棉新品种6个，国审品种2个（苏杂3号、苏杂6号），省审品种4个（苏杂118、苏杂201、苏彩杂1号、星杂

棉168），并成功转让企业与产业化。主持选育的'苏杂6号'等棉花品种，2010年获江苏省农业科学院科技成果转化二等奖；主持完成的成果《优质彩棉新品种选育及高端纯纺彩棉线衫的研发》，2011年获江苏省农业科学院科学技术进步奖二等奖；主持完成的成果"高强纤维抗虫杂交棉苏杂3号的选育与应用"于2015年获大北农科技创新奖二等奖，2016年获江苏省科学技术进步奖三等奖。自主发现陆地棉亚红珠（Rs）、超矮秆（du）、皱缩叶（wr_3）、高秆（Tp）等新突变体，并指导硕士研究生利用SSR分子标记将基因Rs、du、wr_3、Tp分别定位在棉花Chr.7、Chr.6、Chr.21、Chr.1上。

作为第一完成人获国家发明专利4项、授权品种权2项。发表本专业第一作者学术论文100余篇，参加编写学术论著3部：《棉铃生物学》《中国棉花品种及其系谱（修订本）》《百名专家谈转基因》。

陈志德（1965年7月—），江苏宜兴人。九三学社社员，农学博士，三级研究员，曾获得江苏省"333高层次人才培养工程"中青年科学技术带头人荣誉称号和泰州市有突出贡献的中青年专家荣誉称号，主要从事花生种质资源鉴定评价、花生新品种选育与高效栽培技术研究。2015年因学科调整，花生团队整体归入经济作物研究所特经研究室。目前，陈志德同志担任江苏省农业科学院经济作物研究所特经研究室主任，国家花生产业技术体系南京综合试验站站长，江苏省农业科学院泰州农科所副所长等职。

先后获得各类成果11项，其中，江苏省科学技术进步奖一等奖1项，中华农业科技奖一等奖1项，江苏农业科技奖一等奖1项。选育农作物新品种15个，其中花生新品种3个；发表研究论文130余篇，其中SCI收录4篇；获新品种权6个，软件著作权1件。2012年7月—2013年7月赴美国得克萨斯农工大学开展进修和合作研究。

张培通（1965年11月—），江苏连云港人。中国共产党党员。任经济作物研究所党支部支部书记、副所长，药食同源类作物研究室主任。1987年毕业于江苏农学院农学系。1987—2004年在江苏省灌云县农业技术推广中心工作，期间于1996—2000年在南京农业大学攻读硕士学位，2001—2005年在南京农业大学攻读博士学位。2005年博士毕业后到经济作物研究所工作，期间于2014—2017年在江苏省农业科学院泰州农科所挂职副所长。

研究"抗虫杂交棉地膜精播高效栽培技术体系"，推动江苏棉花栽培向省工节本、机械化作业、盐碱地种植方向转型。发现沿海滩涂盐碱地盐分"时空分布不均衡"特征，探明了旱作物盐胁迫后的"补偿生长效应"，集成了"江苏沿海滩涂起垄覆膜耐盐栽培技术体系"。

研究了"芋头起垄覆黑膜机械化高效种植技术体系"开展了江苏地方优质芋头提纯改良、脱毒快繁、有机型施肥和绿色防控等技术研发，有效解决了优质芋头规模化种植后的费工费力、病虫害加重、提质困难等技术问题。

针对江苏优质山药生产存在的关键问题，研发"块状山药起垄覆黑膜机械化高效种植技术体系"和"薯蓣类山药定向槽机械化高效种植技术体系"，推动江苏省优质山药向专业化生产、机械化作业方向发展。还开展了"灌云芦蒿"优质高效生产技术研究、江苏省牛蒡新品种选育等研究工作。

先后主持部省级科研项目22项，院级和市厅级项目13项，横向委托项目8项；发表论文110余篇；获得国家授权品种1项，选育新品种15个，获国家发明专利11项；主持获得江苏省农业技术推广奖三等奖、农业部丰收奖二等奖和江苏省农业科学院科学技术进步奖二等奖各1项，并获得江苏省丰收奖一等奖和泰州市科学技术进步奖二等奖各1项。

许乃银（1966年4月—）江苏滨海人。中国共产党党员，三级研究员，江苏大学硕士研究生导师。1991年南京农业大学农学系作物专业毕业，2001—2002年国家公派赴比利时林堡大学留学攻读应用统计学硕士学位，2011年获南京农业大学生态学博士学位。国家棉花新品种区域试验长江流域棉区主持人，国家小麦新品种区域试验北部冬麦区主持人，江苏省棉花品种审定委员会委员，江苏省"333高层次人才培养工程"第三层次培养对象，《棉花科学》编委会委员。先后获得全国农业技术推广先进工作者、江苏省全省农作物品种区域试验先进工作者等荣誉称号。2005年赴法国国际农艺合作研究中心合作研究数据探索技术、2012年赴加拿大参加农作物品种试验统计与评价技术培训班。

长期从事农作物品种区域试验技术与生态适应性模型研究。主持承担国家转基因生物新品种培育科技重大专项子课题、国家质检公益性行业专项和国家农业技术试验示范与服务支持（品种试验）项目等。利用GGE双标图等现代统计方法，对国家棉花和小麦新品种区域试验的试点布局、品种生态区划分、试点代表性与鉴别力分析、品种适应性分析等方面开展了广泛的探索研究，对提高品种评价及试点评价的准确性和科学性起到了积极作用，被农业农村部推荐为主要农作物品种试验数据分析的通用方法。由于在品种区域适应性试验方面的工作对新品种选育和应用的重要贡献，先后获得省级科学技术进步奖一等奖1项、省科学技术进步奖二等奖5项，江苏省农业科学院科学技术进步奖二等奖2项。

主编《中国棉花新品种动态》和《棉花国家区试品种报告》等12部、译著《农作物品种试验数据管理与分析》1部，获得计算机软件著作权3项，发明专利2项，发表研究论文94篇（其中SCI收录论文15篇，第1作者68篇）。

张洁夫（1966年—），江苏张家港人。中国共产党党员，博士生导师，二级研究员。1988年毕业于南京农业大学植物遗传育种专业，同年至今在江苏省农业科学院经济作物研究所工作。2007年获南京农业大学博士学位，2005—2006年江苏省公派访问学者，在加拿大曼尼托巴大学从事合作研究，2008—2009年曼尼托巴大学博士后。历任油菜室副主任、主任，经作所副所长，农业部长江下游棉花与油菜重点实验室副主任，国家重点研发计划项目"长江下游及黄淮油菜高产优质适宜机械化新品种培育"首席专家。江苏省"333高层次人才培养工程"第二层次培养对象，江苏省有突出贡献中青年专家。

主要从事油菜优异种质创新与利用、油菜新品种选育与推广等方面研究工作。开展油菜菌核病抗性鉴定、QTL定位、基因克隆、抗病品种选育等方面研究工作，育成抗菌核病种质宁RS-1等，相关成果获国家科学技术进步奖二等奖。开展油菜无花瓣性状遗传、QTL定位、基因克隆、调控网络、育种潜势等方面研究工作，获多项国家基金资助。开展油菜黄籽基因克隆和新品种选育工作，克隆了黄籽相关基因*ttg1*，是图位克隆的第一个油菜功能基因；参与育成第一个国审黄籽油菜品种宁油10号。开展油菜株型育种、高光效育种、核不育杂交育种等工作，育成宁杂11号等多个杂交种，在长江流域主产区推广应用；参与育成的宁杂1号获得江苏省科学技术进步奖一等奖。

先后主持或参与省级以上科研项目50多项，其中主持国家重点研发计划项目1项、国家支撑计划1项、国家基金2项、国家产业体系岗位专家1项；育成油菜新品种20多个，获品种权14项；获部省级以上科技成果9项，其中国家科学技术进步奖二等奖2项、省部级一等奖1项、二等奖1项；获国家发明专利11项，发表学术论文60多篇，其中SCI论文10篇，出版著作2部。

沈新莲（1968年7月—），江苏常熟人。中国致公党党员。三级研究员。南京农业大学博士生导师，江苏大学硕士生导师。1991年南京农业大学农学系遗传育种专业毕业，同年分配到江苏省农业科学院工作，1999—2004年攻读南京农业大学作物遗传育种专业在职硕博连读研究生并获博士学位。2005年10月—2008年1月在美国佐治亚大学从事博士后研究。2015—2017年挂职盱眙县副县长。历任经济作物研究所副所长，棉花研究室主任，农业部长江下游棉花与油菜重点实验室常务副主任，江苏省植物生理学会理事。2009年入选为江苏省"六大人才高峰"第二层次培养对象，2011年入选为江苏省"333高层次人才培养工程"第三层次培养对象，2016年入选院中青年学术骨干，2018年获得江苏省三八红旗手等称号。

长期从事棉花分子育种、棉花远缘杂交、转基因育种等工作。在长期的棉花种质创新与分子育种过程中，创新了大量具有特色的棉花种质资源和分子遗传材料。利用染色体工程技术，将原产美洲的辣根棉（*G.armouriamum*）、雷蒙德氏棉（*G.raimondii*）等野生种与陆地棉杂交，把野生种的高纤维品质基因转入栽培棉花中，从中选育出了一批高强优质纤维新种质，相关研究成果获得国家科学技术进步奖一等奖、教育部科技发明一等奖。利用花粉管通道法和农杆菌介导法将*Bt*基因、豇豆胰蛋白酶抑制剂基因（*CPTI*）、海蓬子高亲和K^+转运体（*SbHKT*）等基因成功地导入到30多个棉花品种中，获得了大量单价、双价转基因抗虫、抗病、抗旱耐盐碱种质新材料，相关研究结果获得江苏省科学技术进步奖二等奖。利用分子标记辅助技术在国际上首次获得二倍体野生种异常棉在陆地棉背景下的渐渗文库，相关研究在国际顶级遗传育种杂志发表。

先后主持省级以上科研项目20多项，其中主持国家转基因重大专项1项、国家自然科学基金面上项目3项；育成棉花新品种4个；获得发明专利8项；发表研究论文60余篇，其中SCI 18篇。获部省级以上科技成果8项，其中国家科学技术进步奖一等奖1项、省部级一等奖1项、二等奖2项、三等奖1项。

陈新（1970年4月—），江苏射阳人。，中国共产党党员。博士，二级研究员，博士生导师。1992年毕业于南京农业大学农学院农学本科专业，同年7月到江苏省农业科学院经济作物研究所工作。2002年获南京农业大学农学院硕士学位。2011年获得泰国农业大学热带农业专业博士学位；2012年获得南京农业大学作物遗传育种博士学位。2004年由于院科调整至蔬菜研究所工作，历任江苏省农业科学院蔬菜研究所豆类研究室主任、副所长等职务。2014—2015年在泗阳县挂职副县长。2017年起，任江苏省农业科学院经济作物研究所所长兼豆类研究室主任。

现任亚洲和大洋洲高级育种协会第一副主席、农业农村部大豆专家指导组成员、国家食用豆产业技术体系生物防治与综合防控岗位科学家、执行专家组成员，江苏省特粮特经产业技术体系首席专家，中国作物学会食用豆专委会副理事长、中国园艺学会豆类蔬菜分会副理事长、江苏省农学会特粮特经专业委员会主任委员，先后获得江苏省"333高层次人才培养工程"第二层次培养对象，江苏省有突出贡献中青年专家，江苏省优秀科技工作者等称号。

主要从事豆类作物新品种选育与配套栽培技术研究。近5年来主持国家科技部重点研发项目国际合作专项、食用豆产业技术体系岗位科学家、国家自然科学基金面上项目、农业部948等国家级、部省级项目20多项，发表学术文章150多篇，其中SCI收录18篇，主编著作6部，制定农业部和省级标准6项，授权专利9项。主持获得江苏省科学技术进步奖一等奖、国家国际合作奖、江苏省科学技术进步奖二等奖等各类奖项10项。育成通过国家和省级以上审定或鉴定新品种30余个，在南方地区自育品种中推广面积大，占据主导地位。

高建芹（1974年9月—），江苏淮安人。中国共产党党员。研究员。1997年毕业于南京农业大学资环学院土壤与植物营养专业，获学士学位。2011—2012年期间赴得克萨斯州农机（工）大学访问学者一年。

长期从事油菜品质分析、遗传育种与栽培研究。在油菜品质分析过程中，建立了低样本量油菜种子品质检测近红外无损伤数学模型，彻底解决了油菜测交和杂交后代种子量少难于进行品质分析的难题。以气相色谱仪为平台，构建了油菜半粒种子全脂肪酸筛选程序和定量分析方法，为品质改良提供了高效的检测方法，缩短了油菜品质育种进程。2004年在国内率先开展非转基因抗除草剂油菜种质创制与基因克隆，对发现的抗咪唑啉酮除草剂油菜突变体M9进行多年抗性鉴定和抗性效应研究，获国家发明专利2个。通过EMS诱变技术创制非转基因的抗磺酰脲类除草剂油菜新种质M342、DS3、N8和P2等一批新材料，为选育具有自主知识产权的非转基因抗除草剂油菜新品种奠定了基础。育成油菜新品种4个；参与育成新品种11个，获品种权9项，获授权国家发明专利10项；获江苏省科学技术进步奖三等奖1项，南京市科学技术进步奖二等奖1项，江苏省科技成果转化三等奖1项等。参加编著《图说油菜》，以第一作者发表论文20多篇。2015年起，侧重于油菜新品种新技术新模式研究与推广，在"摘薹+观花+油用/肥用"等油菜多功能利用与模式创新方面取得良好进展。

付三雄（1976年6月—），湖北汉川人。研究员。2006年南京农业大学国家大豆改良中心博士毕业。2006—2008在江苏省农业科学院从事博士后工作，博士后出站考核优秀留江苏省农业科学院经济作物研究所工作至今。期间2011年入选江苏省农业科学院学科带头人优秀后备人才，2013年8月—2014年8月入选江苏省委组织部科技镇长团成员，在仪征市挂职1年；2015—2016年加拿大萨斯喀彻温省大学生物化学系，访问教授一年。

在国内率先开展油菜雌性不育的机理研究及油菜化学杀雄品种选育。在油菜雌性不育的机理研究中，明确油菜*CRABS CLAW*（*CRC*）转录因子是控制心皮发育的关键性基因，*BnCRC*可抑制正在发育的雌蕊的横向生长，促进其轴向生长，*BnCRC*基因突变将引起雌蕊呈现较宽而短的结构，且使两心皮在顶点处呈非融合状态，并导致蜜腺的缺失。该研究获得国家自然科学基金、江苏省自然科学基金面上项目资助。"十一五"期间，在长江下游率先开展油菜化学杀雄研究，通过常规品种选育和化学杀雄育种相结合，建立一套油菜化学杀雄育种的工作流程。在此项研究中以主要完成人育成宁油20、宁油22、宁杂559、宁油26、宁杂1818、宁杂118、宁杂1838、宁杂158、宁杂161及宁杂127等品种，在江苏及下游生产上广泛应用，并于2014年获江苏省农业科学院院科学技术进步奖二等奖（第2完成人），2017年获湖北省科学技术进步奖一等奖（第3完成人）。发表论文30多篇。

殷剑美（1977年4月—），江苏丹阳人。研究员。1996—2005年在南京农业大学农学院攻读学士、硕士和博士学位，2005年博士毕业后到江苏省农业科学院经济作物研究所工作。先后从事棉花遗传育种、科研管理、江苏省特色经济作物育种与栽培技术、药食同源作物理论基础研究等。任药食同源类作物研究室副主任。

主要针对江苏芋头和山药产业发展的关键技术问题，开展了关于江苏省地方特色芋头和山药的新品种培育、脱毒组培种芋（薯）的扩繁、轻简机械化栽培技术等研究。引进和培育芋头和山药等薯芋类作物新品种，建立了超百份资源的种质资源圃；建立了脱毒组培种芋（薯）扩繁体系，在山药组培苗移栽技术上取得突破；研制了起垄覆膜轻简机械化栽培以及套网秸秆有机型栽培等种植技术；研究种芋（薯）的保存及保鲜；开展了芋头基因组测序及相关基因合成机理研究；建立技术培训和服务体系，以及示范基地，推动新品种在江苏省的应用，形成江苏省薯芋类作物生产的新的特色。

先后主持国家及部省级项目8项，市级项目1项，参加国家项目3项，省级项目4项。获省级奖2项、市进步奖1项；以第一完成人获得国家发明专利授权5项，其中1项专利转让；申请5项。以第一完成人获得品种鉴定证书4项，参加1项。以第一起草人起草颁布江苏省地方标准2项，参与1项。以第一作者在国内外核心期刊上发表论文30余篇，其中SCI收录的4篇，参与编写专著2本；指导硕士研究生2名。

胡茂龙（1977年6月—），江苏泗阳人。中国共产党党员。博士，研究员。2001年毕业于扬州大学农学院农学本科专业。2001年进入南京农业大学作物遗传与种质创新国家重点实验室硕博连读，2006年获农学博士学位。同年7月到江苏省农业科学院经济作物研究所工作，现为油菜研究室种质创新方向负责人。2013—2014年在加拿大渥太华大学、农业与农业食品部（AAFC）重点实验室进行为期1年的公派访问学者研究工作；2017年1—12月受中组部、团中央委派在江西农业科学院作物研究所挂职副所长。2019年起，任江苏省农业科学院经济作物研究所副所长兼油菜研究室副主任。江苏省"333高层次人才培养工程"第三层次培养对象，《中国油料作物学报》编委会委员。

长期从事油菜等农作物的分子遗传、育种、生物技术研究工作。近年来主持承担国家自然科学基金、国家科技支撑计划、江苏省自然科学基金等省部级以上课题10多项。在国内率先开展非转基因抗除草剂油菜新种质的创制、抗性分子机理和抗性品种选育研究工作，取得一系列进展，成功创制了具有自主知识产权的抗咪唑啉酮油菜M9、抗磺酰脲类除草剂油菜M342、高抗苯磺隆种质DS3和5N、抗嘧啶水杨酸类除草剂油菜新种质RP-1、抗三唑嘧啶类除草剂油菜新种质RT-1等抗除草剂材料。利用分子生物学手段解析了抗性产生的分子机理，解决了我国油菜抗除草剂品种选育缺少抗性种质和抗性基因的难题，大大推动了我国抗除草剂油菜品种选育的进程。在《Plant Physiology》《Molecular Breeding》《Genet Resour Crop Evol》《Journal of Integrative Agriculture》等学术期刊发表论文30余篇。主笔或参加申请专利20余项，PCT 2项，获授权9项，并已实施转化3项，制定江苏省农业地方标准1项，主持或参与育成了国审、省审油菜品种10多个，获品种权5项。

龙卫华（1979年7月—），湖北宜城人。博士，研究员。1998—2005年在华中农业大学完成本硕学历学位，而后中国农业科学院研究生院/中国农业科学院油料作物研究所获得博士学位。2017—2018年以访问学者身份赴澳大利亚阿德莱德大学留学一年，2018年作为江苏省第十一批科技镇长团成员在江苏省连云港市灌云县挂职1年。2005年起一直在江苏省农业科学院经济作物研究所从事油菜相关科研工作，主要研究方向为油菜新种质创制、重要性状的基因定位与克隆、油菜非转基因抗除草剂基因的生态风险评估、杂交油菜育种培育与示范推广。在种质创新方面，利用芸薹属内近缘种种间杂交与胚抢救技术获得了油菜黄籽种质，利用诱变加小孢子培养技术获得了油菜高油酸种质并进入育种利用，利用诱变加定向筛选技术获得了基于油菜BnAHAS突变的非转基因抗除草剂系列种质资源并进入育种利用。开展了油菜MI CMS细胞质雄性不育系统恢复基因、紧凑株型等性状的基因定位；阐明了油菜高油酸种质N1379T的遗传基础，在分子水平上证明了两个BnFAD2的点突变导致高油酸性状。以油菜抗除草剂性状为核心，重点关注抗性突变基因向近缘种（白菜、芥菜等）的漂移机制以及基因渗透后的生态学影响，从而全面评价油菜抗除草剂性状的生态安全性。作为主要完成人育成宁杂15号、宁杂19号、宁杂21号、宁杂31号和宁R101等品种，其中宁R101为我国第一个非转基因抗磺酰脲类除草剂的油菜品种。利用分子标记技术开发了油菜杂交种纯度鉴定技术，并在油菜商品杂交种种子纯度评估上发挥重大作用。以骨干成员开展油菜多功能利用研究与应用，与江苏省内多个油菜花观光景区开展技术合作开发油菜花用、薹用、肥用等功能；在油菜主产区开展新品种高产示范及全程机械化生产技术。以骨干成员参加多项国家及省级课题，目前主持国家重点研发项目子课题1项，国家自然科学基金面上项目1项。

陈华涛（1980年10月—），河南周口人。中国共产党党员。博士，研究员。2004年毕业于河南农业大学生命科学学院生物技术本科专业。2009年获南京农业大学国家大豆改良中心博士学位（硕博连读）。2009年进入江苏省农业科学院蔬菜研究所工作，现为经济作物研究所豆类研究室副主任。2012—2013年赴日本国际农林水产业研究中心开展合作研究（Fellowship）；2016—2017年赴美国密苏里大学开展合作研究（访问学者）。博士后合作导师，江苏省大豆品种审定专业委员会委员，江苏省豆类产业联盟理事，江苏省农业科学院青工委委员、青年拔尖人才。江苏省农业科学院经济作物研究所学术委员会委员。中国（南京）知识产权保护中心技术专家库专家。《Journal of Botanical Research》期刊编委。

主要从事大豆种质创新和分子育种技术研究，近5年来主持国家重点研发计划（中美政府间合作创新重点专项）、江苏省重点研发计划（现代农业）重点项目、国家自然科学基金、农业农村部重大农技推广试点项目、江苏省自然科学基金、江苏省农业科技自主创新基金等科研项目。以第一完成人育成苏早2号、苏奎2号、苏豆13号、苏豆16号、苏豆18号、苏绿6号等豆类作物新品种；以第一作者/通信作者在国内外期刊发表学术论文25篇，其中SCI论文8篇；发表国内外会议论文摘要12篇，其中第8～10届世界大豆会议英文摘要3篇；第一完成人获第二届高亮之学术论文二等奖；主要完成人获江苏省科学技术进步奖二等奖和江苏农业科学技术进步奖一等奖；第一完成人制定江苏省地方标准1项和授权国家专利3项；以主要完成人获授权国际专利1项。

第二节　副研究员、助理研究员、干部

副研究员、助理研究员、干部见表3-1。

表3-1　副研究员、助理研究员、干部名单

姓　名	性别	出生年月	毕业学校	研究方向/岗位	在所工作时间
俞淑娟	女	1912年7月	江苏南通农学院	棉花育种	1955—1974年
欧阳显悦	男	1919年1月	中正大学	棉花栽培	1949—1986年
肖庆芳	女	1922年1月	四川大学	棉花区域试验	1947—1986年
李贤柱	男	1922年1月	苏北农学院	棉花育种	1981—1986年
金贤镐	男	1924年6月	安徽第一国民高等学校	棉花栽培	1949—1965年 1980—1986年
李　朋	男	1927年12月	解放区山东大学	副所长	1979—1983年
徐宗敏	男	1928年5月	苏北农学院	棉花栽培	1956—1960年 1984—1988年
李宗岳	男	1929年8月	苏北农学院	棉花育种	1956—1969年 1979—1989年
颜若良	男	1929年9月	南京农学院	棉花栽培	1954—1990年

（续表）

姓　名	性别	出生年月	毕业学校	研究方向/岗位	在所工作时间
祝其昌	男	1930年5月	东北农学院	大豆育种	1981—1990年
凌以禄	男	1932年8月	南京农学院	大豆育种	1954—1986年
张秋荣	女	1932年9月	东北农学院	大豆育种	1981—1992年
沈克琴	男	1934年7月	盐城农专	大豆育种	1976—1998年
蒋杏珍	女	1935年4月	新疆八一农学院	业务秘书	1960—1991年
陈玉卿	女	1936年11月	南京农学院	油菜	1959—1997年
刘桂铃	女	1936年12月	北京农业大学	棉花育种	1959—1996年
董飞平	男	1938年3月	江苏电大	办公室主任	1979—1999年
胡廷馨	女	1940年1月	苏北农学院	棉花纤维检测	1978—2000年
伍贻美	女	1940年11月	苏北农学院	油菜	1963—2000年
钱大顺	男	1942年11月	扬州农业学校	棉花栽培	1961—2002年
顾立美	女	1944年11月	南京市中华路中学	棉花生物技术	1963—1999年
蒋玉琴	女	1945年7月	东辛农大	棉花育种	1985—2000年
郑孝栋	男	1948年4月	不详	后勤	1991—2008年
张治伟	男	1950年5月	江苏农学院	棉花育种	1979—1991年
陈祥龙	男	1963年8月	苏州农校	棉花栽培	1982年至今
邵明灿	男	1969年12月	南京农业大学	果树学	2000年至今
李春宏	男	1971年10月	南京农业大学	药食同源作物	2012年至今
郭书巧	女	1972年9月	南京农业大学	功能性植物	2010年至今
杨长琴	女	1972年11月	南京农业大学	棉花栽培	2003年至今
何晓兰	女	1973年1月	南京农业大学	功能性植物	2017年至今
张红梅	女	1975年1月	南京农业大学	豆类遗传育种	2007年至今
刘剑光	男	1976年9月	南京农业大学	棉花资源	1998年至今
吴巧娟	女	1978年7月	南京农业大学	棉花资源	2004年至今
郭文琦	男	1978年3月	南京农业大学	药食同源作物	2009年至今
刘瑞显	男	1980年4月	南京农业大学	棉花栽培	2008年至今
张国伟	男	1981年1月	南京农业大学	棉花栽培	2011年至今
徐　鹏	男	1981年5月	南京农业大学	棉花育种	2007年至今
彭　琦	男	1981年10月	湖南农业大学	油菜	2011年至今

（续表）

姓　名	性别	出生年月	毕业学校	研究方向/岗位	在所工作时间
陈　锋	男	1981年11月	南京农业大学	油菜	2003年至今
崔晓艳	女	1982年2月	西北农林科技大学	豆类遗传育种	2009年至今
赵　君	男	1982年9月	南京农业大学	棉花育种	2011年至今
刘晓庆	女	1982年12月	南京农业大学	豆类遗传育种	2013年至今
蒋　璐	女	1982年6月	中国农业大学	药食同源作物	2015年至今
束红梅	女	1982年9月	南京农业大学	功能性植物	2010年至今
韩晓勇	男	1983年3月	南京农业大学	药食同源作物	2010年至今
沈　一	男	1983年12月	南京农业大学	花生	2015年至今
薛晨晨	男	1983年3月	南京农业大学	豆类遗传育种	2017年至今
沙　琴	女	1983年12月	南京农业大学	综合办公室	2010年至今
周晓婴	女	1983年1月	南京农业大学	油菜	2010年至今
郭　月	女	1984年3月	南京农业大学	油菜	2018年至今
徐剑文	男	1984年1月	南京农业大学	棉花育种	2015年至今
袁星星	女	1984年2月	南京农业大学	豆类遗传育种	2009年至今
徐珍珍	女	1984年5月	中国农业科学院	棉花育种	2013年至今
赵　亮	男	1984年12月	南京农业大学	棉花育种	2013年至今
陈景斌	男	1985年5月	华南农业大学	豆类遗传育种	2016年至今
吴然然	女	1985年9月	中国科学院大学	豆类遗传育种	2018年至今
李　健	女	1985年9月	南京农业大学	综合办公室	2012年至今
王晓东	男	1985年12月	华中科技大学	油菜	2014年至今
刘永惠	女	1985年1月	南京农业大学	花生	2015年至今
王　立	男	1985年5月	南京农业大学	根茎类作物	2013年至今
沈　悦	女	1986年10月	南京农业大学	花生	2017年至今
闫　强	男	1986年10月	南京农业大学	豆类遗传育种	2018年至今
张　维	男	1986年9月	北京农业大学	油菜	2011年至今
郭　琪	女	1986年9月	南京农业大学	棉花育种	2013年至今
黄　璐	女	1989年10月	南京农业大学	豆类遗传育种	2020年至今
孙程明	男	1990年1月	华中农业大学	油菜	2018年至今
姜华珏	女	1992年3月	南京农业大学	综合办公室	2018年至今

第三节　科研辅助人员

科研辅助人员见表3-2。

表3-2　科研辅助人员名单

姓　名	出生年月	性别	在所工作时间
阚广德	1912年1月	男	1946—1962年
陈兴富	1916年6月	男	1949—不详
谢德春	1919年8月	男	1963—1973年
张　松	1921年5月	男	1951—1981年
耿厚祥	1923年2月	男	1963—1983年
蒋大坤	1923年7月	男	1949—1986年
沈同昌	1924年4月	男	1948—1981年
夏金山	1926年8月	男	1949—1987年
谭兴发	1927年6月	男	1963—1988年
李守国	1927年9月	男	不详—1987年
刘发义	1930年7月	男	1954—1979年
王翠英	1931年8月	女	1954—1983年
韩山顺	1932年1月	男	1960—1993年
肖永琴	1933年3月	女	1984—1988年
戴庆珍	1935年2月	女	不详
张桂青	1936年8月	女	不详
邵顺英	1939年9月	女	1958—1989年
王子肃	1942年7月	男	1963—不详
张建华	1943年1月	男	1963—1973年
盛德庆	1944年2月	女	1963—1965年 1973—1976年
孙玲玲	1944年3月	女	1963—1974年
李富红	1945年2月	女	1985—1995年
干开华	1945年6月	男	1984—2005年
刘玉兰	1945年11月	女	1976—1996年
王必林	1947年7月	男	1996—2007年
陈爱华	1948年1月	女	1972—1997年
梁素华	1949年9月	女	1976—1999年
邱国兰	1951年1月	女	1984—2001年
张　兰	1951年8月	女	1978—2001年
荣金城	1952年1月	男	1984—2012年
纪成英	1952年6月	女	1979—2002年
纪锁成	1952年6月	女	1998—2002年

（续表）

姓　名	出生年月	性别	在所工作时间
苏学琴	1956年5月	女	1975—1980年
王志强	1958年5月	男	不详
黄迎娣	1959年1月	女	1979—2009年
杨德银	1959年8月	女	1979—2009年
徐英俊	1961年5月	女	1981—2011年
杨大华	1961年6月	男	1980年至今
李　玉	1961年7月	女	2000—2011年
李晶晶	1962年11月	男	1981—2001年
张智民	1969年1月	女	1997—2019年

第四节　曾经在所工作人员

曾经在所工作人员见表3-3。

表3-3　曾经在所工作人员名单

姓　名	在所工作时间	研究方向	去向
刘家樾	1949—1958年	棉花育种	安徽省农业科学院棉花研究所
袁申盛	1951—1955年	棉花育种	江苏省科学技术委员会农村处
刁光中	1952—1958年	棉花育种	中国农业科学院棉花研究所
胡作义	1956—1958年	棉花育种	中国农业科学院图书馆
沈兆瑾	1956—1958年	棉花育种	中国农业科学院原子能所
姜筱珍	1956—1959年	棉花育种	南通沿江地区农科所
周　行	1956—1983年	棉花栽培	院情报所
吴玉梅	1958—1975年	油菜	丹阳农业局
姜诚贯	1958—1978年	油菜	院情报所
王开瑞	1959—1961年	油菜	沭阳县农业局
马启连	1959—1969年	豆类	盱眙县军工厂
唐甫林	1959—1970年	豆类	苏州市农业局
蒋伯章	1959—1972年	豆类	吴县农业科学研究所
张连生	1959—1980年	棉花育种	涟水县棉花原种场
谢麒麟	1959—1984年	棉花育种	江苏省科委、农业科学院副院长、院长
沈　臣	1960—1969年	棉花品种资源	上海市农业科学院
刘兴民	1961—1984年	棉花栽培	院科研处
徐家裕	1962—1980年	油菜	苏州市农业局
李大庆	1977—1992年	棉花栽培	院情报所
陈可大	1963—1969年	棉花育种	浙江省黄岩农业局

（续表）

姓 名	在所工作时间	研究方向	去 向
江文彬	1963—1969年	豆类	南京市农业局
耿炳仙	1963—1970年	工人副队长	大丰农场
张建华	1963—1977年	油菜	院车队
葛跃功	1963—1996年	后勤	院工会
左明才	1965—1980年	棉花栽培	院行保处
桑润生	1970—1980年	棉花栽培	上海农学院
张淑馨	1972—1979年	油菜	后勤
许永才	1974—1984年	棉花育种	院情报所
滕传元	1976—1984年	棉花育种	南京金陵图书馆
承泓良	1978—1997年	棉花育种	江苏省农业厅
王庆华	1979—2002年	棉花育种	明天种业
周 恒	1980—1985年	棉花栽培	江苏省农业厅
纪开林	1981—1982年	工人	院兽医所
王支凤	1981—1989年	棉花育种	院情报所
华国雄	1982—1988年	棉花育种	江苏省农垦农业处
郑春宁	1982—1991年	棉花栽培	扬州科协
薛达元	1982—1984年	棉花育种	中央民族大学生命与环境科学学院
仇映梅	1982—1987年	棉花区域试验	江苏农学院
李再云	1983—1986年	油菜	华中农业大学
彭跃进	1983—1988年	棉花生物技术	赴英国留学
徐鑫华	1984—不详	棉花纤维检测	江苏省进出口检验检疫局
冷苏凤	1984—1998年	棉花区域试验	江苏省农林厅
应苗成	1984—1989年	棉花生物技术	赴美国留学
韩 锋	1984—1991年	豆类	赴美国留学
王振忠	1985—1992年	场务管理	院现代化所
唐继宏	1985—1988年	油菜	华中农业大学
徐希龙	1985—1988年	油菜	如东县农业局
王 莉	1985—1990年	棉花育种	院党办
李安定	1985—1992年	所办公室	美国
唐灿明	1986—1993年	棉花品种资源	南京农业大学
马 京	1986—1991年	油菜	广州环保局
刘国强	1987—1991年	棉花栽培	院后勤处
宣亚楠	1987—1991年	豆类	南京农业大学
何循宏	1987—2003年	棉花栽培	院建设发展规划办公室
朱桂凤	1988—2000年	会计	院会计中心
姚凤腾	1988—1994年	棉花育种	院人事处
周宝良	1988—2003年	棉花生物技术	南京农业大学

（续表）

姓 名	在所工作时间	研究方向	去向
吕忠进	1989—1995年	油菜	以色列
刘东卫	1990—1993年	棉花品种资源	杂草研究中心
包鸣京	1990—2000年	驾驶员	院车队
魏乐飞	1991—1994年	油菜	离职
徐红兵	1992—1997年	棉花栽培	院机关党委
程德荣	1992—2000年 2005—2012年	棉花品种资源	明天种业
李 胜	1994—1999年	棉花生物技术	院科技开发处
高冠军	1995—1999年	油菜	浙江大学
张保龙	1995—1999年	棉花生物技术	院资源所
张木莲	1996—2001年	杂交棉	院会计中心
朱成松	1996—2005年	豆类	赴美国留学
陈新军	1996—2013年	油菜	加拿大
李国锋	1997—2003年	棉花栽培	院科研处
狄佳春	1997—2018年	棉花育种	院资源所
顾 慧	2003—2005年 2008—2015年	油菜	院纪委
马晓杰	2008—2012年	棉花育种	院办——江苏省欧美同学会（江苏省留学人员联谊会）
杜建厂	2011—2014年	生物信息学	院资源所
刘 静	2011—2014年	生物信息学	院资源所
许莹修	2011—2014年	生物信息学	院资源所
江 蛟	2012—2013年	党支部书记	院成果转化处
杨富强	2012—2015年	棉花栽培	中化化肥有限公司
何绍平	2013—2015年	党支部书记	院畜牧所
巩元勇	2013—2019年	所办	攀枝花学院

第五节 人才培养

据不完全统计，建所以来，共有41人次赴国外大学、研究机构攻读硕士、博士学位，开展博士后研究和访学进修。14名科研人员在国内大学在职攻读并获得硕士、博士学位。20世纪80年代，与南京农业大学联合培养硕士研究生5名，2000年开始，我所数名研究员成为扬州大学、南京农业大学、江苏大学等大学的校外兼职硕导和博导，共培养硕士、博士研究生103名；2002年开始招收博士后。为社会培养了一批农业科技人才。

一、国外攻读学位及访学

我所科研人员赴国外访学进修和攻读学位始于20世纪40年代，截至2020年，共有41人次赴国外大学、研究机构攻读硕士、博士学位，开展博士后研究和访学进修（表3-4）。

表3-4 国外攻读学位及访学人员名单

姓　名	时间	国家	机构	培养内容
华兴鼐	1945—1946年	美国	康乃尔大学	进修
姜诚贯	1945—1946年	美国	康乃尔大学	进修
奚元龄	1948—1950年	英国	剑桥大学	攻读细胞遗传学博士
承泓良	1982年11月—1983年5月	美国	堪萨斯州立大学农学院	进修植物数量遗传
王庆华	1982年3月—1983年3月	美国	加州	农业研修班
凌以禄	1983年6月—1984年6月	美国	伊利诺大学农学院	作物育种学
徐立华	1985年7月—1987年8月	菲律宾	国际水稻所	进修植物生理学
戚存扣	1986—1987年	加拿大	Saskatoon Station. Ministry of Agriculture Canada	省公派访问学者
徐立华	1990年4—6月	埃及	国际农业中心	进修纤维检验
周宝良	2000年1月—2001年1月	澳大利亚	CSIRO PLANT INDUSTRY	访问学者
许乃银	2001年10月—2002年10月	比利时	林堡大学	攻读应用统计学硕士
陈　新	2002年	泰国	泰国农业大学	统计学
陈　新	2003年	泰国	泰国农业大学	绿豆育种
陈　新	2004年	泰国	亚蔬中心	培训
陈　松	2003—2004年	澳大利亚	CSIRO PLANT INDUSTRY	省公派访问学者
陈　新	2004—2011年	泰国	泰国农业大学	博士学位
许乃银	2005年	法国	农艺研究国际合作发展中心	棉花品种试验数据库构建培训
陈　新	2005年	泰国	亚蔬中心	培训
张洁夫	2005年9月—2006年9月	加拿大	Manitoba大学	省公派访问学者
沈新莲	2005—2007年	美国	佐治亚大学	博士后
张洁夫	2008年8月—2009年7月	加拿大	Manitoba大学	博士后
陈新军	2008年9月—2010年8月	加拿大	Manitoba大学	省公派访问学者
陈　新	2008年	加拿大	西安大略大学	植物抗病育种
陈　新	2009年	澳大利亚	莫道克大学	转基因培训
陈　新	2010年	泰国	泰国农业大学	生物能源培训
高建芹	2011年7月—2012年7月	美国	密西西比州立大学 得克萨斯农工大学	院公派访问学者
许乃银	2012年	加拿大	农业部	农作物品种试验统计与评价技术培训班
陈　新	2012年	日本、韩国、泰国	日本农业资源研究所、韩国首尔大学、泰国农业大学	现代园艺培训
陈志德	2012年7月—2013年7月	美国	美国得克萨斯农工大学	拟南芥蛋白组学
胡茂龙	2013年3月—2014年3月	加拿大	渥太华大学	省公派访问学者
郭书巧	2013年9月—2014年8月	美国	美国得克萨斯农工大学	生化与生物物理学
陈景斌	2013—2015年	泰国	泰国农业大学	博士后

（续表）

姓　名	时间	国家	机构	培养内容
刘瑞显	2014年7月—2016年1月	美国	得克萨斯农工大学	省公派访问交流现代作物调控技术
吴官维	2014—2018年	加拿大	加拿大农业与农业食品部伦敦研究中心	博士后
付三雄	2015年9月—2016年9月	加拿大	萨斯喀彻温大学	院公派访问学者
龙卫华	2017年5月—2018年4月	澳大利亚	阿德莱德大学	院公派访问学者
彭　琦	2017年8月—2018年8月	美国	普渡大学	省公派访问学者
束红梅	2017年8月—2018年8月	美国	佛罗里达大学	基因编辑技术
陈　新	2017年	美国	农业部、密西根州立大学等	大豆分子育种技术培训
袁星星	2017年	美国	农业部、密西根州立大学等	大豆分子育种技术培训
张晓燕	2018年	英国	诺丁汉特伦特大学	博士后研究

二、国内攻读学位

截至2019年，12名科研人员在国内大学在职攻读并获得硕士、博士学位，2名博士在读（表3-5）。

表3-5　国内在职攻读学位人员名单

姓　名	时间	学校	专业	导师	获得学位
张洁夫	1995—1998年	南京农业大学	作物遗传育种	盖钧镒　傅寿仲	硕士
陈　松	1996—1999年	南京农业大学	植物生理学	张荣铣　吴敬音	硕士
戚存扣	1997—2002年	南京农业大学	作物遗传育种	盖钧镒	博士
陈　新	1999—2002年	南京农业大学	作物遗传育种	陆作楣	硕士
沈新莲	1999—2004年	南京农业大学	作物遗传育种	张天真	博士
张洁夫	1999—2006年	南京农业大学	作物遗传育种	傅寿仲	博士
陈新军	2003—2006年	南京农业大学	作物遗传育种	戚存扣	硕士
陈　新	2004—2012年	南京农业大学	作物遗传育种	万建民	博士
肖松华	2004—2015年	南京农业大学	作物遗传育种	俞敬忠　喻德跃	博士
许乃银	2005—2011年	南京农业大学	生态学	周治国	博士
龙卫华	2010—2015年	中国农业科学院	作物遗传育种	张学昆	博士
张红梅	2013—2019年	南京农业大学	作物遗传育种	盖钧镒	博士
袁星星	2015—2020年	南京农业大学	生物化学与分子生物学	沈文飚	博士
徐　鹏	2015—2020年	南京农业大学	作物遗传育种	郭旺珍　沈新莲	博士

三、研究生培养

截至2020年，共培养硕士研究生94名，博士9名，8名毕业后留所工作（表3-6）。

表3-6　研究生培养名单

姓名	时间	学校	专业	导师	学位论文题目	学位
彭跃进	1983—1986年	南京农业大学	作物遗传育种	钱思颖	陆地棉与雷蒙德氏棉杂交一代的细胞学与形态学研究	硕士
李再云	1985—1988年	南京农业大学	作物遗传育种	陈仲方	陆地棉早熟性遗传及其与产量和纤维品质的相关研究	硕士
陈旭升	1986—1989年	南京农业大学	作物遗传育种	朱绍琳	陆地棉外翻苞叶的遗传和在育种上的应用	硕士
吕忠进	1986—1989年	南京农业大学	作物遗传育种	傅寿仲	甘蓝型油菜无花瓣性状的遗传及其育种潜势研究	硕士
刘东卫	1987—1990年	南京农业大学	作物栽培	倪金柱	温度对棉铃发育的影响	博士
赵祥祥	2001—2006年	扬州大学	作物栽培学与耕作学	陆卫平　戚存扣	转基因抗除草剂油菜与十字花科植物间的基因流研究	硕士
陈新军	2003—2006年	南京农业大学	作物遗传育种	戚存扣	甘蓝型油菜雄性不育突变体FS_M1生物学特性及雌性不育遗传研究	硕士
袁世峰	2003—2006年	南京农业大学	作物遗传育种	戚存扣	甘蓝型油菜B组染色体附加系的筛选鉴定与遗传研究	硕士
索文龙	2004—2007年	南京农业大学	作物遗传育种	戚存扣	甘蓝型油菜主要脂肪酸含量的主基因+多基因遗传分析	硕士
杨书华	2004—2007年	扬州大学	生物技术	倪万潮	陆地棉花粉管通道形成时期与标记DNA导入的研究	硕士
朱静	2004—2007年	扬州大学	生物技术	倪万潮	棉属野生种G.Klotzscheanum基因组的渐渗基因的挖掘与定位	硕士
张映霞	2004—2007年	扬州大学	生物技术	倪万潮	棉花黄萎病抗性基因的关联作图及cDNA文库的构建	硕士
刘惠玲	2004—2007年	扬州大学	生物技术	倪万潮	黑曲霉葡萄糖氧化酶基因转化草地早熟禾的研究	硕士
宋振云	2004—2007年	南京农业大学	生物化学与分子生物学	杨志敏　陈旭升	陆地棉亚红突变体图谱定位及光合生理特性研究	硕士
顾慧	2005—2008年	南京农业大学	作物遗传育种	戚存扣	甘蓝型油菜抗倒伏性状的遗传和QTL分析	硕士
董劲松	2005—2008年	南京农业大学	作物遗传育种	戚存扣	甘蓝型油菜（Brassica napus L.）油体发育机制及其与含油量相关研究	硕士
吴士红	2006—2009年	南京农业大学	遗传学	戚存扣	油菜小孢子培养技术体系改良和（DH）群体构建	硕士
李成磊	2006—2009年	南京农业大学	作物遗传育种	戚存扣	不同海拔地区甘蓝型油菜种子油中油分、脂肪酸积累差异分析	硕士
周晓婴	2007—2010年	南京农业大学	遗传学	戚存扣	宁RS-1 SSH cDNA文库构建和PGIP基因克隆及其表达载体构建	硕士
李兕臣	2007—2010年	南京农业大学	遗传学	戚存扣	抗倒伏油菜（B.napus L.）根、茎解剖结构及木质素合成关键基因表达分析	硕士
刘新民	2006—2009年	南京农业大学	植物病理学	周益军　陈旭升	抗草甘膦棉花的光合特性、抗性基因定位及分子鉴定	硕士
曹志斌	2007—2009年	南京农业大学	作物遗传育种	沈新莲	利用近等基因系精细定位棉花纤维长度主效QTL	硕士
郑卿	2007—2010年	扬州大学	生物技术	倪万潮	抗I型糖尿病基因转化烟草、番茄的研究	硕士

（续表）

姓　名	时间	学校	专业	导师	学位论文题目	学位
郭婷婷	2008—2011年	南京农业大学	作物遗传育种	沈新莲	陆地棉棉籽蛋白质，油分含量近红外分析模型的建立及其相关QTL的筛选、定位	硕士
刘章伟	2008—2011年	南京农业大学	作物遗传育种	沈新莲	棉属野生种旱地棉（G. aridum）耐盐相关基因的分离与鉴定	硕士
周建武	2008—2011年	扬州大学	生物技术	倪万潮	棉花烟酰胺合成酶基因GBNoctin及其启动子功能的初步分析	硕士
景　超	2008—2011年	南京农业大学	作物遗传育种	陈旭升	陆地棉超矮秆突变体基因的初步定位及其表达分析	硕士
李　云	2008—2011年	南京农业大学	作物遗传育种	戚存扣	甘蓝型油菜苗期耐涝性鉴定和不同耐涝性材料的光合参数差异	硕士
祁玉洁	2008—2011年	南京农业大学	作物遗传育种	戚存扣	甘蓝型油菜多体附加系Nj08-063细胞学和分子鉴定及其农艺性状特征研究	硕士
章红运	2009—2012年	南京农业大学	作物遗传育种	陈　新　崔晓艳	大豆花叶病毒基因组全序列测定及大豆eIF4E和eIFiso4E基因与病毒VPg基因的互作分析	硕士
冯　娟	2009—2012年	南京农业大学	作物遗传育种	沈新莲	植物耐盐相关基因GarCIPK、SbHKT1的克隆与功能分析	硕士
田一秀	2009—2012年	南京农业大学	作物遗传育种	陈旭升	显性低酚杂交棉的杂种优势及营养成分分析	硕士
张超	2009—2012年	南京农业大学	遗传学	戚存扣	油菜甘油-3-磷酸脱氢酶基因的克隆及功能研究	硕士
申爱娟	2009—2012年	南京农业大学	作物遗传育种	戚存扣	转基因油菜W-4高油酸性状遗传及T-DNA整合位点分析	硕士
马田田	2009—2012年	南京农业大学	作物遗传育种	张洁夫	甘蓝型油菜抗核菌病QTL定位及相关基因表达分析	硕士
高　进	2010—2013年	南京农业大学	作物遗传育种	沈新莲	棉花1号染色体上纤维长度QTL的精细定位及其单QTL近等基因系的创建	硕士
刘吉焘	2010—2013年	南京农业大学	作物遗传育种	陈旭升	棉花抗草甘膦相关基因的初步定位及草甘膦诱导雄花败育导致不育的生理生化特性研究	硕士
李　扬	2010—2013年	南京农业大学	作物遗传育种	戚存扣	甘蓝型油菜倒伏相关性状QTL定位和木质素合成关键基因表达研究	硕士
江　晗	2010—2013年	南京农业大学	作物遗传育种	刘　康　陈　新	陆地棉超高强纤维品质与产量相关性状的QTL定位	硕士
宋普文	2011—2016年	南京农业大学	作物遗传育种	肖松华　崔晓艳	与大豆花叶病毒P3N-PIPO基因互作的大豆基因组学分析	博士
张　霞	2011—2014年	南京农业大学	作物遗传育种	沈新莲	异常棉与陆地棉杂交后代的细胞学与基因组学分析	硕士
郭　琪	2011—2014年	南京农业大学	作物遗传育种	沈新莲	两个棉花逆境相关锌指蛋白基因的转基因材料创制	硕士
张丽萍	2011—2014年	南京农业大学	作物遗传育种	陈旭升	陆地棉高秆突变体的生物学特性及遗传学分析	硕士
金　岩	2011—2014年	南京农业大学	作物遗传育种	戚存扣	甘蓝型油菜耐涝性状的遗传和QTL定位	硕士
李洪戈	2011—2014年	南京农业大学	作物遗传育种	张洁夫	甘蓝型油菜无花瓣性状的遗传分析和QTL精细定位	硕士

（续表）

姓名	时间	学校	专业	导师	学位论文题目	学位
闫瑞霞	2011—2014年	南京农业大学	蔬菜学	殷剑美	紫山药花青素合成、积累研究以及DaF3H和DaFLS1基因克隆和表达分析	硕士
李晗	2012—不详	南京农业大学	生物工程	陈新 崔晓艳	大豆花叶病毒编码蛋白间的互作及大豆翻译起始因子eIF4E在SMV侵染中的功能研究	博士
沈良	2012—2014年	南京农业大学	生物工程	陈新 崔晓艳	江苏省蚕豆主要病害鉴定及赤斑病综合防治研究	硕士
马振	2012—2014年	南京农业大学	生物工程	陈新 袁星星	中国东西部地区豆类作物种植模式差异分析研究——以江苏省和四川省为例	硕士
吴冰月	2012—2015年	南京农业大学	植物学	陈新 陈华涛	大豆依赖RNA的RNA聚合酶基因GmRDR6a、GmRDR6b以及GmRDR1的克隆及表达特性分析	硕士
陆露	2012—2015年	南京农业大学	细胞生物学	陈新 崔晓艳	与大豆花叶病毒P3蛋白互作的寄主因子鉴定及生物信息学分析	硕士
李峰利	2012—2014年	南京农业大学	作物遗传育种	陈旭升	陆地棉皱缩叶突变体基因wr3的初步定位	硕士
郭婷婷	2012—2014年	南京农业大学	种业	张洁夫	油菜转基因体系优化及抗菌核病相关基因BnPGIP的遗传转化	硕士
杨阳	2012—2015年	南京农业大学	作物遗传育种	沈新莲	棉花耐盐材料的筛选及耐盐相关功能标记的开发	硕士
范昕琦	2012—2016年	南京农业大学	作物遗传育种	沈新莲	旱地棉（Gossypium aridum）耐盐相关WRKY转录因子的全基因组鉴定、克隆及功能分析	博士
余坤江	2012—2018年	南京农业大学	作物遗传育种	管荣展 张洁夫	甘蓝型油菜无花瓣性状QTL定位及其基因表达调控分析	博士
安百伟	2013—2015年	南京农业大学	作物遗传育种	陈旭升	陆地棉抗虫Bt基因型鉴定与染色体定位	硕士
陶伯玉	2013—2015年	南京农业大学	作物学	张洁夫	甘蓝型油菜主要农艺、品质性状的遗传分析和QTL定位	硕士
翟彩娇	2013—2016年	南京农业大学	作物遗传育种	沈新莲	异常棉来源SSR分子标记的开发及其在早常棉渐渗文库创建中的应用	硕士
陆潭	2014—2020年	南京农业大学	植物学	陈新 陈华涛	大豆耐低钾相关基因的克隆与分析	硕士
邵奇	2014—2016年	南京农业大学	生物工程	陈新 袁星星	适合人工春化处理的蚕豆基因型筛选及生长特性研究	硕士
于龙龙	2014—2016年	南京农业大学	生物工程	陈新 袁星星	不同春化时间对豌豆幼苗期和开花期生理特性的研究	硕士
周晓玲	2014—2016年	南京农业大学	作物学	张洁夫	甘蓝型油菜矮化突变体机理及生长特性的初步分析	硕士
黄芳	2014—2017年	南通大学	作物遗传育种	沈新莲 汪保华	棉属野生种异常棉染色体片段代换系的创建及优异基因的挖掘	硕士
周向阳	2014—2017年	南京农业大学	作物遗传育种	陈旭升	四个抗虫棉的抗虫性鉴定及新基因染色体定位	硕士
张亚铃	2014—2017年	华中农业大学	作物遗传育种	许乃银 郭小平	Bt抗虫棉的抗虫性鉴定及新Bt（CryIC）基因在棉花上的遗传转化	硕士

（续表）

姓名	时间	学校	专业	导师	学位论文题目	学位
耿灵灵	2015—2017年	南京农业大学	生物工程	陈新 陈华涛	豌豆芽苗菜品种筛选及LED光调控技术研究	硕士
王颖	2015—2018年	扬州大学	园艺学	陈新	菜用大豆中与大豆花叶病毒侵染相关的基因功能鉴定	硕士
居鑫	2015—2018年	南京农业大学	植物发育学	崔晓艳	绿豆遗传图谱构建和重要农艺性状QTL定位	硕士
李群三	2016—2018年	南京农业大学	生物工程	陈景斌	绿豆品种抗豆象筛选及InDel标记的开发应用	硕士
许文静	2016—2018年	南京农业大学	生物工程	陈景斌	基于长豇豆转录组数据的InDel分子标记开发及在豆类作物中的通用性分析	硕士
李春	2016—2018年	南京农业大学	生物工程	张红梅	红小豆主要农艺性状分析	硕士
陶淑翠	2016—2018年	南京农业大学	作物遗传育种	陈新	旱地棉耐盐相关基因的遗传转化与功能分析	硕士
赵龙飞	2016—2018年	南京农业大学	作物育种	沈新莲	陆地棉转GR79与GAT基因对草甘膦抗性的鉴定及其染色体定位	硕士
郑高攀	2016—2018年	华中农业大学	作物遗传育种	陈旭升	转Cry1C基因抗虫棉材料的创制	硕士
孙莉洁	2016—2019年	南京农业大学	作物遗传育种	郭小平 许乃银	甘蓝型油菜种子相关性状及苗期耐湿性的QTL定位	硕士
张勤雪	2017—不详	南京农业大学	园艺学	陈新	绿豆抗豆象基因功能验证	博士
张炯	2017—2019年	南京农业大学	生物工程	陈新 薛晨晨	适合人工春化蚕豆种质资源的筛选以及VfSOC1的克隆、表达及分析	硕士
高营	2017—2020年	南京农业大学	蔬菜学	陈新	蚕豆GAST1的同源克隆与功能分析	硕士
李文萍	2017—2020年	重庆大学	生物工程	胡廷章 许乃银	OsNF-YA8基因调控水稻品质研究	硕士
张铭	2017—2020年	南京农业大学	蔬菜学	殷剑美	参薯块茎形态变化生理变化与基因差异表达研究	硕士
彭门路	2018—2021年	南京农业大学	作物遗传育种	管荣展 张洁夫		硕士
许文静	2018—2021年	南京农业大学	作物遗传育种	陈新 陈华涛	鲜食大豆食用品质性状关联分析	博士
徐炜南	2018—2021年	Murdoch University/澳大利亚莫道克大学	植物病毒学	陈新 Steve Wylie	Development of a tobamovirus vector for genome editing in plants	博士
施菲菲	2018—2021年	中国农业大学	植物保护	崔晓艳	与大豆花叶病毒互作的寄主因子功能验证及抗病利用	硕士
王富豪	2018—2021年	南京财经大学	食品科学与工程	陈新	不同绿豆品种营养成分及功能特性分析	硕士
秦嘉超	2018—2021年	扬州大学	园艺学	陈新	田间菜豆黄花叶病毒和菜豆普通花叶病毒的检测及多样性分析	硕士
李灵慧	2018—2021年	南京农业大学	蔬菜学	陈新	绿豆叶斑病的KASP功能标记开发及基于叶绿素荧光技术的早期检测	硕士

（续表）

姓名	时间	学校	专业	导师	学位论文题目	学位
李帅	2018—2020年	南京农业大学	生物工程	陈新	基于叶绿素荧光与多光谱成像技术对盐胁迫下苗期绿豆的表型分析	硕士
周颖	2018—2020年	南京农业大学	生物工程	陈新	绿豆种质资源遗传多样性及雄性不育资源杂交利用研究	硕士
王楠艺	2019—2021年	南京农业大学	作物遗传育种	沈新莲	异常棉渐渗系抗旱性的鉴定	硕士
禄小溪	2019—2022年	福建农林大学	作物遗传育种	沈新莲 王凯	雷蒙德氏棉异附加系的创造与抗旱基因的挖掘	硕士
赵小珍	2019—2022年	南京农业大学	作物遗传育种	张洁夫	甘蓝型油菜矮秆突变体功能基因的精细定位	硕士
张春	2019—2021年	南京农业大学	农学	张洁夫	整合GWAS和WGCNA分析挖掘甘蓝型油菜千粒重显著位点	硕士
吴旭	2019—2022年	江苏大学	食品工程	张洁夫	甘蓝型油菜薹主要营养苦品质差异及全基因组分析	硕士
刘长乐	2019—2022年	江苏大学	生物学	胡茂龙	新型ALS类除草剂油菜抗性突变的遗传与分子机制研究	硕士
乔银桃	2019—	江苏大学	生态学	许乃银	不详	博士
闫建俊	2019—	山西农业大学	作物遗传育种	陈新 袁星星	豌豆抗豆象基因精细定位	硕士
严斌	2019—	南京农业大学	生物工程	陈新	适应设施栽培蚕豆资源筛选及春化栽培技术研究	硕士
丁佩	2019—	南京农业大学	生物工程	陈新	绿豆根腐病病原菌分离和抗性资源筛选	硕士
周慧敏	2019—	南京农业大学	生物工程	陈新 陈景斌	蚕豆绿色子叶基因vfsgr的克隆及功能分析	硕士
徐小满	2019—	中国农业大学	植物保护	崔晓艳	豆类病毒病检测技术开发及品种抗性鉴定	硕士
郭鲁平	2019—	江苏大学	食品工程	陈新	鲜食毛豆食用品质形成及调控研究	硕士
吕重阳	2019—	南京财经大学	食品科学与工程	陈新	绿豆萌发过程中营养功能品质特性研究	硕士

四、博士后培养

截至2020年，共培养博士后18名，9名出站后留所或院工作（表3-7）。

表3-7　博士后培养人员名单

姓　名	进站时间	出站时间	研究课题	合作导师	去向
张　锐	2002年1月	2004年1月	抗除草剂转基因植物培育	倪万潮	中国农业科学院
王心宇	2005年11月	不详	油菜菌核病病菌诱导高表达基因及其启动子和调节基因的克隆	戚存扣	南京农业大学
付三雄	2006年7月	2008年12月	油菜含油量的遗传与相关基因的鉴定及SNPs研究	戚存扣	江苏省农业科学院
谭小力	2006年8月	2010年6月	油菜角果开裂相关基因的克隆及其功能的初步鉴定	戚存扣	江苏大学
郭书巧	2007年1月	2009年1月	灭生性除草剂百草枯抗性基因的克隆及功能分析	倪万潮	江苏省农业科学院
束红梅	2009年6月	2011年7月	油菜素内酯代谢途径关键酶基因的克隆及其在盐胁迫下的生理功能研究	倪万潮	江苏省农业科学院
李春宏	2010年7月	2012年8月	甘蓝型油菜突变体FS-M1雌性不育机理及其相关基因克隆	戚存扣	江苏省农业科学院
巩元勇	2011年11月	2013年9月	棉花抗草甘膦突变体的鉴定与基因克隆及基因功能分析	倪万潮	江苏省农业科学院
吕艳艳	2012年8月	2014年8月	不同耐淹油菜品种的耐淹性生理差异分析及耐淹相关基因的功能研究	戚存扣	罗氏制药（北京）
陈景斌	2013年7月	2016年11月	绿豆花开张突变基因的遗传分析及初步定位	陈　新	江苏省农业科学院
朱静雯	2014年1月	2016年1月	甜菊糖苷生物合成途径上关键酶基因的克隆及功能研究	倪万潮	江苏沿海地区农科所
吴官维	2014年7月	2018年7月	大豆花叶病毒侵染所需寄主因子的分子鉴定	陈　新	宁波大学
孟　珊	2017年7月	2020年7月	棉属野生种异常棉优异等位基因的挖掘与解析	沈新莲	江苏省农业科学院
崔晓霞	2017年7月	2020年1月	甜叶菊褐斑病的病原菌鉴定及MeJA参与的抗病性研究	倪万潮	句容农校
张晓燕	2018年1月	2020年6月	光环境对豆类芽苗菜生长和营养品质的影响及相关机理研究	陈　新	江苏省农业科学院
林　云	2018年1月	2020年9月	绿豆柱头外露基因ses1的图位克隆与功能初探	陈　新	江苏省农业科学院
Chutintorn Yundaeng	2017年2月	2020年9月	绿豆抗叶斑病和白粉病基因精细定位	陈　新	National Omics Center, National Science and Technology Development Agency, Thailand
杜　静	2019年1月	不详	钾高效利用对芋头品质的影响及机理解析	张培通	2021年6月（出站时间），待定（去向）

五、院级及以上人才

截至2019年，全所职工获得院级及以上人才称号35人次（表3-8）。

表3-8 获得各类人才称号的科研人员

类 别	姓 名	时间（年）
国家级培养对象	周宝良	1997
	陈 新	2019
江苏省"333高层次人才培养工程"二层次培养对象	周宝良	1997
	倪万潮	2013
	张洁夫	2016
	陈 新	2016
江苏省"333高层次人才培养工程"三层次培养对象	浦惠明	1999，2003，2007
	陈 新	2006，2011
	张洁夫	2007，2011
	陈志德	2007
	肖松华	2009
	沈新莲	2011
	许乃银	2013
	胡茂龙	2013
江苏省"六大人才高峰"二层次培养对象	沈新莲	2009
国家产业技术体系岗位科学家	戚存扣	2007
	陈 新	2009
	张洁夫	2016
国家产业技术体系试验站站长	陈志德	2008
省产业技术体系首席专家	陈 新	2017
省产业技术体系基地主任	张培通	2018
	沈 一	2019
	郭文琦	2019
院领军人才	陈 新	2018
院三级人才中青年学术骨干	陈 新	2016
	沈新莲	2016
院三级人才青年拔尖人才	赵 君	2016
	彭 琦	2016
	陈华涛	2016
	崔晓艳	2017
	吴然然	2019

第四章　研究平台

1. 国家油菜改良中心南京分中心

来源：农业农村部

中心主任：戚存扣（2001—2015年）、张洁夫（2016年至今）

建设过程：国家油料作物改良中心南京分中心分二期建设，第一期为国家良种工程专项：江苏省国家油菜改良分中心建设（2001—2003年），2000年立项，2008年建成通过验收。总经费670万元（国拨460万元，省配套200万元，自筹10万元），购置仪器名称：体视显微镜、生物显微镜、紫外/可见分光光度计、近红外光谱仪、气相色谱仪、油分测定仪、凯氏定氮仪、便携式叶面积仪、电泳仪、多用电泳仪、凝胶成像分析处理系统、凝胶干燥系统、全自动酶标仪、分子杂交箱、梯度PCR仪、PCR仪、超净工作台、恒温培养箱、程控光照培养箱、人工气候箱等仪器设备112台套。改造品质分析、育种实验室、改造组培、生物技术实验室、改扩建玻璃温室、改建挂藏室、晒场。建设钢架大棚、网室、田间排灌系统、试验地水泥路面和硬质沟渠等基础设施。

国家油料作物改良中心南京分中心第二期是农业部条件建设项目：南京油菜分中心建设（2009—2011年），2008年立项，2012年建成通过验收。总投资567万元，其中国家计划投资460万元，省配套60万元，自筹47万元。共购置仪器、设备59台套。改建贮藏室、挂藏室、小孢子培养室、遗传育种实验室及生物技术分析室等。新建试验田田间道路及主排水沟渠和为150亩试验田安装固定式喷灌设施等。

国家油菜改良中心南京分中心
Nanjing Sub-center of National Canola Development Center

2. 农业部长江下游棉花与油菜重点实验室

来源：农业农村部

实验室主任：倪万潮

实验室副主任：沈新莲（常务）、张洁夫、陈旭升

建设过程：2010年，农业部出台《农业部重点实验室发展规划（2010—2015年）》，重点建设30个学科群。农业部长江下游棉花与油菜重点实验室属于棉花生物学与遗传育种学科群和油料作物学科群，2011年启动条件建设，2012编写项目可行性报告，2015年3月农业部批复该项目，2015年7月江苏省农业委员会批复该项目条件建设。2018年通过验收。

本项目的主要建设目标为购买31台/套仪器设备，包括：超低温冰箱及冻存管理系统、超高速冷冻离心机、荧光倒置显微镜、全自动电泳仪、植物光合测定仪、流动分析仪、人工气候箱（组）、生物大分子分析仪、遗传分析系统、荧光定量PCR仪、原子吸收分光光度计、总有机碳分析仪、多功能酶标仪、傅立叶变换红外光谱仪、微波消解系统、染色体荧光分析系统、纯水/超纯水一体化系统、高压灭菌锅、微量分光光度计、分子杂交炉、恒温摇床、微量离心机、万分之一天平、台式微量冷冻离心机和蛋白垂直电泳仪各1台（套）以及台式微量离心机2台和PCR扩增仪4台等。

该建设较大提升了相关研究的装备水平，有效提高了棉花和油菜作物生物学与遗传育种学科群在基因组学及遗传多样性、遗传改良与环境调控等领域的研究能力。

项目实际建设期为2017年1月—2018年11月，实际完成投资826万，其中中央预算内投资551万元，地方配套资金275万元。

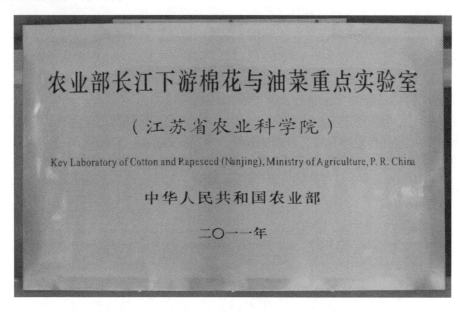

3. 中国-加拿大豆类遗传育种与综合利用联合实验室

来源：科技部

实验室主任：陈新

建设过程：中国-加拿大豆类遗传育种与综合利用联合实验室主要依托我院与加拿大农业与农业食品部联合申报，由科技部农村技术开发中心批准建设，重点开展豆类优异资源挖掘与育种技术、病虫害防控技术、营养健康精深产品加工等方面的研究。

2018年10月30日，第七届中加科技合作联委会上签署了《江苏省农业科学院与加拿大农业和农业食品部关于中国-加拿大豆类遗传育种与综合利用联合实验室的合作安排》，中加联委会决定依托我院经济作物研究所建立中加豆类遗传育种与综合利用联合实验室（南京，2019—2021年）。希望通过联合实验室的建立，在相关领域取得联合研究成果，共同造福中加及其他国家人民。

为推动中国与加拿大豆类遗传育种与综合利用领域科技创新合作，辐射带动国际豆类相关领域科学家、企业间的交流与合作，在中加联委会农业食品与生物制品领域中加双方牵头单位科技部中国农村技术开发中心、加拿大农业与农业食品部指导下，联合实验室迄今已经召开两届科技创新交流会，会议邀请相关国家科学家、企业界代表围绕各方共同关注并具有良好合作前景的豆类营养与健康，环境保护与可持续发展领域的科学研究与前沿技术等开展学术交流与合作。

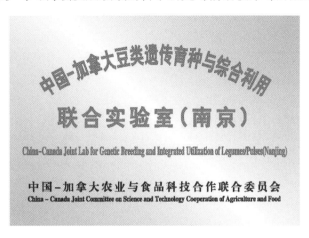

4. 江苏省溧水县国家农作物区域试验抗性鉴定站

来源：农业农村部

负责人：陈新

建设过程：2015年3月，农业部颁发农计发[2015]73号文批复可研。2015年7月30日，苏农复[2015]2号文批复初设。2015年12月中央经费到账。项目建设内容包括建抗性鉴定区12亩；改造数据处理室47m²；建农机具库213m²；完善田间工程，购置仪器设备及农机具98台（套）。总投资436万元，其中，中央投资335万元，自有资金101万元。工程建设其他费用30.74万元，预备费21.02万元。建设期限：二年。该平台是一个高标准抗性鉴定试验基地和室内测试实验室，为江苏乃至长江流域提供多种类、大规模、专业、系统、规范的品种抗性鉴定服务。

5. 农业部油菜原原种扩繁基地

来源：农业农村部

基地负责人：戚存扣（2004—2015年）、张洁夫（2016年至今）

建设过程：国家油菜原原种扩繁基地分二期建设，第一期是国家农业综合开发项目：油菜原原种繁殖基地建设（2004—2005年），2003年立项，2007年通过验收。总投资253万元，其中国家投资100万元，地方配套70万元，单位配套50万元，自筹33万元。购置仪器、设备15台

（套）；（5）购置农用机械4台（套）。修建和新建资库、晒场、挂藏室和钢架大棚等科研辅助设施。

国家油菜原原种扩繁基地第二期是农业部良种工程项目：油菜原原种扩繁基地（2010—2012），2009年立项，2013年建成。总投资250万元，其中中央投资100万元，省财政资金100万元，自筹资金50万元。购置气相色谱仪等仪器设备及农机具29台（套）；在江苏省农业科学院溧水植物科学基地油菜试验田区修建、新建田间基础设施和科研辅助设施。

农业部油菜原原种扩繁基地

Canola Breeder Seed Nursery of Ministry of Agriculture

6. 热带亚热带季风气候区食用豆新品种选育国际合作基地

来源：科学技术部

基地主任：陈新

建设过程：科技部认定，与泰国农业大学、加拿大农业与农业食品部、美国密歇根州立大学及密苏里大学、日本农林水产业研究中心、韩国首尔大学、澳大利亚昆士兰大学、世界蔬菜研究中心亚洲区域中心印度分部、世界半干旱研究中心等十多个国际豆类作物顶尖研究单位进行长期（最长达到32年）、有效、互利的研究合作关系。通过联合培养博士后、合作互访、联合申请国际合作项目、联合发表高水平论文等方式持续深入合作，连续6年主持召开豆类多边合作学术研讨会，初步建立以江苏省农业科学院为中心的国际豆类作物联合研发中心。

编号：2015D01011

国家国际科技合作基地认定证书

根据《国家国际科技合作基地管理办法》的相关条件与要求，同意认定"热带亚热带季风气候区食用豆新品种选育国际科技合作基地"为国家国际科技合作基地（示范型国际科技合作基地类）。

科学技术部国际合作司
2015年10月23日

7. "特色豆类作物新品种选育"国家引进国外智力成果示范推广基地

来源：国家外国专家局

基地主任：陈新

建设过程：由国家外国专家局批准建设。团队在豆类作物领域联合泰国农业大学、美国密歇根州立大学、日本农林水产业研究中心、韩国首尔大学、澳大利亚昆士兰大学、世界蔬菜研究中心亚洲区域中心印度分部等十多个国际豆类作物顶尖研究单位进行长期（最长达到32年）、有效、互利的研究合作关系。

建立引智示范基地，在整合南方豆类作物研究单位与国际相关研究单位的横向联合的基础上，以国际合作相关项目和其他各类项目等为抓手，创出一条有中国特色的、符合"一带一路"相关发展要求的特色国际示范之路，建立中国南方特色食用豆资源、品种选育、病虫害防控、食品安全检测、农产品加工、示范推广体系建立等为一体的国际合作技术、人才与生产体系，为促进国际合作成果的优先快速转化、加深和国际先进研究机构开展进一步良好合作奠定良好基础，大力提升我国农业产业化、品牌化、特色化发展水平，为农业增产、农民增收服务。

8. 中泰食用豆合作研发中心

来源：农业农村部

中心主任：陈新

建设过程：2016年中泰豆类作物研究与发展中心得到农业部批准。江苏省农业科学院与泰国农业大学自1984年就开始在豆类作物领域开展科技交流与合作，建立了密切稳定的合作关系，双方在豆类作物品种资源交换与遗传育种、人才培养等方面合作成效显著，合作成果获得江苏省国际科技合作奖、江苏省政府友谊奖、2014年度国家国际科技合作奖、2015年国家政府友谊奖的国际合作奖项大满贯。

为配合"一带一路"倡议的实施，进一步拓展和深化双方合作，提升双方合作的层次，继续促进双方在豆类作物的研究和生产，中泰双方共同设立"中泰豆类作物联合研究与发展中心"，从而更紧密地开展双方在豆类作物遗传育种、栽培技术、加工等方面的合作研究与发展交流，并将合作及成果辐射到合作方所在国的其他地区。中方依托单位为江苏省农业科学院，泰方依托单位为泰国农业大学。

Legume Research Center
Between JAAS, China and KU, Thailand
中泰食用豆合作研发中心

9. 江苏特粮特经产业技术体系集成创新中心

来源：江苏省农业农村厅和江苏省财政厅

首席专家：陈新

建设过程：特粮特经作物一般包括玉米、豆类、花生、油菜、中药材、蚕桑、蓝莓黑莓、草坪草、根茎类作物（如芋头、山药等）、棉花、甘薯等，具有生育期短、播种适期长、经济价值高等优点，部分特粮特经作物如豆类和花生等还有固氮养地、改良土壤、抗旱耐瘠、易于栽培管理等优势，在种植业结构调整和乡村振兴中起着举足轻重的作用。

为满足江苏省特粮特经产业发展的需求，在江苏省财政厅、江苏省农业农村厅的正确领导和大力支持下，江苏现代农业（特粮特经）产业技术体系集成创新中心依托江苏省农业科学院经济作物研究所，以特粮特经作物的全过程产业链为突破口，深入开展新品种选育、配套节本增效和机械化栽培技术集成示范、主要病虫害绿色防控技术研究、产后加工特性与加工技术等相关研究，通过体系的岗位专家和基地主任与省、市、县各级推广部门的联合试验示范与推广应用，以促进全省各地地方特色产业的发展，为农业供给侧结构改革和乡村振兴提供新品种、新技术、新模式，整体提升江苏省特粮特经产业的生产水平。

10. 江苏省外国专家工作室

来源：江苏省人力资源社会保障厅

负责人：陈新

建设过程：由江苏省人力资源社会保障厅批准建设，主要为国际豆类研究领域顶尖研究团队保持紧密联系，为外国专家来华交流和工作创造生活便利。一方面通过外国专家引进来源广泛的优异种质资源，共同攻坚克难，解决科研难题；另一方面，通过交流培训等多种方式培养人才，建立了以博士后联合培养、博士生和硕士生短期交流、研究人员互访、共同参加国际学术会议等多种方式的人才培养与交流机制，创建引领国际先进水平的豆类研究团队，对于引领我国豆类作物研究人才走向世界顶尖水平起到巨大作用。

江苏省外国专家工作室
JIANGSU FOREIGN EXPERT WORKSHOP

江苏省人力资源和社会保障厅
JIANGSU PROVINCIAL DEPARTMENT OF HUMAN RESOURCES AND SOCIAL SECURITY
2017年12月
DECEMBER2017

11. 南方食用豆联合研究中心

中心主任：陈新

建设过程：南方食用豆联合研究中心由食用豆产业技术体系首席科学家依托单位中国农业科学院作物科学研究所和江苏省农业科学院联合设立。主要承担食用豆产业技术体系南方地区组织研究任务以及食用豆相关国家级科研项目申报任务，筹建以江苏省农业科学院为中心的豆类作物国际联合研发中心，开展食用豆部分病害检测工作。中心的成立将进一步加强中国农业科学院作物科学研究所与江苏省农业科学院的合作，促进重大成果的培育和人才培养。

12. 江苏省杂交油菜研究中心

负责人：戚存扣（1999—2015年）、张洁夫（2016年至今）

建设过程：1999年江苏省编办批准，依托江苏省农业科学院经济作物研究所油菜研究室挂牌成立。主要致力于油菜新品种选育和杂种优势利用研究，研究领域主要包括油菜细胞质雄性不育杂种优势利用、细胞核雄性不育杂种优势利用、油菜品种间杂种优势利用、油菜种质资源创新、油菜高产栽培技术研究等。近几年来承担国家自然科学基金、国家863、国家支撑计划、江苏省自然科学基金、江苏省农业科技自主创新等项目多项。成功培育出宁杂9号、宁杂11号、宁杂19号、宁杂21号、1818等系列杂交油菜新品种和宁油12、宁油14、宁油16、宁油18、宁油20、宁油22常规油菜新品种，在长江下游油菜主产区推广应用，为社会创造了巨大的经济效益。

江苏省杂交油菜研究中心
Hybrid Canola Research Center of Jiangsu Province

13. 江苏油菜种质资源基因库

来源：省三项工程

负责人：戚存扣

建设过程：油菜品种种质资源库建设（2006—2007年）。2005年立项，2008年建成，总投资40万元。主要建成种质资源短期库、人工春化室和发芽室等设施。

江苏省油菜种质资源基因库

Rapeseed Germplasm Gene Bank of Jiangsu Province

第五章　科研业绩

第一节　科研成果

1978年以来，共获得国家级、部省级奖项86项，其他奖项27项。通过省级以上审（鉴）定新品种153个，获得国家发明专利55件，发表学术论文1 500余篇，出版专著、译著90余部。以下重点介绍35项国家级奖项及主持部省级三等奖以上奖项，其他奖项以列表形式展示。

一、主要成果简介

1.成果名称：全国棉花品种区域试验及其结果应用

年度奖项：1985年国家科学技术进步奖一等奖（第二完成单位）

获奖人员：肖庆芳（2）

成果简介：全国棉花区域试验是1956年开始的，与其他作物相比开始较早，延续时间长，鉴定效果较为显著。该试验由中国农业科学院棉花研究所主持，江苏省农业科学院经济作物研究所等单位参加。该项研究成果的主要研究内容：

建立健全系统的管理制度和科学的试验技术，建立了国家棉花品种区域试验网，在我国五大棉区布点130多个，建立起布局合理的试验网点和完善的管理体制，具有较高的科学性、系统性和先进性。

准确鉴定出一大批优良品种，推荐生产应用。30年来，共试验鉴定400余个自弃和引进新品种，鉴定出并推荐生产应用各类型品种70余个。1984年全国棉花种植区试推荐品种36个，种植面积446.4hm^2，占棉田统计面积74.1%。

总结出棉花引种规律。通过区试，明确了斯字棉、珂字棉适于黄河流域棉区种植，岱字棉适于长江流域棉区种植；苏联品种适于西北内陆棉区和特早熟棉区种植；苏联和埃及海岛棉适于新疆的南疆种植；埃及品种适于华南、云南棉区种植。

为育种目标提供了可靠依据。通过区试，验证了育种目标。如1975年前育成的新品种在产量和品质上无大的突破。原因是亲本血缘太窄，方法简单。如相当的品种血统均来源于岱字棉15。在总结经验的基础上，突破亲缘，采取复合杂交等新技术，增加其异质性，近几年来出现了不少可喜的新苗头。通过区试，为育种提供了优良性状及遗传力较强的品种为育种亲本。

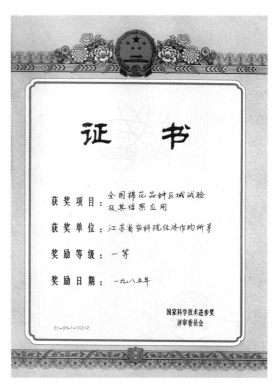

根据中国农业科学院农经所的《经济评价方法》，仅通过区试推荐应用的鲁棉1号、中棉所10号、岱字棉15等8个品种推广面积最高年份计，净增皮棉98.1万t，年增值26.17万t，这些良种所发挥的作用，是育种、区试和繁育推广部门共同努力的结果。

2.成果名称：中国亚洲棉性状研究及其利用

年度奖项：1989年国家科学技术进步奖二等奖（第二完成单位）

获奖人员：沈端庄（9）

成果简介：亚洲棉在两千多年前传入我国，是最早引入和种植的棉种。生产的棉花，曾为历代人民衣着做出重要贡献。经过漫长的岁月，在多样的生态环境中，形成了丰富的类型。中国亚洲棉地方品种在我国和世界棉花基因库中占有重要位置。1949年后，由于亚洲棉逐渐被陆地棉所代替，加之对亚洲棉的收集、研究不够重视，故造成品种流失，保存的资源材料逐年减少。为抢救农业自然资源，1983—1987年对贵州、广西、湖南、四川、福建、安徽，江西等省（区）进行亚洲棉资源考察、搜集。同时研究来源于20个省的369份亚洲棉材料的72种性状。根据叶形、花冠色、花瓣基部斑点色、茎色、种子光毛、絮色、株型，将形态归为40种类型。结果表明，亚洲棉的形态类型十分丰富。按材料的原产地与其表现型将全部材料分为早熟矮秆、中熟中秆、多毛高秆3种生态型。为研究不同形态类型的遗传背景和生化特性差异，分析了23种形态类型的31个品种种子酯酶同工酶，谱带共有40条，各类型材料表现一致且稳定，幼苗过氧化物酶同工酶谱带表现不规律。根据各种重要性状鉴定结果，将全部材料的抗枯、黄萎病性分别分为抗、耐、感3类，纤维细度分为粗、中、细3类，纤维强力、种仁脂肪、蛋白质、棉酚含量和丰产性分别分为高、中、低3类。纤维强力比陆地棉、海岛棉明显为高，有少数品种的丰产性相当突出，可供生产应用。研究16个重要性状相关性，纤维细度、衣分、衣指和铃重在相关性中起主要作用。较系统、深入地研究和整理全部材料并归类，发掘出各类优良种质资源供利用，具有重要的科学价值和社会效益。据考察，目前，贵州、广西、云南、海南、湖南、湖北、安徽、江西等省（区），有零星种植。群众反映亚洲棉具有做絮棉不板结、保暖性强、织成粗布结实耐用、适于手纺，易染色等多种优点。研究认为，亚洲棉纤维具有突出高强力和特殊用途，在生产上适量种植，对发展我国国民经济有重要的实践意义。

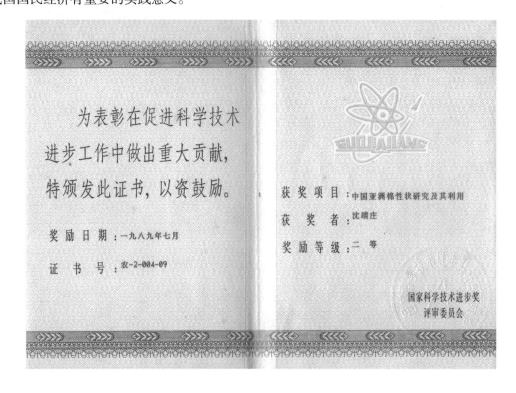

3. 成果名称：农作物遗传操纵新技术——授粉后外源DNA（基因）导入植物的生物工程育种技术

年度奖项：1989年国家科学技术进步奖二等奖（第二完成单位）

获奖人员：黄骏麒（2）、钱思颖（7）

成果简介：花粉管通道法系应用整体植物上的种胚细胞为受体，于授粉后一定时间内，将外源基因或带有目的性状的供体总DNA片段，经过胚珠珠心的花粉管通道导入胚囊，转化受精前后的卵细胞，可直接获得转基因的种子，选育出转基因的变异优良品种。

该技术采用^{3}H-DNA导入棉花，对花粉管通道进行分子验证；用卡那霉素抗性基因导入棉花，证明确在棉花中整合，实现了基因的整合、表达和遗传。应用于农作物分子育种，已培育出抗枯萎病、耐黄萎病的棉花新品系、抗棉铃虫的棉花新品系、抗盐碱棉花新种质、早熟耐旱水稻新品系等。

该技术填平了基因工程与常规育种技术之间脱节的鸿沟。操作简便，易于普及推广，无需通过原生质体、细胞等组织培养和诱导再生植株程序，就能直接获得改良品种，时间比常规育种缩短一半。单胚珠和多胚珠的单、双子叶植物只需针对其具体的花器构造、开花习性、受精过程及DNA导入时的气温和湿度，采取合适的导入细则即可获得成功。从而不仅为研究外源基因导入植物提供了一个良好的实验系统，而且为扩大植物的变异范围，为农业育种方法开辟了一条新途径。

该技术由中国科学院上海生化研究所、江苏省农业科学院经济作物研究所、中国农业科学院作物育种栽培研究所合作研究完成，1986年9月通过中国科学院科技合同局和农牧渔业部科技司联合组织鉴定，确认为国际首创。1987年和1989年先后获得中国科学院科学技术进步奖二等奖和国家科学技术进步奖二等奖。

证　书

获奖项目：农作物遗传操纵新技术--授粉后外源DNA（基因）导入植物的生物工程育种技术

获奖单位：江苏省农科院经作所 等

奖励等级：二 等

奖励日期：一九八九年七月

证书号：农-2-003-02

国家科学技术进步奖
评审委员会

4. 成果名称：全国不同生态区优质棉高产技术研究与应用

年度奖项：1993年国家科学技术进步奖二等奖（第二完成单位）

获奖人员：李秀章（2）

成果简介：针对我国不同棉区在耕作改制中出现品种不适应，土壤营养失调，栽培技术不配套引起的棉花晚熟、产量不稳、纤维品质差的问题，"十五"期间全国组织了32个科研协作单位，在全国34个有代表性的优质棉基地县，针对优质棉生产中存在的问题，制订出23套优质高产栽培规范。

研究出黄河流域棉区以"两膜"栽培、壮苗早发，长江流域棉区以协调营养生长和生殖生长，西北内陆棉区以"密、矮、膜"为主的促早栽培技术，实现了棉花优质高产高效应。首次调查并掌握了我国主要棉区耕作改制发展中，实现粮棉持续稳产、高产、棉田养分丰缺变化状况，参照粮棉产量指标，提出平衡施肥的决策意见。通过全国棉纤维的生态试验，明确了各生态区环境条件对纤维品质的影响，确定有效积温是限制棉纤维细度和比强度的主要因素，各地筛选出一批当家棉花品种。研究提出泡沫硫酸脱绒种子质量的控制指标和检测方法，并研制出适合南北棉区农药、微肥、生长调节剂三结合的种衣剂，提高了我国棉花种子处理水平。

本研究成果在全国34个优质棉基地县推广应用，"七五"期间，累计增产皮棉22.75万t，绒长增加1.22mm，品级提高1.42级，直接经济效益5.876亿元，年均1.175亿元。

5. 成果名称：棉花抗虫基因的研制

年度奖项：2002年国家技术发明奖二等奖（第二完成单位）

获奖人员：倪万潮（2）

成果简介：应用现代蛋白质工程原理，设计出新型融合抗虫蛋白；根据其氨基酸的一级结构，按照植物优化密码子，采用基因工程技术研制成功了单价新型融合抗虫基因（*GFM CrylA*）；为提高抗虫稳定性并预防棉铃虫对单价抗虫棉产生耐受性，利用合成的*GFM CrylA*基因与修饰后的*CpTI*（豇豆胰蛋白酶抑制剂）基因进一步研制成功了双价抗虫基因；根据植物基因转录、转录后加工以及翻译等过程的表达调控原理，构建成功了带有8个表达调控元件的高效植物表达载体。

通过转基因技术将抗虫基因导入普通棉花，使其获得抗虫性，创造出单价抗虫棉和同时可表达两种杀虫蛋白质的双价抗虫棉；系统开展了抗虫棉种质创新、品种选育、杂种棉组配、试种示范、遗传规律、安全性、昆虫种群动态、抗性治理等多项交叉学科研究，取得了一系列重要结果，为抗虫棉研究和产业化提供了科学依据。

双价抗虫棉能同时产生两种不同机理杀虫蛋白，不仅具有单价抗虫棉的特性，而且可控制昆虫消化酶使其厌食，加速其死亡。这两种杀虫蛋白具有功能互补性和协同增效性，对控制棉铃虫抗性发展可起到重要作用；单价抗虫棉从1996—2001年累计应用推广1 350多万亩，双价抗虫棉从1998—2001年累计应用推广约356万亩。目前审定抗虫棉品种12个，累计推广面积1 700多万亩。棉农种植国产抗虫棉每亩增收节支约140元（包括增产皮棉及棉籽，减少农药及用工费用），至今累计产生的社会效益近24亿元，直接经济效益达2.57亿元。

6. 成果名称：棉花规模化转基因技术体系平台建设及其应用

年度奖项：2005年国家科学技术进步奖二等奖（第三完成单位）

获奖人员：倪万潮（4）

成果简介：将多种转基因技术进行了有效的组装，实现了流水线操作，建立了高效、工厂化的棉花转基因技术体系，年产转基因植株6 000株以上，有效降低了转基因运行成本；并有效地拓宽了受体的基因型范围，将抗虫、抗病、纤维品质改良等基因转入到了27个主栽棉花品种中，且将农杆菌介导的基因转化周期缩短到6个月，转基因效率显著提高。将植物嫁接技术成功应用于转基因棉花的快速移栽，成活率达到90%以上，有效解决了棉花转基因苗移栽成活率低的难题。获得了621份转基因棉花种质材料，为棉花分子育种提供了有特定遗传背景的种质材料，并为突变体库的构建奠定了基础。利用该技术体系获得的转基因材料育成转基因棉花新品种16个。

7. 成果名称：油菜抗菌核病种质创新与利用

年度奖项：2008年江苏省科学技术进步奖三等奖

获奖人员：张洁夫、戚存扣、傅寿仲、浦惠明、陈新军

成果名称：重要作物病原菌抗药性机制及监测与治理关键技术

年度奖项：2012年国家科学技术进步奖二等奖（第六完成单位）

获奖人员：张洁夫（8）

成果简介：主要开展油菜抗菌核病种质的创新与利用研究，利用大量油菜资源进行抗菌核病鉴定与筛选，并利用种间杂交与抗病性定向选择的方法，选育抗菌核病油菜种质，育成了宁RS-1和宁RS-2等中抗油菜菌核病新种质。宁RS-1的抗病性优于国内外同期育成的抗菌核病种质，是对菌核病抗性最强的甘蓝型油菜种质之一。

克隆了油菜核盘菌侵染油菜的关键酶之一的多聚半乳糖醛酸酶基因（*PG*），并利用酵母双杂交的方法，在抗病种质宁RS-1的cDNA文库中筛选到与*PG*基因互作的IPG-1，构建了RNAi载体，并利用农杆菌介导法进行遗传转化，转基因植株对菌核病的抗性得到明显提高。

从甘蓝型油菜和白菜型油菜种间杂交后代中筛选出纯合稳定的无花瓣特异种质APL0256，"甘蓝型油菜无花瓣种质选育技术"获国家发明专利，无花瓣种质"APL01"获植物新品种权。并利用分子标记辅助选择技术将无花瓣基因与抗病基因聚合，使育成品种可同时利用抗病品种的抗病性与无花瓣性状的避病性。

育成的油菜菌核病抗源宁RS-1被中国农业科学院油料所、华中农业大学等国内主要育种单位引进，用于抗菌核病基因的分子标记与QTL定位。华中农业大学育成华油杂6号，获湖北省科学技术进步奖一等奖。本单位育成宁油12号和宁杂11号等双低油菜新品种，创造了巨大的社会经济效益。

8.成果名称：豆类及能源作物育种与栽培技术引进及相关产业化开发合作

年度奖项：2014年中华人民共和国国际科学技术合作奖

获奖人员：Peerasak Srinives、陈新（1）、袁星星（5）、崔晓艳（6）、陈华涛（7）、张红梅（8）、刘晓庆（9）、顾和平（10）

成果简介：从1984年至今，本单位与Peerasak教授进行了连续近30年的不间断合作，取得了显著的成果。联合申报国家自然科学基金、引智计划、海外科学家江苏发展项目等合作项目22项，获得批准立项18项，其中包括合作申请的国家自然科学基金面上项目、农业部948项目等。合作研究的累计投入经费达883万元。合作促成召开多次国际会议，发表了多篇影响因子高的学术论文，其中不少论文填补了国内甚至是世界上该行业的空白，为双方研究水平的提高和在国际上的学术地位打下坚实基础。合作建立非常紧密的合作研发机构，为双方多层次长久深入合作打开了方便之门。合作引进了许多世界上绝无仅有的优异种质资源，中方利用以上资源育成了众多综合性状优良的新品种，新品种在很多性状方面非常突出，达到世界领先水平。合作研究取得的新成果在生产上应用效果明显，取得了巨大的经济与社会效益。

我们利用泰方资源作为育种亲本育成了20个通过省级以上鉴定或审定的豆类作物新品种，以上新品种占据了我国绿豆种植面积的50%以上，长江流域种植面积的95%以上。获得的直接经济效益为80亿元，为外贸企业创汇近8亿美元，为农民增收40亿元，合计增收约120亿元。为我国食用豆现代产业技术体系的发展和农民增收创造了一种新途径。

9. 成果名称：甘蓝型黄籽油菜遗传机理与新品种选育

成果奖项：2015年国家科学技术进步奖二等奖（第三完成单位）

获奖人员：张洁夫（5）

成果简介：本单位从1982年开始甘蓝型黄籽油菜研究工作，从华中农业大学引进甘蓝型黄籽油菜新品系'955'、从西南大学（原西南农业大学）引进'万-5-5'，与其他来源黄籽材料以及当地优质高产品种复合杂交，定向选育多年获得稳定的黄籽品系，1992年进入品比试验，1994—1996年参加江苏省优质油菜区域试验和生产试验，平均亩产分别为166.97kg和182.0kg，比CK（荣选）分别增产7.44％和11.45％，达极显著；1997年参加长江下游国家区试，平均亩产137.70kg，比对照中油821增产7.32％，增产显著。该品种1997年通过江苏省农作物品种审定委员会审定，2001年通过国家审定，是国内第一个通过国家审定的低芥酸甘蓝型黄籽品种。该品种在江苏、浙江、安徽、江西大面积推广应用，取得显著的社会经济效益。

1999年，上海市农业科学院以'宁油10号'为母本，'沪油15'为父本配制杂交组合，经多代定向选育，于2009年育成甘蓝型黄籽油菜新品种'申黄1号'通过上海市品种审定。2001年，西南大学以'宁油10号'与自育黄籽材料GH06杂交，再与双低优质品系SC94005杂交，育成'渝黄4号'杂交种的黄籽母本T72，该品种2009年通过国家审定。

本单位围绕宁油10号的选育开展了甘蓝型黄籽油菜新材料创制和遗传基础研究，在国内发表相关论文10余篇。2015年参加西南大学主报的成果"甘蓝型黄籽油菜遗传机理与新品种选育"，获得国家科学技术进步奖二等奖。

10. 成果名称：油菜新品种"宁油七号"

年度奖项：1980年江苏省科学技术进步奖二等奖；1980年农业部农业技术改进一等奖；1985年国家科学技术进步奖三等奖

获奖人员：傅寿仲、伍贻美、徐家裕、姜诚贯（指导）

成果简介：20世纪60年代末，为适应"稻稻油"三熟制发展对甘蓝型早熟油菜品种的迫切需求，我院以宁油1号为母本，川油2-1为父本杂交，并将F₂、F₃代于异地夏播加速世代，于1972年育成早熟高产品种宁油7号。

宁油7号经1974—1976年华东协作区油菜品种区域试验鉴定，产量、产油量均居参试品种首位。在1981年我国恢复农作物品种审定制度后，于1982—1990年先后通过苏、浙、皖、沪及国家品种审定。宁油7号的适应范围很广，引种至17个省（市），西至贵州遵义，东至长三角地区，持续推广期达15年之久，为20世纪80—90年代我国三大油菜主体品种之一。累计推广面积达4 000余万亩，创造社会经济效益10多亿元。

宁油7号的重大创新是，运用生态学育种原理，于产地采用"甘//（甘/白）"有性杂交与异地（四川茂县）夏播选择相结合，一年两熟，加速世代，早熟性和丰产性快速同步选育，使甘蓝型油菜晚熟品种丰产性和甘白杂交的桥梁亲本的早熟性密切结合为一体。形成具有理想的株型和适宜的生长发育模式，春发性好，产量形成期与最优光温生态条件同步，产量结构的角数、粒数和粒重发展协调的早熟高产高油新品种。正常年份于5月20—25日成熟，亩产150～200kg，种子含油率41.1%～43.9%。在群众性的创高产中，普遍采用宁油7号，江苏省睢宁县尖子田亩产达到312.5kg的水平。

11. 成果名称：《全国棉花品种资源目录》和《中国棉花品种志》

年度奖项：1980年农业部农牧业技术改进一等奖

获奖人员：钱思颖、刘家樾、周开金、华兴鼎、肖庆芳、徐宗敏、陈仲方、沈臣、陈光婉、沈端庄、黄骏麒、李秀章、周行

成果简介：1975—1978年编印出版《全国棉花品种资源目录》第一、第二集。第一集包括陆地棉2 245个，海岛棉268个，亚洲棉297个，非洲棉14个，共计3 024个。第二集包括陆地棉598个，海岛棉21个，亚洲棉19个，野生棉2个，共计640个，全部共3 664个。《中国棉花品种志》于1979年编辑完成，汇编318个重要品种，1981年出版。总结了我国棉花品种的演变和交替概况，各类品种的优缺点和栽培经验，推荐了新类型、新种质为我国棉花育种、引种提供了重要资料。

12. 成果名称：棉花营养钵育苗移栽技术

年度奖项：1982年农牧渔业部技术改进一等奖

获奖人员：朱烨、华兴鼎、倪金柱、朱绍林、陈仲芳、刘艺多、黄骏麒、谢麒麟等

成果简介：为解决长江流域麦棉两熟争地的问题，1954年冬开始，江苏省农业科学院经济作

物研究所等一大批新老科技人员共同努力，先后研制出手压制钵器、机械制钵器，并对钵土配方技术、育苗技术、增产机制、试验示范等方面展开研究，总结出一整套棉花营养钵育苗移栽高产高效栽培技术。

营养钵塑膜覆盖早熟增产原理：由于塑膜具有透光不透气的特点，借助阳光的照射，将光能转化为热能，提高了苗床内温度，棉花可以早播种，早出苗，生育期提前，较充分地利用自然界的光、热资源，生产较多的干物质。营养钵育苗移栽的早熟增产效果：一是有利于棉花争得"五苗"——早苗、全苗、齐苗、苗匀、苗壮，出苗早，播种期提高20～30d，解决了棉花生产上长期存在的早苗和全苗的矛盾。二是有利于两熟栽培的夏熟增粮、增肥，实行棉花营养钵麦后移栽，粮食产量可比麦套棉增产20%～40%，绿肥鲜草产量比直播棉花茬增产一倍左右。三是有利于提高不同生产条件下的适应性和抗逆能力，沿海盐渍土棉区和黄淮海平原的花碱土棉花，推广棉花营养钵育苗移栽技术，较好地解决了棉花全苗问题，比直播棉保苗率提高14.0%～22.6%，有效结铃期延长15d，产量增加20.0%～22.6%，对江苏省及全国棉花增产增收起到重要作用。

棉花营养钵育苗移栽技术，20世纪70年代中期开始推向生产，至20世纪80年代江苏省90%以上棉田均采用这一技术，同时在长江流域棉区迅速扩大应用，长江流域棉区近200万hm²棉田基本普及营养钵育苗移栽。该项技术已创社会经济效益150亿元，农民获益超50亿元。

13. 成果名称：棉属野生种保存研究及其在种间杂交育种上的应用

年度奖项：1989年农业部科学技术进步奖二等奖

获奖人员：钱思颖、黄骏麒、许永才、刘桂玲、沈端庄

成果简介：收集棉属野生种29个，是国内保存野生种最多的单位，从而使我国成为保存野生种较多的国家，已有22个在南京收到种子。通过细胞学、生物化学等综合分析，草棉小种阿非利加棉和雷蒙德氏棉是四倍体（阔叶型）的祖先。

基本上克服了种间杂交的不可交配性和F_1的不实性，认为适宜的温度（25～30℃），棉株营养生长和生殖生长的协调，柱头上涂蔗糖溶液，以及赤霉素保铃，这四者配套是克服种间杂交不可交配性和F_1不实性的关键，这一论点国内外未见报道。方法简易，效果良好，为今后广泛进行种间杂交，创造新种质奠定了基础。

用多个野生种和栽培种杂交，得到22个组合，有6个组合可作为育种材料。可用于选育优质、高产、抗枯萎病、抗棉铃虫、无腺体新种质。

14. 成果名称：棉花种质资源收集、研究和利用

年度奖项：1989年农业部科学技术进步奖二等奖

获奖人员：沈端庄、钱思颖、许永才、刘桂玲、黄骏麒、蒋玉琴、承泓良、陈仲方、沈臣

成果简介：1986年止，收集、保存棉花种质资源2 200多份，其中陆地棉1 600多个，中棉200多个，海岛棉140多个，草棉4个，陆地棉族系220多个，野生种32个。中棉品种、陆地棉遗传材料、棉属野生种和陆地棉族系是国内保存最多的单位。

1982年开始，对中棉、陆地棉、海岛棉进行调查研究，各品种获得了60多个性状数据。在亚

洲棉分类上还得到了前人没有报道过的6个新类型，并拍摄200个中棉品种植株和花器官的彩色照片。

由于棉籽综合利用的需要，1982—1985年将陆地棉品种664个，中棉品种200个进行棉仁蛋白质、脂肪酸含量等分析，得出了各品种的含量、总平均值、分布状况、变异范围及含量较高的品种；蛋白质与脂肪酸含量成负相关；棉仁的五种主要脂肪酸，以亚油酸含量最高，其次棕榈酸、油酸、硬脂酸、豆蔻酸。

为了提供抗黄萎病种质，对2 200多个中棉、陆地棉、陆地棉族系、海岛棉进行鉴定和连续选择。获得抗耐性较好的材料51个。棉花种间抗黄萎病强弱的顺序为陆地棉族系＞海岛棉＞中棉＞陆地棉。

墨西哥原产地引来的7个陆地棉族系，具有多种多样的特征特性。对短日照的要求强，在南京地区自然光照下，不能现蕾，通过短日照处理的研究，找到了陆地棉族系开花、吐絮的临界日照时数为9h，而且在1叶龄时处理最好。

1982—1986年向10多个省、市、自治区的科研单位、高等院校、农垦局，提供过千余份陆地棉品种，近300份中棉品种，100多份海岛棉、陆地棉族系和野生种。各单位引进这些种质后，用作病虫害抗性鉴定，新品种选育，基础理论研究以及编写品种志、品种目录和国际交流。

15. 成果名称：陆地棉铃发育机理及影响因素的研究
年度奖项：1994年农业部科学技术进步奖三等奖
获奖人员：徐立华、李大庆、刘兴民、钱大顺、倪金柱、杨德银等
成果简介：本研究以陆地棉（*G.hirsutum* L.）棉铃为对象，运用数理统计方法，明确环境因素对棉铃发育影响的基础上，提出了增加铃重、改良纤维品质的技术途径。

在棉铃发育机理方面，首先提出棉纤维和种仁干重的增长变化与铃龄呈二次曲线关系，纤维素的沉积量与铃龄呈指数函数关系；阐明了棉铃发育过程中光合产物合成、运输和分配上的"源""库"关系；提出了纤维素与种仁内脂肪的形成和积累保持相对平衡状态的新论点。在影响棉铃发育的因素中，提出了棉铃发育的"启动温度"的临界值，即开花后10d内平均温度低于22～23℃，棉铃发育的启动速度就受到抑制，棉铃发育初期启动速度的快慢，影响最终单铃籽棉质量。明确了开花前13～15d连续出现高温会导致单铃胚珠数减少，开花前4～6d的高温导致单铃不孕籽数增多。揭示了花铃期高温和秋季低温对棉铃发育的负面效应，提出采用两膜栽培可提高铃重，增加产量的技术原理，在生产上是可行的。

本项目属应用基础研究，本项目研究论文被AGRIS和CAB文献库所收录，研究结果多次被有关专著和论文所引用，从而在理论上丰富了棉花栽培学的内容。气温、耕作栽培因素对棉铃发育的影响机理的阐明，为制订合理的栽培措施，提高棉纤维、种子品质提供了科学依据。

16. 成果名称：油菜种质资源种子休眠特性及应用技术

年度奖项：1996年农业部科学技术进步奖三等奖

获奖人员：傅寿仲、吕忠进、陈玉卿、戚存扣、张洁夫

成果简介：本成果系联合国国际植物种质资源委员会（IBPGR）资助项目"芸薹属植物种子休眠研究"（1987—1991年）。该项目旨在将芸薹属植物种子休眠与种质保护联系起来。通过对芸薹属植物6个种1 000余份种质资源种子休眠与萌发特性的观察，在多种处理调控实验的基础上，全面揭示了芸薹属植物种子休眠规律，提出了控制种子休眠及监测种子活力的技术。首次将芸薹属种质资源种子的休眠性分为强、中、弱三大类，并且证实种子休眠的种间差异与经典的"禹氏三角"种间关系吻合。证明深休眠基因存在于B染色体组，且休眠程度与种子耐淹性存在平行关系。明确了ABA具有诱导种子二次休眠的效果，提出了综合破眠法。采用ABA处理种子可诱导二次休眠，抗御种子老化。采用淹水、深埋方法可以筛选出强休眠种质。这一研究成果在种质收集、保存、增殖以及育种栽培上均具有重要实用价值。

17.成果名称：棉花远缘杂交研究和'江苏棉1号''江苏棉3号'选育

年度奖项：1978年江苏省科学大会奖

获奖人员：钱思颖、沈端庄、黄骏麒等

成果简介：中棉具有早熟、抗逆性强等优良特性，江苏棉1号、3号是采用陆地棉与中棉种间杂交，再与陆地棉多次回交选育成的具有两亲优良性状的新品种。陆地棉和中棉是两个不同的种，杂交不亲和和杂种不育是远缘杂交的主要障碍。为克服杂交不亲和，采取了先用中棉常紫1号花粉授粉，8h后再用陆地棉亲本自身花粉重复授粉的方法促进杂交棉铃的正常发育；为克服杂种不育性，用38%的蔗糖水溶液和少量维生素涂在杂种花柱头，同时用含有百万分之五的2，4-D羊毛脂涂在花柄基部，然后授以回交亲本陆地棉的大量花粉，从而使回交结铃率达到4.19%。通过多亲本的回交和多代强化选择，于1970年育成适宜于麦棉套种的江苏棉1号，于1971年育成适于麦后直播的江苏棉3号。江苏棉1号比岱字棉15号平均增产10%~15%，纤维品质指标优于岱字棉15号；江苏棉3号麦后播种情况下，比同期播种的岱字棉15号显著早熟，产量增加10%左右，纤维品质与岱籽棉15号基本相似。这两个品种1971—1979年在江苏省内外累计种植达400万亩。

18.成果名称：海岛棉无性嫁接教养和'长绒3号'的选育

年度奖项：1978年江苏省科学大会奖

获奖人员：刁光中、陈仲方、钱思颖等

成果简介：海岛棉过去在南京自然条件下，成熟期太迟，无法栽培。1950年以海岛棉与岱字棉14号进行无性嫁接，以岱字棉教养海岛棉，使海岛棉克服原产地低纬度短日照的习性而适合在南京高纬度地区种植，并提早其成熟。经过嫁接在当代及其后代中开花期提早1～2月，平均绒长在40mm以上，适合长江流域种植，适合纺织100支的细纱。后代经多次选择于1955年育成海岛棉长绒3号，这是国内培育出的第一个一年生的海岛棉品种。抗病性强，产量、品质优于新引进的海岛棉品种。该研究依据米丘林的学说应用无性杂交对于遗传变异的影响，开辟了选种的新途径。

19.成果名称：早熟油菜品种宁油4号、宁油5号、宁油6号选育

年度奖项：1978年江苏省科学大会奖

获奖人员：傅寿仲、伍贻美、徐家裕

成果简介：20世纪60年代，为了尽快解决油菜生产上应用的白菜型油菜低产问题，并改良引种的甘蓝型油菜的晚熟问题，以适应生产改制和水稻增产的需要，加速甘蓝型油菜早熟高产品种选育是油菜育种重点任务。本项目采用系统育种技术，从引种的和自育的甘蓝型油菜品种或品系

中，选择优良变异株系，通过自交，控制授粉，异地加代，混系扩繁等方法，通过品系比较，产区适应性鉴定，育成早熟高产油菜新品种宁油4号、宁油5号、宁油6号。

宁油4号选自军农1号，具有早熟、中角特点。宁油5号选自66-2008，具有早熟、耐寒特点。宁油6号选自宁油1号，具有早熟、大粒特点。经多点鉴定试验及生产应用结果，一般比对照品种胜利油菜早熟5~7d，增产10%~15%。

宁油4号、宁油5号、宁油6号分别在江苏省宁、镇、苏、扬地区推广应用，迅速取代低产、感病的白菜型地方品种和晚熟、退化的甘蓝型胜利油菜等老品种。累计推广面积达到300余万亩，为江苏省油菜迅速淘汰白菜型品种，实现甘蓝型品种良种化，低产变高产做出积极贡献。

20. 成果名称：夏大豆品种58-161和苏豆1号选育

年度奖项：1978年江苏省科学大会奖

获奖人员：凌以禄、费家骍等

成果简介：58-161系从滨海大白花中系统选育而成，有限结荚习性，生长直立，白花灰毛，叶片卵圆，株型收敛，株高65~75cm，单株分枝2~3个，单株结荚50~55个，每荚2.12粒，百粒重16~17g，干籽粒黄色，淡黄色种脐，光泽强，商品性优良。一般亩产160~170kg，由于该品种抗倒伏，籽粒品质优，曾经是长江中下游夏大豆产区的主推品种，连续推广了14~15年，累计种植2 200万亩。

苏豆1号是苏丰和岔路口1号杂交育成的夏大豆新品种。该品种有限结荚习性，生长直立，株高85~90cm，单株分枝3~4个，单株结荚45~50个，每荚1.92粒，籽粒黄色，淡褐脐，百粒重22.5~23.5g，在中等栽培条件下，纯作亩产160~170kg。一般6月中下旬播种，10月下旬成熟，属于夏大豆中的中熟偏迟品种，适宜：长江中下游夏大豆产区种植。选育时间，1967—1975年，先后累计推广565万亩。

21. 成果名称：双低杂交油菜新品种宁杂1号

年度奖项：2001年江苏省科学技术进步奖一等奖

获奖人员：傅寿仲、浦惠明、戚存扣、伍贻美、张洁夫、陈玉卿

成果简介：宁杂1号系江苏省农业科学院育成的第一个具有自主知识产权的"双低"（低芥酸、低硫代葡萄糖苷）"三系"杂交油菜新品种。组合来源：母本MICMS双低不育系宁A6，父本双低恢复系宁R1。1996年和2000年分别通过江苏省和国家农作物品种审定。2001年获得江苏省科学技术进步奖一等奖。

创新点：一是根据甘蓝型油菜品种细胞质、核育性的遗传差异，采用S-Ⅳ型品种为母本，N-0型品种为父本，通过核置换，定向合成S-0型细胞质雄性不育系MICMS，并实现"三系"配套。为国内首例采用品种间杂交方法育成的甘蓝型油菜新"三系"。

二是采用品质与育性性状同步筛选法，将低芥酸、低硫苷基因导入MICMS，育成宁A6双低新"三系"。创建的"甘蓝型油菜双低杂交油菜选育方法"，是国内第一个获得双低杂交油菜选育方法的国家发明专利。

三是研制"双低杂交油菜亲本繁殖及杂交制种技术规程"，为江苏省地方标准。

应用情况：宁杂1号种子芥酸含量<1%，硫苷含量<30μmol/g，含油率39.6%～43.2%。一般亩产175～200kg，具有250kg/亩增产潜力。抗逆性强，耐春寒，中抗病毒病，中耐菌核病，高抗霜霉病，适于江苏及长江下游、黄淮地区种植。至2005年累计推广面积1 500万亩，创造社会经济效益6亿元以上。以品种为龙头，开发"三友"杂交油菜种子和"方欣"低芥酸、高油酸菜油品牌。

22. 成果名称：绿豆新品种选育及绿色高效栽培技术集成应用

年度奖项：2018年江苏省科学技术一等奖

获奖人员：陈新（1）、袁星星（5）、崔晓艳（9）

成果简介：在广泛搜集引进、鉴定评价国内外种质资源的基础上，通过鉴定评价与育种方法创新，挖掘出具有抗病虫、丰产早熟、直立抗倒、抗逆等特异性状的优异种质，培育出抗豆象、抗叶斑病、高产、广适、适宜机械化生产的新品种，研究利用与新品种配套高效配套技术，取得了显著社会经济和生态效益。

构建首套绿豆核心种质，挖掘出我国缺乏的抗豆象、抗叶斑病、结荚集中等特异资源。搜集引进系统评价鉴定国内外绿豆资源4 680份，使江苏省绿豆资源拥有量达到中国南方第一。首次逐级构建占资源总量10%、3%、1%的初选核心种质、微核心种质及应用核心种质。建立完善室内外结合的资源鉴定技术与评价标准，筛选出185份具有早熟、优质、高产、抗病抗逆等目标性状优异种质，精选出TC1966和V2802等抗豆象、泰抗1号等抗叶斑病、V81等结荚集中、苏资8号花开张等综合农艺性状优良的特异种质，填补了我国相关领域抗性和其他优异基因空白，解决了绿豆育种重要病虫害抗性资源严重匮乏和杂交育种效率不高等问题。

创新常规育种与分子标记辅助选择相结合的抗性育种技术，培育出高抗豆象、抗叶斑病、高产、广适、适合机械化等新品种。明确抗豆象特性由单显性基因控制，精细定位了TC1966、ACC41、V2709、V2802等抗源中的抗性基因。建立起国内首个抗豆象分子标记辅助选择育种技术平台，利用花开张亲本简化了杂交育种程序。培育出中国南方首例高抗豆象抗叶斑病适合机械化栽培直立型品种苏绿2号、苏绿5号，南方地区产量最高、适应范围最广、推广面积最大的抗叶斑病品种中绿5号，世界上首个通过鉴定的黑绿豆品种苏绿4号等系列新品种。有效解决了我国南方地区绿豆品种蔓生、产量低、抗病虫能力差、适应范围狭窄等问题，减轻了生产季节与储藏期间病虫害防控造成的农药残留及环境污染。直立型、一次性成熟的品种育成解决了绿豆多次采收带来的用工成本的问题，带来了绿豆品种的技术革命。

研究利用新品种高产高效、病虫害防控、机械化生产等系列配套技术，形成了绿豆产业链技术体系，取得了显著的社会、经济与生态效益。研究利用新品种及间套种、豆象综合防控、机械化收获等系列配套生产技术，创造麦后复播平作230.8kg/亩、林/豆套种122.5kg/亩等南方地区高产高效典型。2008年以来新品种在我国绿豆产区种植1 827.5万亩，增产2.33亿kg，增收21.23亿元，品种覆盖率达到宜推省区的60%以上；江苏省种植苏绿系列绿豆295万亩，增收2.7亿元，在省内品种覆盖率95%以上。

23. 成果名称：棉花化学调控系统工程的营建与实施

年度奖项：1997年江苏省科学技术进步奖二等奖

获奖人员：徐立华、李大庆、李秀章、周恒、欧阳显悦、何循宏、陈祥龙等

成果简介：该研究以协调棉花营养生长与生殖生长、个体与群体的矛盾为前提，研究棉花化学调控的单一效应→复合效应→多元效应，提出化学调控系统的技术规范。

单一效应：通过深入研究棉花化学调控的单一效应，明确了植物生长调节剂的科学应用方法，有效使用浓度和最佳使用时期，并阐明其增产原理。

复合效应：系统开展了化学调控与品种、密度、氮肥等因素的复合效应研究，明确了各因素间的相互关系以及对皮棉产量的贡献份额，突破了国内外有关研究仅偏重于解释化调增产作用的框架。

多元效应：研究明确了适度化调的正面效应，重度化调的负面效应以及与其他农艺措施的互作效应。建立了适合于江苏农业生态环境和种植特点的"高产、足肥、适控、壮株"的优化栽培技术体系。

应用技术：在项目研究中结合生产实际，提出了系统化调的技术规范，由被动控旺发展到主动化调，改初花期重化控为多次微调，进一步完善了棉花高产优质的配套栽培技术体系。

棉花化学调控技术广泛地应用于棉花生产中，1985—1994年江苏省累计推广6 930.5万亩，1995—1997年全省累计推广2 157万亩，亩增皮棉4.5kg，每亩节省用工1.7个，3年累计经济效益总额达124 792.6万元。该项成果的广泛应用，对优化耕作制度，促进粮棉丰收及纺织工业对棉花的需求等产生了显著的社会和经济效益。

24. 成果名称：抗病虫棉花种质的创制与应用

年度奖项：2009年江苏省科学技术进步奖二等奖

获奖人员：倪万潮、张保龙、沈新莲、张香桂、杨郁文、郭书巧、徐英俊、高媛媛、徐鹏

成果简介：获得高配合力的骨干亲本，采用"测配结合法"，筛选出苏棉16优系、豫棉19优系、纵XZ、MR23等多个高配合力的骨干棉花亲本。抗病虫转基因资源的创制，将抗病基因聚合到优良抗虫棉之中，育成了抗虫抗病资源材料如B992611、B99623，MR23等，配合力好，已经成为骨干亲本。资源利用上，选育优质棉花新品种，利用上述新种质，育成了一系列具有自主知识产权的新品种，并在生产上应用。利用上述资源育成了一系列转基因棉花新品种，增产显著，显示了强大的优越性和实用性。如宁字棉R2、宁字棉R6、宁杂棉3号、苏棉23、徐铜3号、GK1、GK12、GK19、GK22、SGK3、SGK321等。宁杂棉3号在江苏省棉花生产试验中，籽棉产量251.69kg，比对照泗杂3号增产19.86%，皮棉产量100.95kg，比泗杂3号增产17.53%。累计推广1724余万亩。综合每亩增加植棉经济效益120元左右。累计社会效益和经济效益达20余亿。

25. 成果名称：优质抗病大豆新品种选育与高效栽培技术示范推广

年度奖项：2015年江苏省科学技术二等奖

获奖人员：陈新（1）、袁星星（6）、陈华涛（10）、崔晓艳（11）

成果简介：针对江苏及周边省份大豆育种优异资源缺乏，品种抗主要病害能力不强、品质差及栽培模式单一等主要问题，联合开展种质创新与新品种选育，研究集成新品种高效生产技术，在省内外进行大面积推广应用，构建了产学研、育繁推一体化的新型跨区域大豆新品种及新技术

产业技术体系，整体提升了本地区大豆的育种与生产水平。

（1）创新国内百粒重最高、抗根腐病力最强等优异资源，构建南方地区首个高蛋白和鲜食大豆核心种质库。系统收集、整理、评价本区域内6 730份特色大豆资源，通过全基因组关联分析等方法筛选并创新出29份具有抗病（对根腐病抗性最高的鲜食春大豆周豆5号等）、优质（世界上百粒重最高的大豆资源新大粒1号等）等特性的特异种质，构建起包括132个核心样本的本地区首个高蛋白和包括86个核心样本的鲜食大豆核心种质库，为本地区大豆育种奠定了良好基础。

（2）在大豆抗病毒病和根腐病及鲜食大豆品质等相关基础研究取得突破性进展，聚合育成抗主要病害、优质、广适等于一体的系列大豆新品种。国内率先利用酵母双杂、Ecotilling等技术对大豆花叶病毒全基因组序列进行测定、构建17个大豆花叶病cDNA文库并对抗病相关蛋白PR-P3等进行功能研究，明确大豆抗根腐病遗传规律、定位抗性基因，首次建立国内鲜食大豆百粒重、出仁率、维生素E含量等分子标记辅助选育体系，挖掘相关分子标记18个。选育出通过国家级或省级以上审定的新品种10个，包括省内第一个抗病毒病、广适、亩产鲜荚近1t的鲜食春大豆超级品种苏豆5号，省内出口量最大的抗病毒病鲜食夏大豆品种通豆5号，近20年来黄淮地区推广面积最大（面积超过千万亩）的高蛋白、抗根腐病的大豆品种徐豆9号等。发表相关文章149篇，其中SCI论文23篇，专著5本。

（3）研究集成适应省内不同大豆产区的新品种轻简生态高效栽培技术体系。形成三青一瓜立体套种、麦后免耕覆秸全量还田等特色新模式，发布一年五熟等标准化栽培技术规程8套，获得高效立体套种方法等授权专利2项。淮南鲜食大豆亩产950kg（平均产量650kg）、淮北高蛋白大豆亩产311kg（平均产量180kg）、一年五熟合计亩效益超万元等高产高效典型，均在产量或综合效益方面创出中国南方或本区域内该领域的最新记录。

（4）新品种、新技术、新模式在省内外得到了大面积、大范围的推广应用，应用占比率高，增产增收效果显著。新品种在本区域累计种植近3 700万亩，新增效益近40亿元，总效益超过400亿元，在江苏推广面积超过种植面积的80%以上，在邻近区域安徽、山东、河南推广面积20%以上，成为本地区的主导和首推品种。建立产业化示范基地18个，加工出口省级以上龙头企业10家，形成了江苏嘉安、盐城中盛、连云港如意等一大批国家或省龙头企业，为江苏大豆产量稳步在国内居于前六名打下坚实基础，在带动农民致富的同时有力地抵制了国外转基因大豆等的市场冲击。

26. 成果名称：江苏省棉花高产栽培技术开发研究

年度奖项：1984年江苏省科学技术进步奖三等奖

获奖人员：刘艺多、周恒、钱大顺、颜若良、徐立华

成果简介：1981年江苏省科委下达"棉花百亩高产技术开发研究"课题，与江苏省科委农业处，南京农业大学农学系及江苏农学院农学系合作，1981—1984年连续4年，在全省五大生态类型棉区，设置11个百亩连片开发研究点，提出以塑膜覆盖营养钵育苗移栽为核心的早、稳、高配套技术。结合各棉区的生态特点和年度间的气候变化，采取相应的调节措施。实践结果，均获得增产、省工、节本和增收的效果，为各地棉花高产作出了示范。

江苏省棉花高产栽培技术开发研究，将棉花高产、稳产、优质、省工、节本、增收和棉花高效益途径组装配套，因地制宜地推广应用到棉花大面积生产中，并在江苏省不同生态区，实现良种良法相结合，在育壮苗、促早发、保稳长、争早熟、创高产、保稳产、控二病、争优质等方面取得良好效果，取得良好的经济效益和社会效益，并不断完善了棉花高产栽培技术。

27. 成果名称：棉花高产优质形成规律及经济栽培模式研究

年度奖项：1987年江苏省科学技术进步奖三等奖

获奖人员：刘艺多等

成果简介：1984年，江苏省科学技术委员会下达"江苏省不同生态区棉花高产优质形成规律及其经济栽培模式研究"课题，由江苏省农业科学院经济作物研究所与南京农业大学和原江苏农学院共同主持。组织铜山县科学技术委员会等12个单位参加协作攻关，经3年（1985—1987年）研究试验和调查总结，总结出棉花花芽分化规律；棉花展叶进程与各器官、产量形成和调节途径；棉花高能同步增产原理、同步增产效应及同步生育系统的调节；棉花高产优质群体生态结构等，明确了育苗移栽棉花高产优质栽培技术调节途径。根据江苏省五大不同生态区的具体情况，得出棉田群体的大小对产量的高低影响较大的结论，该模式强调个体与群体的相互协调。

28. 研究成果：江苏省优质棉生产农艺体系的研究及其应用

年度奖项：1990年江苏省科学技术进步奖三等奖

获奖人员：李秀章、徐宗敏、颜若良、陈祥龙、何循宏、肖松华、李大庆、徐立华

成果简介：1986—1990年农业部下达"优质棉基地县科技服务"专题，我所协同沿海、徐州、沿江地区农科所，分别在兴化、丰县、盐城及如东四个棉优质基地市（县）设立基点和示范区，针对江苏省里下河、淮北、沿海、沿江四个主要棉区的具体条件和生产关键问题，开展优质棉生产农艺体系的研究，并将研究成果及时推广应用于生产，促进粮棉双增产。

江苏省优质棉生产农艺体系，以粮棉双增为前提，深化江苏资源利用，发挥粮棉互促作用，以栽培、品种、植保三个子系统为支柱，形成具有江苏特色的植棉农艺体系。一是改革种植制度，推动徐淮棉区改一熟为麦套移栽，沿海棉区改粮棉夹作为纯作，改直播为移栽；沿江和里下河棉区改麦套移栽为麦后移栽。突破各地限制因子，相应建立三套以促早为特点的栽培技术体系。二是合理品种布局，建立育繁推一体化供种体系，发挥良种潜力。三是农艺植保技术相结合，建立综防体系和化防程序，保护生态环境，经济合理用药。

四个基点县155万亩棉田4年平均单产增12.02%，可纺棉比例增15.51%，资金产出率增31.41%，社会经济效益累计3.7亿元。

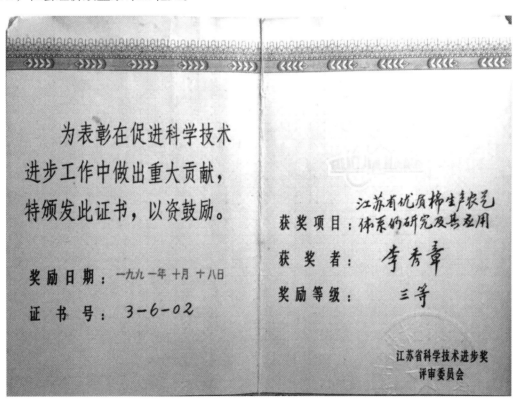

29. 成果名称：苏棉一号的选育扩繁和配套栽培技术

年度奖项：1993年江苏省科学技术进步奖三等奖

获奖人员：朱绍琳、李秀章、李宗岳、华国雄、王庆华

成果简介：棉花品种'苏棉一号'系采用复式杂交育成，于1988年4月经江苏省农作物品种审定委员会审定通过。该品种属中早熟高抗枯萎病品种，在育苗移栽条件下生育期在145d左右。株型紧凑，叶片较小，叶色较深，果枝与主茎夹角较小，透光性好，结铃性强，中期花铃重5g以上，霜前花一般在90%以上。衣分36%～38%，纤维长度29～30mm，强力3.9～4.4g，细度5 600m/g左右，断裂长度23km左右。试纺精梳40支纱，品质指标2 454分，普梳32支纱品质指标2 507分。高抗枯萎病，蕾期病指一般为5左右。在地力和管理水平较好的条件下一般亩产75kg/亩。由于熟性较好，该品种可适合不同茬口的种植，特别是棉田立体种植是最佳棉花品种选择之一。

该品种通过审定后先后在江苏省的沿江、沿海、里下河、徐淮棉区；省内几个大型农场及江西的新余、九江、浙江的慈溪等县（市）得到迅速推广应用，至1992年累计推广面积达400多万亩。由于纤维品质好，所产皮棉被当时的上海第五棉纺厂用作专纺出口"鹅牌"汗衫的原料以及无锡国棉二厂用作羽绒服防羽布的专用棉。

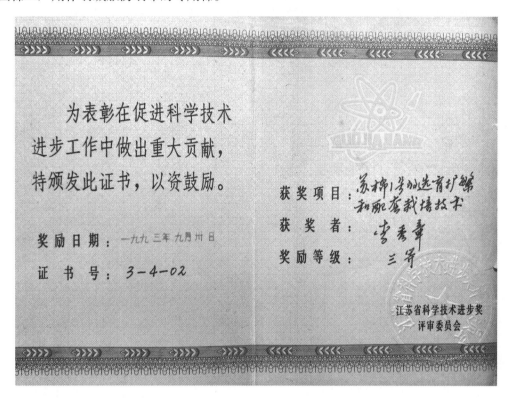

30. 成果名称：甘蓝型油菜MICMS胞质双低不育系宁A6的选育及利用

年度奖项：1997年江苏省科学技术进步奖三等奖

获奖人员：傅寿仲、浦惠明、戚存扣、伍贻美、陈玉卿、张洁夫、陈爱华

成果简介：1976年起依据油菜质、核与育性关系，采用具有不同质、核育性结构品种为亲本进行杂交和连续回交，于1984年育成MICMS，并实现三系配套。1984年起通过杂交、回交和品质鉴定，将双低基因导入MICMS三系，于1991年育成双低MICMS三系，即'宁A6''宁B6'和'宁R1'。建立了"油菜育性和品质性状同步筛选法"，提高了MICMS双低三系的转育效率。并于1996年育成第一个双低杂交油菜组合'宁杂1号'通过省审，2000年通过国审。'宁杂1号'的育成标志着江苏省双低杂交油菜育种进入新阶段。

为表彰一九九七年度在我省科学技术进步工作中作出重大贡献者,特颁发此奖状,以资鼓励。

项目名称：甘蓝型油菜MICMS胞质双低不育系宁A6的选育及利用

获奖单位：省农科院经作所

奖励等级：三　等　奖

31. 成果名称：棉花协调栽培技术体系的研究与应用

年度奖项：2002年江苏省科学技术进步奖三等奖

获奖人员：徐立华、陈祥龙、何循宏、李国锋、李秀章、杨德银、徐红兵

成果简介：本项研究利用棉花叶枝的补偿效应，调节棉株体内的有机养分在各器官分配与运转的平衡，以棉花叶枝利用为核心，协调果枝与叶枝、养分积累与分配、营养生长与生殖生长、个体与群体的关系，研制创立了"棉花协调栽培技术体系"。

阐明了棉花协调栽培技术体系高产优质技术原理，即以营养流、物质流为载体，从光合物、结铃和产量为系统目标的"反馈补偿原理"，明确了棉花叶枝在高能富照期源、库、流具有十分显著的补偿效应，尤其在产量方面表现更为突出，叶枝成铃占产量的11.48%～23.29%。突破了棉花叶枝生物学特性，率先提出棉花叶枝不仅是一个消耗营养的器官，而且更重要的是制造营养的器官，为棉花叶枝利用提出了新的理统依据。根据棉花协调原理和反馈补偿原理，系统地提出选用生长旺盛的品种，降低群体的起始点，增施肥料，合理化调等技术为主要内容的配套栽培技术，建立"壮个体、适群体、高产出"的协调栽培技术体系，为棉花高产技术提出了新型栽培体系。

该项技术广泛应用于棉花生产中，1997—2001年这5年间，在江苏沿海棉区、徐淮棉区等地累计推广应用413.20万亩，新增产值17 035.03万元，省工节本19 269.54万元，累计增收节支达36 304.57万元，取得显著的经济效益。应用基础研究部分，部分研究论文被收录于国际农业生物与科学中心CAB文献库，部分论文被有关专著和论文所引用，从而在理论上充实和丰富了棉花栽培学的内容。

32. 成果名称：棉花种质资源创新、评价与利用

年度奖项：2007年江苏省科学技术进步奖三等奖

获奖人员：肖松华（1）、刘剑光（6）、吴巧娟（8）、许乃银（10）、狄佳春（12）、陈旭升（13）

成果简介：建立了棉花品种人工网室抗棉蚜鉴定方法。采用远缘杂交育种方法，将棉属野生种雷蒙德氏棉、异常棉、黄褐棉和旱地棉的高品质纤维潜力基因和抗黄萎病性状转移到栽培种陆地棉中，获得12个高品质抗黄萎病棉花新种质系，黄萎病指<20，对黄萎病的抗性达到了抗或高抗水平。采用转基因技术分别将半夏凝集素基因、野生荠菜凝集基因导入常规棉和高品质棉，创造出10个宁抗系列抗蚜棉、9个苏抗系列高品质抗蚜棉新种质系。培育出8个高强纤维抗棉铃虫棉花新种质系，纤维比强度>35cN/tex，棉铃虫幼虫矫正死亡率>80%，高抗棉铃虫。

育成的新种质系公开向棉花育种机构发放。这些特异新种质系及高配合力育种亲本先后被5家棉花育种单位引进，应用于棉花育种实践。两个优异性状聚合到同一亲本中，有利于缩短育种年限，提高杂交配组的自由度和育种效率。

育成3个棉花新品种苏棉19号、科棉3号和苏棉23号，分别于2002年、2003年、2004年通过省级品种审定，2004—2006年在江苏省累计推广604.45万亩。

33.成果名称：食用豆新品种选育及高产高效栽培技术与产业化

年度奖项：2009年度江苏省科学技术进步奖三等奖

获奖人员：陈新（1）、顾和平（7）

成果简介：育成系列食用豆新品种，绿豆品种苏绿3号、中绿4号等，小豆品种中红2号、苏红1号，蚕豆品种通蚕3号、通蚕5号，豌豆品种苏豌1号。主要技术为绿豆和小豆一次性收获技术、间作套种栽培技术，蚕豆无公害高产高效立体套种栽培技术，豌豆垄作地膜覆盖栽培技术等。

在省内外建立繁殖基地5个，推广示范基地19个，生产基地12个，累计在省内外推广各种食用豆新品种近220万亩，年种植面积为江苏省食用豆种植面积的90%左右，创经济效益2.8亿元，社会效益3亿多元，为江苏省食用豆现代产业技术体系的发展和农民增收创造了一种新途径。

34.成果名称：高强纤维抗虫杂交棉苏杂3号的选育与应用

年度奖项：2015年江苏省科学技术进步奖三等奖

获奖人员：陈旭升（1）、狄佳春（3）、倪万潮（6）、马晓杰（7）、许乃银（9）、殷剑美（10）、刘剑光（11）

成果简介：'苏杂3号'（区试编号'宁杂602'，安评编号'SGKz9'）是江苏省农业科学院经济作物研究所选育的高强纤维抗虫杂交棉，2005年4月通过国家农作物品种审定委员会审定，审定编号为国审棉2005015。

苏杂3号集高强纤维、高产、抗虫于一体，突出表现纤维强力高、品质优、产量高，综合抗病虫性能强。具体显示如下特点：一是纤维强力好、品质优，纤维比强度34.3cN/tex、长度30.3mm、整齐度85.2%、伸长率7.1%、马克隆值4.6、反射率77.0%、黄度8.1、纺纱均匀性指数158（以上纤维品质数据为2年共计33个试点的加权平均值）。二是综合抗病虫性能好，抗棉铃虫、高抗红铃虫、高耐枯萎病、耐黄萎病。三是产量水平高、增产潜力大，高产棉田的籽棉产量可达300kg以上。选育苏杂3号，在育种思路上采用具有海岛棉血统的高品质陆地棉种质系与高产抗虫陆地棉品种广泛杂交配组，克服海陆杂交棉特有的纤维色泽较差、杂种F_1不孕籽较多等弱点；育成的杂交棉'苏杂3号'在充分保持海陆杂交种所具有的品质优势外，还充分实现了抗虫、高产等性状的有机整合，且棉铃吐絮习性良好。苏杂3号是长江流域第一个通过国审的双价转基因抗虫棉。自审定以来，持续多年在长江流域示范推广，2010—2013年连续4年被农业部列为长江流域的主推品种。据不完全统计，该品种2006—2014年在长江流域累计推广面积435.7万亩。

35.成果名称：芋头优质高效规模化种植关键技术研究与应用

年度奖项：2019年获2016—2018年度全国农牧渔业丰收奖二等奖

获奖人员：张培通（1）、殷剑美（2）、王立（11）、韩晓勇（16）

成果简介：该成果针对江苏优质芋头生产中存在的主要技术瓶颈，开展江苏优质芋头地方特色品种改良、脱毒快繁技术研究和应用、起垄覆黑膜全程机械化高效种植技术体系集成与应用等，有效解决了江苏优质芋头生产中的品种退化、用种不规范和种植费工劳动强度大等关键技术瓶颈。经多年研发和示范推广，项目相关创新技术成果在主产区大面积示范推广，取得了显著的社会、经济和生态效益。

全国农牧渔业丰收奖

证　书

为表彰2016-2018年度全国农牧渔业丰收奖获得者，特颁发此证书。

奖项类别：农业技术推广成果奖

项目名称：芋头优质高效规模化种植关键技术研究与应用

奖励等级：二等奖

获奖者单位：江苏省农业科学院
（第1完成单位）

二〇一九年十二月

编号：FCG-2019-2-127-01D

二、其他部省级奖项

其他50项主持和参与的部省级奖励见表5-1。

表5-1 其他部省级奖项

奖励时间（年）	成果名称	获奖类型	奖励等级	主持/参加	本单位主要完成人员
1954	长绒棉品种选育	华东农业科技奖	四等	主持	华兴蒲等
1978	海岛棉和陆地棉杂交优势利用研究	江苏省科技大会奖	未设	主持	华兴蒲 黄骏麒 周 行 朱绍琳 刘兴民 张连生 俞淑娟
1978	陆地棉品种变异和退化研究	江苏省科技大会奖	未设	主持	朱绍琳 黄骏麒等
1978	江苏省两熟制棉区植棉增产技术研究	江苏省科技大会奖	未设	参加	不详
1978	早熟油菜品种宁油4、5、6号选育	江苏省科学大会奖	未设	主持	傅寿仲 伍贻美 徐家裕
1979	杂交油菜"三系"及F_1花器官形态的遗传变异研究	江苏省科学技术进步奖	四等	主持	傅寿仲 伍贻美 陈玉卿 徐家裕
1980	几个棉属野生种半野生种的繁殖保存技术和性状观察	江苏省农牧业技术改进奖		主持	钱思颖等
1981	全国野生大豆资源的考察与搜集	农业部农牧业技术改进奖	一等	参加	不详
1981	影响棉花铃重因素的分析研究	江苏省农牧业技术改进奖	三等	主持	倪金柱 李大庆 钱大顺
1983	快速定量测定油菜脂肪酸的气相色谱法	江苏省科学技术进步奖	三等	参加	伍贻美 戚存扣
1983	江苏滨海盐土植棉技术体系研究	江苏省科学技术进步奖	一等	参加	朱绍琳 李秀章 李宗岳 刘兴民 华国雄 葛知男 李大庆 郑春林
1983	通风不揭膜的棉花育苗移栽苗床管理技术	江苏省科技成果奖	四等	主持	刘艺多 刘兴民等
1985	江苏省地膜棉花栽培技术体系的研究与应用	江苏省科技成果奖	四等	主持	倪金柱 朱 烨 刘兴民 欧阳显悦 徐立华 钱大顺 葛知男 李大庆 郑春宁
1986	江苏省综合农业区划	国家区划委奖	一等	参加	傅寿仲
1988	我国主要棉区棉花经济施用氮肥关键技术	农业部科学技术进步奖	三等	参加	徐宗敏 徐立华等
1989	江苏省粮棉油作物育种攻关协作研究的设计与实施	江苏省科学技术进步奖	四等	参加	傅寿仲
1990	棉花优质高产结铃模式调节新技术	农业部科学技术进步奖	二等	参加	葛知男 欧阳显悦 徐立华
1991	转Bt杀虫基因的棉花工程植株	中国农业科学院科学技术进步奖	一等	参加	黄骏麒（2） 倪万潮（4）
1992	黄淮海平原中低产地区综合治理与农业开发	农业部科学技术进步奖	特等	参加	钱大顺等

（续表）

奖励时间（年）	成果名称	获奖类型	奖励等级	主持/参加	本单位主要完成人员
1993	棉属稀有种质的繁殖保存和纤维高品质特异材料的创造	农业部科学技术进步奖	三等	参加	钱思颖（2）　黄骏麒（3） 周宝良（4）　彭跃进（5） 陈　松（6）　倪万潮（8） 徐英俊（9）　顾立美（10） 沈新莲（11）　张震林（12）
1993	转基因抗虫棉的抗虫性鉴定技术与抗虫作用系统评价利用	农业部科学技术进步奖	三等	参加	黄骏麒　倪万潮等
1993	麦棉连作棉生育特性与高产高效技术	江苏省科学技术进步奖	四等	主持	李大庆　徐立华等
1993	新疆野生油菜新种质资源的发现与研究	新疆维吾尔自治区科技奖	二等	参加	陈玉卿
1994	我国油菜种质资源收集研究与利用	农业部科学技术进步奖	二等	参加	陈玉卿　傅寿仲
1996	杀虫基因的合成、高效植物表达载体的构建及抗虫转基因棉花的获得	农业部科学技术进步奖	二等	参加	倪万潮（2）　黄骏麒（3）等
1996	棉花苗期草害的防除技术研究	江苏省科学技术进步奖	四等	参加	徐立华
1999	转基因抗虫棉的抗虫性鉴定技术与抗虫作用	农业部科学技术进步奖	三等	参加	黄骏麒（2）　倪万潮（3） 张震林（8）　陈　松（12） 周宝良（15）　张保龙（16）
1999	国抗棉1号选育、推广及配套技术研究	安徽省科学技术进步奖	三等	参加	倪万潮（6）
1999	棉田高效立体种植技术研究与开发应用	江苏省科学技术进步奖	三等	参加	陈祥龙　何循宏　李秀章 徐立华　李国锋
2003	中国农作物种质资源收集保存评价与利用	国家科学技术进步奖	一等	参加	沈端庄　钱思颖　黄骏麒 刘桂玲　程德荣　周宝良 陈　松　沈新莲
2006	高品质棉品种的引进与选育及其产业化研究	江苏省科学技术进步奖	三等	参加	徐立华　杨长琴
2007	优质棉的种质创新与分子育种	教育部技术发明奖	一等	参加	周宝良　沈新莲　陈　松
2007	中国棉花生产景气报告研究与应用	中国农业科学院科学技术进步奖	二等	参加	何循宏　徐立华　杨长琴
2007	中国棉花生产预警监测技术研究与应用	河南省科学技术进步奖	二等	参加	徐立华　何循宏　杨长琴
2008	抗虫杂交棉新品种鄂杂棉24号	湖北省科学技术进步奖	二等	参加	许乃银（4）
2009	转基因抗虫棉GK-12优异种质的创造与利用	山东省科学技术进步奖	一等	参加	倪万潮（9）
2009	油菜菌核病菌抗药性及其综合防治技术研究与开发	江苏省科学技术进步奖	二等	参加	张洁夫（5）　戚存扣（7）

（续表）

奖励时间（年）	成果名称	获奖类型	奖励等级	主持/参加	本单位主要完成人员
2010	国审抗虫杂交棉'鄂杂棉28号'的选育与应用	湖北省科学技术进步奖	二等	参加	许乃银（2）
2011	高油酸花生种质创制研究与应用	中华农业科技奖	一等	参加	陈志德
2012	江苏省农业种质资源平台建设与研究利用	江苏省科学技术进步奖	二等	参加	陈　新（9）
2013	抗逆基因的发掘与分子育种在棉花遗传改良中的应用	新疆维吾尔自治区科学技术进步奖	一等	参加	许乃银
2014	强优势多抗杂交棉新品种'荆杂棉142'的选育与应用	湖北省科学技术进步奖	二等	参加	许乃银（6）
2015	绿豆优异基因资源挖掘与创新利用	神农中华农业科技奖	一等	参加	陈　新（6）
2017	高产优质广适抗虫棉鄂杂棉30的选育与应用	湖北省科学技术进步奖	二等	参加	许乃银（3）
2017	转基因抗虫杂交棉系列新品种选育及产业化关键技术创新与集成应用	安徽省科学技术进步奖	二等	参加	许乃银
2017	油菜耐渍性遗传机理与新品种选育应用	湖北省科学技术进步奖	一等	参加	付三雄（3）　龙卫华（13）
2017	特色粮经作物新品种选育及高效种植模式集成推广	江苏省人民政府	三等	参加	陈　新（2）　袁星星（7）
2018	糖料作物甜菊产业关键技术创新及其应用	江苏省科学技术进步奖	三等	参加	郭书巧
2018	日光温室芦蒿持续高效栽培技术体系研究与应用	江苏省农业科技推广奖	三等	参加	张培通　郭文琦　李春宏　韩晓勇　殷剑美
2019	棉花优质高产协同理论与高效栽培技术	神农中华农业科技奖	一等	参加	刘瑞显　杨长琴　张国伟

三、其他奖励

截至2019年，有27项成果获得江苏省农业科学院科学技术进步奖、江苏农业科技奖、江苏省农业丰收奖等奖项（表5-2）。

表5-2　其他奖励

奖励时间（年）	成果名称	颁奖部门	奖励等级	主持/参加	本单位主要完成人员
1993	油菜双低育种程序中硫苷含量简便快速定性分析技术葡萄糖试纸法	院科学技术进步奖	二等	主持	戚存扣　张洁夫等

（续表）

奖励时间（年）	成果名称	颁奖部门	奖励等级	主持/参加	本单位主要完成人员
1993	大麦后移栽棉高产优质技术原理及调节技术	院科学技术进步奖	一等	主持	徐立华 李大庆 李秀章 杨德银 郑春宁 陈祥龙 肖松华 何循宏 倪金柱 徐宗敏 颜若良
1994	甘蓝型油菜无花瓣种质创建及基础研究	院科学技术进步奖	一等	主持	傅寿仲 吕忠进 戚存扣 陈玉卿 浦惠明 张洁夫
1994	农业科研档案管理标准的研制与应用	院科学技术进步奖	二等	参加	徐立华
1997	甘蓝型油菜与埃塞俄比亚芥种间杂交研究	院科学技术进步奖	一等	主持	戚存扣 傅寿仲 浦惠明 仲裕泉 张洁夫 陈玉卿 伍贻美 张云桥 陈爱华
1998	抗虫基因的构建及转基因抗虫棉的研制	院科学技术进步奖	一等	主持	黄骏麒 陈 松 徐立华
1998	杂交棉苏杂16的选育和利用	院科学技术进步奖	一等	主持	钱大顺 张香桂 朱 烨 许乃银 谢麒麟 徐立华 何循宏
1999	优质油菜育种程序的研制及其应用	院科学技术进步奖	一等	主持	戚存扣等
2003	双低杂交油菜新品种宁杂1号成果转化	江苏省农业成果转化	三等	主持	傅寿仲 浦惠明 戚存扣 伍贻美 张洁夫 陈玉卿等
2003	棉花化学调控技术的推广与应用	江苏省农技推广奖	三等	参加	徐立华（2）
2004	甘蓝型油菜低芥酸黄籽品种——宁油10号选育与应用	院科学技术进步奖	一等	主持	戚存扣 张洁夫 浦惠明 傅寿仲 陈玉卿
2005	《高品质棉直播地膜栽培技术规程》和《棉花高品质棉》	江苏省质量技术监督技术成果奖	三等	参加	徐立华
2007	转基因抗虫棉抗性、产量调控生理基础和关键栽培技术的研究与应用	院科学技术进步奖	二等	主持	徐立华 杨长琴 何循宏 陈祥龙 李国锋 杨德银等
2011	优质彩棉新品种选育及高端纯纺彩棉线衫的研发	院科学技术进步奖	二等	主持	陈旭升 狄佳春 许乃银 马晓杰 肖松华 程德荣 刘剑光 殷剑美 吴巧娟
2011	抗虫杂交棉地膜精播轻简栽培技术研究与应用	院科学技术进步奖	二等	主持	张培通等
2011	甘蓝型油菜蔬两用优质油菜宁油16号选育与应用	院科学技术进步奖	一等	主持	戚存扣等
2013	优质高产油菜新品种创制与应用	院科学技术进步奖	二等	主持	戚存扣 付三雄 顾 慧 张洁夫 陈新军 浦惠明 陈 松 高建芹 陈 锋 龙卫华 胡茂龙

（续表）

奖励时间（年）	成果名称	颁奖部门	奖励等级	主持/参加	本单位主要完成人员
2013	宁杂11号应用及产业化	院科技成果转化奖	二等	主持	张洁夫　陈　锋　戚存扣 浦惠明　陈　松　高建芹 付三雄　胡茂龙　龙卫华 彭　琦　周晓婴　张　维
2015	花生种衣剂应用技术研究与推广	江苏省农业丰收奖	二等	参加	陈志德
2015	日光温室蔬菜高效育苗技术及种植模式的集成应用	江苏省农业丰收奖	一等	参加	张培通　殷剑美　郭文琦
2015	设施蔬菜轻型高效育苗技术集成与应用	连云港市科学技术进步奖	三等	参加	张培通
2015	高产多抗广适绿豆新品种选育及应用	北京市科学技术进步奖	三等	参加	陈　新（6）
2016	早熟矮秆优质高产油菜新品种荣华油6号的选育与应用	南通市科学技术进步奖	三等	参加	陈　锋（4）
2016	花生种质资源的鉴定与育种利用	江苏农业科技奖	一等	主持	陈志德　沈　一　刘永惠
2016	高油高产花生徐花13号、徐花14号选育与应用	院科学技术进步奖	二等	参加	陈志德
2016	泰州优质芋头品种改良及轻简高效栽培技术创新与应用	泰州市科学技术进步奖	二等	参加	张培通、殷剑美
2018	高产优质多抗豇豆新品种及绿色增产增效技术集成应用	江苏农业科技奖	一等	主持	张红梅（1）　陈　新（6） 陈华涛（9）　刘晓庆（10） 袁星星（11）　崔晓艳（12） 薛晨晨（13）　陈景斌（14）

第二节　审（鉴）定品种

　　截至2019年，育成新品种或通过省级以上新品种审（鉴）定153个（表5-3），其中国家级审（鉴）定新品种13个。从2017年开始，非主要农作物实行品种登记制度。

表5-3　审（鉴）定品种

序号	作物种类	品种名称	审定编号	育成或批准时间（年）
1	棉花	中农德字棉24-424		1942
2	棉花	中农德字棉24-1099		1942
3	棉花	华东二号		1950
4	棉花	华东六号		1950
5	棉花	长绒一号		1955
6	棉花	长绒二号		1955

（续表）

序号	作物种类	品种名称	审定编号	育成或批准时间（年）
7	棉花	长绒三号		1955
8	棉花	宁棉1号		1955
9	棉花	宁棉7号		1955
10	棉花	宁棉12号		1959
11	棉花	宁杂1号		1961
12	棉花	江苏棉1号		1970
13	棉花	江苏棉3号		1970
14	棉花	碧抗1号		1976
15	棉花	苏棉1号	苏种审字第106号	1988
16	棉花	苏棉11号	苏种审字第277号	1997
17	棉花	苏棉17号	苏种审字第379号	2000
18	棉花	苏杂26	苏审棉200103	2001
19	棉花	苏杂3号	国审棉2005015	2005
20	棉花	苏杂201	苏审棉200603	2006
21	棉花	苏杂118	皖品审06100527	2006
23	棉花	宁字棉R6	赣审棉2006009	2006
24	棉花	宁字棉R2	皖品审06100524	2006
25	棉花	宁杂棉3号	苏审棉200704	2007
26	棉花	明棉1号	苏审棉200803	2008
27	棉花	苏杂6号	国审棉2008017	2008
28	棉花	苏彩杂1号	苏审棉200902	2009
29	棉花	苏杂208	苏审棉201301	2013
30	棉花	星杂棉168	皖棉2013015	2013
31	棉花	苏研608	苏审棉201403	2014
32	棉花	苏杂668	苏审棉20170002	2017
33	棉花	苏早211	苏审棉20190004	2019
34	棉花	苏棉6039	苏审棉20190001	2019
35	油菜	宁油7号	苏种审字第19号	1982
36	油菜		GS07002-1984	1990
37	油菜	宁油8号	苏种审字第59号	1986
38	油菜	淮宁2号	苏种审字第206号	1993
39	油菜	新油6号	新农审字第9402号	1994
40	油菜	新油7号	新农审字第9402号	1994
41	油菜	宁杂1号	苏种审字第260号	1996
42	油菜		国审油20000002	2000
43	油菜	宁A6	苏种审字第261号	1996
44	油菜	宁油10号	苏种审字第286号	1997
45	油菜		国审油2001010	2001

（续表）

序号	作物种类	品种名称	审定编号	育成或批准时间（年）
46	油菜	宁杂3号	苏种审字第343号	1999
47	油菜	苏优5号	苏审油200103	2001
48	油菜	苏油3号	国审油2003006	2003
49	油菜	宁油12号	苏审油200303	2003
50	油菜	宁油14号	国审油2004024	2004
51	油菜	宁油16号	苏审油200404	2004
52	油菜	宁杂9号	苏审油200501	2005
53	油菜	宁油18号	沪农品审油菜2006第002号	2006
54	油菜		苏引油200801	2008
55	油菜		国审油2007007	2007
56	油菜	宁杂11号	苏审油200803	2008
57	油菜		赣审油2009005	2009
58	油菜	宁杂15号	苏审油200703	2007
59	油菜	宁油20号	苏审油201004	2010
60	油菜	宁杂19号	国审油2010033	2010
61	油菜	宁杂21号	国审油2010004	2010
62	油菜		沪农品审油菜2011第003号	2011
63	油菜	宁杂27	苏审油201202	2012
64	油菜		陕审油2013002号	2013
65	油菜	宁杂1818	苏审油201203	2013
66	油菜		国审油2013016	2013
67	油菜	宁油22	苏审油201403	2014
68	油菜	宁杂31	苏审油201503	2015
69	油菜	宁杂1838	国审油2016003	2016
70	油菜	宁油26	GPD油菜（2018）320221	2018
71	油菜	宁杂559	GPD油菜（2018）320254	2018
72	油菜	瑞油501	GPD油菜（2018）320253	2018
73	油菜	宁R101	GPD油菜（2018）320256	2018
74	油菜	宁杂118	GPD油菜（2019）320052	2019
75	油菜	宁杂158	GPD油菜（2019）320147	2019
76	大豆	58-161		1966
77	大豆	苏豆1号		1973
78	大豆	苏豆3号		1986
79	大豆	宁镇2号		1986
80	大豆	宁镇1号		1983
81	大豆	宁镇1号	GS06001—1992	1993
82	大豆	苏豆3号	苏种审字第234号	1995
83	大豆	日本晴3号	苏审豆200201	2002

（续表）

序号	作物种类	品种名称	审定编号	育成或批准时间（年）
84	大豆	苏早1号	苏审豆200301	2003
85	大豆	早生翠鸟	苏审豆200503	2005
86	大豆	苏豆5号	苏审豆200702	2007
87	大豆	苏豆6号	苏审豆200803	2008
88	大豆	丹波豆	苏农科鉴字【2011】第13号	2010
89	大豆	苏豆8号	国审豆2010014	2010
90	大豆	苏豆7号	苏审豆201202	2012
91	大豆	苏奎1号	苏审豆201201	2012
92	大豆	宁豆4号	苏农科鉴字【2014】第72号	2014
93	大豆	苏豆10号	闽审豆20140002	2014
94	大豆	苏豆11号	苏审豆201503	2015
95	大豆	苏奎2号	苏审豆201601	2016
96	大豆	苏豆18号	苏审豆20170021	2017
97	大豆	苏豆13	苏审豆20180001	2018
98	大豆	苏豆16	苏审豆20180012	2018
99	大豆	苏新5号	苏审豆20180009	2018
100	大豆	苏新6号	苏审豆20190007	2019
101	大豆	苏奎3号	苏审豆20190006	2019
102	大豆	苏豆17	苏审豆20190010	2019
103	绿豆	苏黑绿1号	苏农科鉴字【2011】第14号	2010
104	绿豆	苏绿3号	苏鉴绿豆201102	2011
105	绿豆	苏绿2号	苏鉴绿豆201101	2011
106	绿豆	苏绿5号	苏农科鉴字【2014】第70号	2014
107	绿豆	苏绿7号	苏鉴绿豆201503	2015
108	绿豆	苏绿6号	苏鉴绿豆201502	2015
109	绿豆	苏绿4号	苏鉴绿豆201501	2015
110	绿豆	苏绿9号	苏园会评字【2018】第010号	2018
111	小豆	苏红1号	苏鉴小豆201101	2011
112	小豆	苏红2号	苏鉴小豆201102	2011
113	小豆	苏红5号	苏鉴小豆201503	2015
114	小豆	苏红4号	苏鉴小豆201502	2015
115	小豆	苏红3号	苏鉴小豆201501	2015
116	豇豆	早豇1号	苏审菜200202	2002
117	豇豆	苏豇1号	苏鉴豇豆200901	2009
118	豇豆	早豇4号	苏鉴豇豆200902	2009
119	豇豆	苏豇8号	国品鉴杂2012005	2012
120	豇豆	苏豇2号	苏鉴豇201203	2012

（续表）

序号	作物种类	品种名称	审定编号	育成或批准时间（年）
121	豇豆	早豇5号	苏鉴豇201201	2012
122	豇豆	苏紫豇1号	苏农科鉴字【2012】第6号	2012
123	豇豆	早豇6号	苏农科鉴字【2013】第18号	2013
124	豇豆	苏豇5号	苏鉴豇豆201502	2015
125	豇豆	苏豇3号	苏鉴豇豆201501	2015
126	豇豆	苏青豇1号	苏园会评字【2018】第007号	2018
127	豇豆	苏紫豇2号	苏园会评字【2018】第008号	2018
128	四季豆	苏菜豆1号	苏鉴菜豆200901	2009
129	四季豆	苏菜豆2号	苏鉴菜豆201201	2012
130	四季豆	81-8矮生菜豆	苏农科鉴字【2012】第5号	2012
131	四季豆	苏菜豆11-6	苏农科鉴字【2013】第19号	2013
132	四季豆	苏菜豆4号	苏鉴菜豆201504	2015
133	四季豆	苏菜豆3号	苏鉴菜豆201501	2015
134	四季豆	苏菜豆9号	苏园会评字【2018】第011号	2018
135	四季豆	苏菜豆8号	苏园会评字【2018】第009号	2018
136	蚕豆	苏蚕豆2号	苏鉴蚕豆201202	2012
137	蚕豆	苏蚕豆1号	苏鉴蚕豆201201	2012
138	豌豆	苏豌1号	苏农科鉴字【2011】第11号	2010
139	豌豆	苏豌6号	苏菜豌201204	2012
140	豌豆	苏豌8号	苏农科鉴字【2014】第71号	2014
141	扁豆	苏扁1号	苏农科鉴字【2011】第10号	2010
142	花生	苏花0537	苏鉴花生201515	2015
143	花生	宁泰9922	苏鉴花生201513	2015
144	花生	苏花0537	GPD花生（2018）320196	2018
145	花生	宁泰9922	GPD花生（2018）320134	2018
146	山药	苏蓣1号	苏鉴蓣201501	2015
147	芋头	苏芋1号	苏鉴芋201501	2015
148	芋头	苏菜芋2号	苏鉴芋201502	2015
149	芋头	苏芋2号	苏鉴芋201505	2015
150	芋头	苏芋3号	苏鉴芋201506	2015
151	高粱	苏科甜1号	GDP高粱（2018）320008	2018
152	高粱	苏科甜2号	GDP高粱（2018）320009	2018
153	高粱	苏科甜3号	GDP高粱（2018）320007	2018

第三节 植物新品种权

截至2019年，获得植物新品种保护权25项（表5-4）。

表5-4 授权植物新品种保护权

序号	作物	品种名称	授权号	授权时间（年）
1	油菜	宁油14号	CNA20030294.9	2006
2	油菜	宁油9号	CNA20030291.4	2006
3	油菜	APL01	CNA20030292.2	2008
4	油菜	宁杂9号	CNA20040344.3	2008
5	油菜	苏优5号	CNA20040346.X	2009
6	大豆	江蔬1号	CNA20060462.7	2009
7	棉花	宁杂棉3号	CNA20070485.0	2010
8	油菜	宁杂11号	CNA20070337.4	2011
9	油菜	宁油18号	CNA20080335.2	2011
10	棉花	苏杂6号	CNA20090117.7	2015
11	油菜	宁油20号	CNA20100621.3	2015
12	油菜	宁杂27	CNA20100723.0	2015
13	油菜	土黄花N301	CNA20110465.1	2015
14	棉花	苏棉602	CNA20130291.9	2016
15	棉花	苏Rs棉1号	CNA20120959.3	2016
16	棉花	苏远棉3号	CAN20110626.7	2017
17	油菜	宁杂29	CNA20110359.0	2017
18	大豆	苏豆7号	CNA20130921.7	2017
19	棉花	苏棉9833	CNA20140319.6	2018
20	油菜	宁杂1818	CNA20141098.1	2018
21	油菜	宁油M342	CNA20150448.9	2018
22	红小豆	苏红1号	CNA20140381.9	2019
23	绿豆	苏绿4号	CNA20161877.6	2019
24	绿豆	苏绿6号	CNA20160757.3	2019
25	红小豆	苏红3号	CNA20160777.9	2019

第四节 授权专利

截至2019年，有55项发明专利获得中华人民共和国知识产权局授权（表5-5）。

表5-5　授权专利

序号	专利名称	专利号	授权时间（年）	主要发明人			
1	甘蓝型双低杂交油菜的选育方法	ZL94101559.9	1998	傅寿仲	浦惠明	戚存扣	陈玉卿
				伍贻美	张洁夫	吕忠进	陈爱华
2	甘蓝型油菜无花瓣种质选育技术	ZL94101518.1	1998	傅寿仲	吕忠进	戚存扣	
				陈玉卿	浦惠明	张洁夫	
3	转基因棉花种子纯度鉴定方法	ZL01113764.9	2004	陈旭升	狄佳春	刘剑光	许乃银
				肖松华			
4	转基因抗虫棉苗床去杂良种繁育技术	ZL03112688.X	2005	陈旭升	狄佳春	许乃银	刘剑光
				肖松华			
5	棉花纤维种质库杂交育种方法	ZL03113050.X	2006	周宝良	陈　松	沈新莲	张香桂
				张震陵			
6	甘蓝型杂交油菜制种方法	ZL200410065586.6	2007	戚存扣	浦惠明	张洁夫	傅寿仲
				陈新军	高建芹	黄迎娣	陈　松
7	杂交棉锥型涡轮式负压采粉器	ZL200920231156.5	2010	张香桂	倪万潮	沈新莲等	
8	棉花子叶离体培养不定芽诱导植株再生的方法	ZL200710024879.3	2010	倪万潮	沈新莲	张香桂	何晓兰等
9	一种棉花育苗苗床免通风简化管理办法	ZL200810021984.6	2010	张培通	刘瑞显	杨长琴	殷剑美
					徐立华	杨德银	
10	一种基于氯气消毒的种子灭菌器	ZL201020587475.2	2011	陈华涛	陈　新	顾和平	张红梅
					袁星星	崔晓艳	
11	低温贮能式棉花授粉器	ZL201020503619.1	2011	张香桂	倪万潮	沈新莲	徐　鹏
12	棉花水和式微钵育苗制钵方法	ZL200910183169.4	2011	张培通	纪从亮	杨长琴	刘瑞显
					殷剑美	杨德银	
13	转基因高油酸油菜W-4事件外源插入左边界旁侧序列及应用	ZL201010513697.4	2012	陈　松	戚存扣	张洁夫	浦惠明
				高建芹	胡茂龙	龙卫华	陈新军
				付三雄	陈　锋	顾　慧	周晓婴
14	抗咪唑啉酮类除草剂甘蓝型油菜突变基因及其应用	ZL201010232607.4	2012	胡茂龙	浦惠明	戚存扣	张洁夫
				高建芹	龙卫华	陈　松	陈新军
					陈　锋	顾　慧	
15	一种油菜多目标性状的快速聚合育种方法	ZL201110097939.0	2012	浦惠明	龙卫华	胡茂龙	戚存扣
				张洁夫	陈　松	高建芹	陈新军
				陈　锋	顾　慧	付三雄	傅寿仲
16	低剂量^{60}Co-γ射线处理油菜萌动种子创建高油酸新种质的方法	ZL201010513722.9	2012	浦惠明	龙卫华	高建芹	张洁夫
				陈　松	胡茂龙	戚存扣	陈新军
				陈　锋	顾　慧	付三雄	傅寿仲
17	一种黄籽甘蓝型油菜种质的创建方法	ZL201110210417.7	2012	龙卫华	浦惠明	高建芹	胡茂龙
				戚存扣	张洁夫	陈　松	陈　锋
				顾　慧	付三雄		

（续表）

序号	专利名称	专利号	授权时间（年）	主要发明人
18	棉花诱导长柱头制种方法	ZL201010534818.3	2012	张香桂　倪万潮　何循宏　沈新莲　徐　鹏
19	一种提高植物耐盐性的棉花耐盐基因GarCIPK	ZL201210137339.7	2013	沈新莲　冯　娟　刘章伟　徐　鹏　张香桂
20	一种检测甘蓝型油菜抗咪唑啉酮类除草剂基因的分子标记方法	ZL201210291068.0	2013	胡茂龙　浦惠明　戚存扣　张洁夫　高建芹　龙卫华　陈　松　付三雄　陈　锋　周晓婴　张　维
21	一种利用山药微型薯块进行苗床集中快速扩繁种薯的方法	ZL201210381026.6	2013	殷剑美　韩晓勇　张培通　彭　琦　郭文琦　张恒友
22	一种20个磁头的磁力搅拌器	ZL201320025038.5	2013	张红梅　陈　新　顾和平　陈华涛　袁星星　崔晓艳
23	一种棉花旋转刷采粉器	ZL201320712542.2	2014	张香桂　倪万潮　沈新莲　徐　鹏　郭　琪
24	一种棉花纤维长度单QTL近等基因系的创建方法	ZL201310245529.9	2014	徐　鹏　高　进　沈新莲　张香桂　范昕琦
25	一种促进盐碱地棉花苗期安全有效生长的抗盐保苗剂	ZL201310455502.9	2014	杨富强　杨长琴　刘瑞显　张国伟
26	一种中熟夏大豆品种种植方法	ZL201310016787.6	2014	张红梅　顾和平　陈　新　袁星星　陈华涛　崔晓艳
27	一种用于秸秆还田装置的碎草刀	ZL201420579130.0	2015	张国伟　刘瑞显　杨长琴
28	一种利用发酵床废料进行棉花育苗移栽的方法	ZL201310415233.3	2015	刘瑞显　张国伟　杨长琴　杨富强
29	一种预测转Bt基因棉花抗虫性强度的方法	ZL201410130084.0	2015	陈旭升　狄佳春　赵　亮
30	一种甘蓝型油菜抗磺酰脲类除草剂基因及其应用	ZL201310111739.5	2015	胡茂龙　浦惠明　龙卫华　高建芹　张洁夫　陈　松　陈　锋　付三雄　周晓婴　张　维　彭　琦　戚存扣
31	一种半野生抗豆象小豆杂交获得抗豆象小豆的方法	ZL201310062684.3	2015	袁星星　陈　新　崔晓艳　顾和平　陈华涛　张红梅　唐于银
32	一种多层可移动家庭用豆类芽苗菜培育装置	ZL201420387747.2	2015	陈华涛　陈　新　袁星星　张红梅　崔晓艳　刘晓庆
33	一种易整理纸质种子贮藏袋的制作方法	ZL201510199169.9	2016	高建芹　浦惠明　张洁夫　龙卫华　胡茂龙　周晓婴　张　维
34	一种BL21（DE3）ΔaroA菌株的构建方法及其应用	ZL201410346343.3	2016	巩元勇　倪万潮　郭书巧　束红梅　沙　琴
35	甜叶菊脱叶机	ZL201520767777.0	2016	郭书巧　倪万潮　束红梅　巩元勇　蒋　璐　朱静雯

（续表）

序号	专利名称	专利号	授权时间（年）	主要发明人			
36	甜叶菊施肥器	ZL201520767778.5	2016	倪万潮	郭书巧 蒋 璐	束红梅	巩元勇
37	一种芋头地方品种快速提纯复壮的方法	ZL201410199733.2	2016	殷剑美	张培通 郭文琦	王 立 李春宏	韩晓勇
38	一种块状山药种薯苗床高效繁殖方法	ZL201410159226.6	2016	殷剑美	张培通 郭文琦	王 立 李春宏	韩晓勇
39	一种甜高粱耐盐品种的选育的方法	ZL201510058964.6	2016	李春宏	张培通 韩晓勇	郭文琦 王 立	殷剑美
40	一种大豆GmHKT蛋白及其编码基因与应用	ZL201410368246.4	2016	陈华涛	陈 新 崔晓艳	张红梅 刘晓庆	袁星星
41	一种抗豆象种质资源筛选装置	ZL201620107649.8	2016	袁星星	陈 新 张红梅	崔晓艳 刘晓庆	陈华涛
42	一种蚕豆春化处理装置	ZL201620201376.3	2016	邵 奇 陈华涛	袁星星 张红梅	陈 新 刘晓庆	崔晓艳
43	食品包装袋（脱水油菜薹）外观设计	ZL201730145640.6	2017	付三雄 陈 锋 高建芹	张洁夫 周晓婴 彭 琦 戚存扣	张 维 浦惠明 胡茂龙	陈 松 龙卫华 王晓东
44	棉花糖基转移酶基因GhUGT73C6及其在调控植物株型中的应用	ZL201510213189.7	2017	束红梅	倪万潮 蒋 璐	郭书巧 朱静雯	巩元勇
45	一种盐碱地绿化苗木耐盐能力的测定方法	ZL201510784701.3	2017	郭文琦	张培通 韩晓勇	李春宏 王 立	殷剑美
46	一种利用山药组培苗培育山药种薯的方法	ZL201510182586.2	2017	韩晓勇	殷剑美	王 立	张培通
47	一种耐盐甜高粱种质鉴定的方法	ZL201510017183.2	2017	李春宏	张培通 韩晓勇	郭文琦 王 立	殷剑美
48	早熟陆地棉新种质选育方法	ZL201510475422.9	2017	沈新莲	徐 鹏 徐珍珍	张香桂	郭 琪
49	一种调控植物耐盐性的棉花WRKY转录因子GarWRKY22及应用	ZL201410568327.9	2018	沈新莲	范昕琦 张香桂	徐 鹏	郭 琪
50	一种薯芋类作物室内越冬贮藏的方法	ZL201510956860.7	2018	王 立	殷剑美 郭文琦	韩晓勇 李春宏	张培通
51	棉花单位点质量基因在染色体的快速定位方法	ZL201610224903.7	2019	陈旭升	周向阳	赵 亮	狄佳春
52	检测甘蓝型油菜抗磺酰脲类除草剂基因BnALS3R的引物与应用	ZL201510213846.8	2019	胡茂龙 张洁夫 周晓婴 戚存扣	浦惠明 陈 松 张 维	龙卫华 陈 锋 彭 琦	高建芹 付三雄 王晓东

（续表）

序号	专利名称	专利号	授权时间（年）	主要发明人
53	一种使花生芽富集白黎芦醇的方法	ZL201710001010.0	2019	沈 一 刘永惠 沈 悦 陈志德
54	一种邳州白蒜组织培养方法及培养基组合	ZL201710281468.6	2019	郭文琦 韩晓勇 张培通
55	一种芦蒿脱毒苗的快繁方法	ZL2016109463351	2019	韩晓勇 郭文琦 张培通 李春宏 殷剑美 王 立

第五节 技术标准

截至2019年，制定并获得行业标准和江苏省地方标准34项，其中参与编制行业标准3项（表5-6）。

表5-6 行业标准和江苏省地方标准

序号	标准名称	标准号	发布时间（年）	类别	制定人
1	棉花育苗移栽亩产皮棉100~125kg栽培技术规程	DB32/T 316—1999	1999	地方标准	李秀章 陈祥龙 何循宏 徐立华 李国锋
2	高品质棉直播地膜栽培技术规程	DB32/T 647—2004	2004	地方标准	徐立华（2）
3	长江流域棉花生产技术规程	NY/T 1292—2004	2004	行业标准	何循宏（2） 徐立华（5）
4	双低常规油菜种子生产技术规程	DB32/T 683—2004	2004	地方标准	傅寿仲 戚存扣 浦惠明 张洁夫
5	双低杂交油菜亲本繁殖及杂交制种	DB32/T 813—2005	2005	地方标准	傅寿仲 戚存扣 浦惠明 张洁夫
6	高品质棉花高产保优栽培技术规程	不详	2005	地方标准	徐立华（4）
7	棉花生产全程质量控制技术	DB32/T 1073—2007	2007	地方标准	徐立华（1） 张培通（2） 杨长琴（4） 何循宏（6）
8	科棉3号育苗移栽高产栽培技术规程	DB32/T 1092—2007	2007	地方标准	徐立华（3）
9	棉花育苗移栽亩产皮棉100~125kg栽培技术规程（修订）	DB32/T 316—2007	2007	地方标准	张培通 徐立华 杨长琴 何循宏
10	棉花机械化微钵育苗技术规程	DB32/T 1284—2007	2007	地方标准	李国锋 徐立华 张培通 杨长琴

（续表）

序号	标准名称	标准号	发布时间（年）	类别	制定人		
11	农作物品种试验技术规程——棉花	NY/T 1302—2007	2007	行业标准	许乃银（4）	陈旭升（8）	
12	农作物品种审定规范——棉花	NY/T 1297—2007	2007	行业标准	陈旭升（4）	许乃银（8）	
13	机栽油菜秧苗生产技术规程	DB32/T 1466—2009	2009	地方标准	龙卫华	浦惠明	戚存扣
14	鲜食豌豆苏豌1号生产技术规程	DB32/T 1516—2009	2009	地方标准	陈　新	顾和平	张红梅
13	早生翠鸟大豆栽培技术规程	DB32/T 1489—2009	2009	地方标准	顾和平	陈　新	张红梅
16	早豇1号豇豆	DB32/T 1488—2009	2009	地方标准	张红梅	陈　新	顾和平
17	苏绿5号绿豆	DB32/T 1492—2009	2009	地方标准	陈　新	顾和平	张红梅
18	苏豆5号大豆	DB32/T 1490—2009	2009	地方标准	陈　新	张红梅	顾和平
19	苏豆6号大豆	DB32/T 1491—2009	2009	地方标准	陈　新	张红梅	顾和平
20	杂交油菜品种宁杂15	BD32/T 1768—2011	2011	地方标准	胡茂龙	浦惠明	戚存扣
21	棉花品种（系）苗期耐盐性鉴定与评价技术规程	DB32/T 2268—2012	2012	地方标准	张香桂	沈新莲	徐　鹏
22	棉籽油分含量无损测定近红外光谱检测法	DB32/T 2269—2012	2012	地方标准	徐　鹏	沈新莲	张香桂
23	新大粒1号大豆	DB32/T 2598—2013	2013	地方标准	张红梅　陈　新	袁星星　陈华涛	崔晓艳　顾和平
24	苏扁1号扁豆品种	DB32/T 2584—2013	2013	地方标准	陈　新　崔晓艳	袁星星　张红梅	陈华涛　顾和平
25	苏红1号红小豆品种	DB32/T 2586—2013	2013	地方标准	袁星星　陈　新	崔晓艳　顾和平	张红梅　陈华涛
26	苏绿2号绿豆品种	DB32/T 2588—2013	2013	地方标准	顾和平　袁星星	陈　新　张红梅	崔晓艳　陈华涛
27	苏豆8号大豆	DB32/T 2585—2013	2013	地方标准	陈　新　陈华涛	袁星星　张红梅	崔晓艳　顾和平
28	荷兰豆品种苏豌1号	DB32/T 2565—2013	2013	地方标准	陈　新　袁星星	张红梅　陈华涛	崔晓艳　顾和平
29	双低甘蓝型油菜宁油20号	DB32/T 3276—2017	2017	地方标准	付三雄	戚存扣	张洁夫
30	杂交油菜品种宁杂21号	DB32/T 3277—2017	2017	地方标准	龙卫华　胡茂龙	浦惠明　张洁夫	高建芹　戚存扣
31	油菜耐盐性鉴定及评价技术规程	DB32/T 3278—2017	2017	地方标准	龙卫华　高建芹　戚存扣	浦惠明　陈　松	胡茂龙　张洁夫

（续表）

序号	标准名称	标准号	发布时间（年）	类别	制定人
32	花生新品种中花16高产栽培技术规程	DB32T 3275—2017	2017	地方标准	刘永惠
33	菜用大豆品种苏奎1号	DB32/T 3286—2017	2017	地方标准	陈华涛　陈　新　崔晓艳 袁星星　张红梅　刘晓庆
34	多子芋栽培技术规程	DB32/T 3499—2019	2019	地方标准	殷剑美　张培通 王　立　韩晓勇
35	芋头脱毒快繁技术规程	DB32/T 3519—2019	2019	地方标准	殷剑美　张培通 王　立　韩晓勇
36	早熟棉直播栽培技术规程	DB32/T 3520—2019	2019	地方标准	杨长琴　刘瑞显　张国伟 杨富强　倪万潮

第六节　江苏省农业主推技术

一、优质芋头起垄覆黑膜全程机械化高效种植技术

以起垄覆黑膜种植技术为基础，集成优化群体、科学施肥和绿色防控技术，引进改造起垄播种、壅土和收获机械，实现全程机械化，省工节本效果显著。该技术适宜沿江地区优质多子芋生产。

二、块状山药起垄覆黑膜机械化栽培技术

该技术选用优质块状山药新品种，实行起垄覆黑膜种植，集成优化株行配置、科学施肥和绿色防控技术，引进改造配套的起垄和收获机械，实现全程机械化作业，省工节本效益显著。该技术适宜江苏省山药主产区应用。

三、特色粮油经济作物优质高效种植技术

花生、芋头、甘薯等特色粮油经济作物在江苏省有一定种植面积，泗阳八集花生、靖江香沙芋等地方特色品种享誉省内外。但以上作物生产中普遍存在品种混杂退化严重、机械化节本增效技术欠缺、病虫害绿色防控技术研究不足等不适应现代特色高效农业的专业生产规模种植的技术问题，限制了江苏省特色粮油作物的进一步发展。本技术针对江苏省特色粮油经济作物生产中存在的上述关键技术瓶颈，系统开展江苏地方特色优质花生、芋头、甘薯等作物品种筛选，研究集成花生和甘薯垄作高效轻简化栽培技术、芋头和甘薯脱毒组培技术体系等系列优质高效种植技术，为江苏省特色粮油经济作物高效生产提供技术支撑。

四、特粮特经作物多元多熟高效种植模式

随着农业供给侧结构调整的需要，特粮特经作物因生育期短、种植模式多样、对土壤要求不严等原因种植面积正逐年加大，而随着人们对健康的追求而对各种特粮特经产品需求也日益增加。但特粮特经作物存在品种多乱杂、种植模式过于单一、比较效益不高等诸多问题。本技术以"绿色、优质、高效"为目标，通过系列高效种植模式优良品种筛选，形成适宜不同区域的品种

组合，围绕高效复合种植新模式，示范配套的安全、标准化生产技术，来提高农民收入，促进农业可持续发展，进而为居民"保健性需求，多元化消费，高品质生活"提供可靠物质保障。

第七节　著　作

截至2020年，编著著作97部（表5-7）。

表5-7　著作清单

序号	著作名称	作者（著作方式）	出版社	出版时间（年）
1	棉花的育苗移栽	华兴鼐、朱　烨、朱绍琳、刘艺多、张克俊、袁申盛	江苏人民出版社	1956
2	棉花的密植和整枝	刘艺多编著	江苏人民出版社	1957
3	中国棉花栽培学	刘家樾参编	上海科技出版社	1959
4	大田作物试验方法	朱绍琳、黄骏麒参编	上海科技出版社	1959
5	棉花丰产技术研究	中国农业科学院江苏分院编著	中国农业出版社	1960
6	棉花栽培技术问答	刘艺多编著	江苏人民出版社	1961
7	中国油菜栽培	姜诚贯参编	中国农业出版社	1964
8	棉花百题	倪金柱、钱思颖、朱绍琳、黄骏麒编著	江苏人民出版社	1964
9	油菜百题	中国农业科学院江苏分院经济作物研究所、江苏省农林厅农业局编著	江苏人民出版社	1966
10	油菜栽培问答	江苏省农业科学研究所、扬州地区革委会农业处、常熟县革委会农业局	江苏人民出版社	1974
11	棉花的一生	倪金柱等编著	上海科技出版社	1975
12	棉花高产技术	江苏省农业科学院经济作物研究所主编，倪金柱、刘艺多参编	江苏科技出版社	1979
13	油菜	傅寿仲、戚存扣、陈玉卿、伍贻美等编著	江苏省科学技术协会普及工作部	1982
14	中国棉花栽培学（第2版）	刘艺多参编	上海科技出版社	1983
15	油菜的形态与生理	傅寿仲主编	江苏科技出版社	1983
16	中国夏大豆栽培	费家骥等编著	山东科技出版社	1984
17	大豆高产栽培问答	费家骥、顾和平编著	江苏科技出版社	1984
18	油菜栽培问答	傅寿仲主编	江苏科技出版社	1985
19	中国大豆品种资源目录（续一）	顾和平参编	中国农业出版社	1985
20	棉花栽培生理	倪金柱主编，朱绍琳、欧阳显悦、谢其林、周　恒、刘艺多、黄骏麒、徐立华参编	上海科技出版社	1986
21	大豆的营养和加工	费家骥等编著	广西科技出版社	1986
22	实用油菜栽培学	傅寿仲参编	上海科技出版社	1987
23	中国的亚洲棉	沈端庄共同主编，陈仲芳、肖庆芳、钱思颖参编	中国农业出版社	1988

（续表）

序号	著作名称	作者（著作方式）	出版社	出版时间（年）
24	棉花及其产品	黄骏麒译	中国农业出版社	1988
25	象牙海岸无腺体棉花育种及其应用的经济效益	黄骏麒	中国农业出版社	1988
26	灰色系统决策与应用	承泓良编著	江苏科技出版社	1989
27	中国大豆品种资源目录（续二）	顾和平参编	中国农业出版社	1989
28	中国农业科技四十年国内棉花育种和栽培研究的成就与发展	倪金柱、朱绍琳等	中国农业出版社	1989
29	中国油菜栽培学	傅寿仲参编	中国农业出版社	1990
30	优质棉丰产栽培与种子加工	刘艺多参编	河北科技出版社	1990
31	全国不同生态区棉花优质高产栽培技术规范	蒋国柱、李秀章主编，颜若良、徐宗敏参编	南京大学出版社	1991
32	江苏棉作科学	黄骏麒、李宗岳、承泓良、徐宗敏参编	江苏科技出版社	1992
33	农业分子育种研究进展	黄骏麒参编	中国农业科技出版社	1993
34	中国棉花栽培科技史	倪金柱编著	中国农业出版社	1993
35	短季棉育种与栽培	承泓良、陈祥龙编著	江苏科技出版社	1994
36	全国棉花栽培技术规范	李秀章参编	中国农业出版社	1994
37	当代世界棉业	黄骏麒、承泓良、徐立华参编	中国农业出版社	1995
38	江苏油作科学	傅寿仲主编，陈玉卿、伍贻美、戚存扣参编	江苏科技出版社	1995
39	中国棉花抗病育种	承泓良参编	江苏科技出版社	1996
40	中国棉花品种及其系谱	陈仲芳、朱绍琳、黄骏麒、肖庆芳参编	中国农业出版社	1996
41	杂交油菜的育种与利用	傅寿仲参编	湖北科技出版社	1997
42	江苏科学技术志	傅寿仲参编	科技文献出版社	1997
43	中国棉作学	黄骏麒主编，李宗岳、承泓良、周宝良、肖松华、徐立华、陈祥龙参编	中国农业科技出版社	1998
44	棉花规范化高产栽培技术	李秀章参编	金盾出版社	1998
45	杂交棉花高产栽培技术	钱大顺	江苏科技出版社	1999
46	育苗移栽棉花高产栽培新技术	刘艺多、徐立华、钱大顺编著	江苏科技出版社	1999
47	棉田草害防除新技术	何循宏	江苏科技出版社	1999
48	棉花育苗移栽技术	刘艺多编著	金盾出版社	1999
49	农业生物工程技术	黄骏麒、陈松、周宝良参编	河南科学技术出版社	2000
50	中国棉花抗虫育种	黄骏麒主编，徐立华、肖松华参编	江苏科技出版社	2002
51	棉花高产优质高效栽培实用技术	何循宏参编	中国农业出版社	2002
52	中国棉花遗传育种学	黄骏麒参编	山东科学技术出版社	2003

（续表）

序号	著作名称	作者（著作方式）	出版社	出版时间（年）
53	优质棉花新品种及其栽培技术	何循宏副主编	中国农业出版社	2003
54	植物分子育种	黄骏麒副主编	科学出版社	2004
55	中国棉花生产景气报告2003	何循宏参编	中国农业出版社	2004
56	转基因棉花	倪万潮参编	科学出版社	2004
57	TRANSGENIC COTTON	倪万潮参编	科学出版社	2004
58	缅怀农学前辈	朱　烨、黄骏麒、傅寿仲、徐宗敏、沈克琴、李宗岳参编	江苏科学技术出版社	2005
59	中国棉花生产景气报告2004	何循宏参编	中国农业出版社	2005
60	中国棉花生产景气报告2005	徐立华参编	中国农业出版社	2006
61	棉花优质高产新技术	徐立华编委	中国农业科学技术出版社	2006
62	中国棉花生产景气报告2006	徐立华参编	中国农业出版社	2007
63	中国科学技术专家传略（农学篇作物卷）	张洁夫参编	中国科学技术出版社	2008
64	中国油菜生产抗灾减灾技术手册	戚存扣参编	中国农业科学技术出版社	2009
65	傅寿仲文选	戚存扣主编	中国农业科学技术出版社	2009
66	《新农村实用科技知识简明读本》	徐立华、戚存扣参编	江苏科技出版社	2009
67	现代中国高品质棉	徐立华参编	中国农业科学技术出版社	2009
68	棉花节本增效栽培技术	许乃银副主编，徐立华参编	金盾出版社	2010
69	棉花生产百问百答	许乃银副主编，徐立华参编	中国农业出版社	2010
70	中国棉花新品种动态：2010年国家棉花品种区域试验汇总报告	许乃银等主编	中国农业科学技术出版社	2011
71	作物遗传改良	戚存扣参编	中国农业科学技术出版社	2011
72	Detection，Understanding and Control of Soybean Mosaic Virus	Xiaoyan Cui，Xin Chen and Aiming Wang	Springer（斯普林格）	2011
73	现代中国棉花生产技术	倪万潮，张香桂，邹芳刚参编	中国农业科学技术出版社	2011
74	Legal protection of plants and its economic implications	许乃银参编	Paris：Economica	2012
75	中国棉花新品种动态：2011年国家棉花品种区域试验汇总报告	许乃银等主编	中国农业科学技术出版社	2012
76	绿豆、红豆与黑豆生产配套技术手册	陈　新、崔晓艳、陈华涛、顾和平、袁星星	中国农业出版社	2012

（续表）

序号	著作名称	作者（著作方式）	出版社	出版时间（年）
77	豆类蔬菜生产配套技术手册	陈　新、顾和平、袁星星、张红梅、陈华涛、崔晓艳	中国农业出版社	2012
78	农业科研之路	李国锋、李秀章、黄骏麒、傅寿仲、葛知男参编	江苏科学技术出版社	2012
79	中国棉花新品种动态：2012年国家棉花品种区域试验汇总报告	许乃银等主编	中国农业科学技术出版社	2013
80	中国棉花栽培学	徐立华主审、编委	上海科技出版社	2013
81	中国棉花新品种动态：2013年国家棉花品种区域试验汇总报告	许乃银等主编	中国农业科学技术出版社	2014
82	芋头栽培	张培通、殷剑美	中国农业出版社	2014
83	农作物品种试验数据管理与分析	许乃银译著	中国农业科学技术出版社	2015
84	中国棉花新品种动态：2014年国家棉花品种区域试验汇总报告	许乃银等主编	中国农业科学技术出版社	2015
85	农作物品种试验数据管理与分析	许乃银	中国农业科学技术出版社	2015
86	2015年棉花国家区试品种报告	许乃银等主编	中国农业科学技术出版社	2016
87	食用豆生产技术丛书——绿豆生产技术	陈　新	北京教育出版社	2016
88	食用豆生产技术丛书——豇豆生产技术	陈　新、袁星星、陈华涛、张红梅、崔晓艳、刘晓庆	北京教育出版社	2016
89	2016年棉花国家区试品种报告	许乃银等主编	中国农业科学技术出版社	2017
90	蔬菜设施生产技术全书	陈　新、袁星星、陈华涛、崔晓艳、张红梅、刘晓庆	中国农业出版社	2017
91	2017年棉花国家区试品种报告	许乃银等主编	中国农业科学技术出版社	2018
92	江南华南地区农事旬历指导手册	张洁夫等主编	江苏凤凰科学技术出版社	2018
93	建昌红香芋安全优质高效种植技术	王　立、张培通、殷剑美	江苏凤凰科学技术出版社	2018
94	丰县现代农业产业富民高效种养模式	郭文琦、张培通	江苏凤凰科学技术出版社	2018
95	Salinity Responses and Tolerance in Plants，Volume 2	Huatao Chen，Xin Chen	Springer（斯普林格）	2018
96	2018年棉花国家区试品种报告	许乃银等主编	中国农业科学技术出版社	2019
97	花生优质高效绿色生产技术	陈志德、沈　一、刘永惠、沈　悦	江苏凤凰科技出版社	2020

（续表）

序号	著作名称	作者（著作方式）	出版社	出版时间（年）
98	甜叶菊优质高效绿色生产技术	郭书巧	江苏凤凰科技出版社	2020

第八节　论　文

　　建所初期，孙恩麐、冯泽芳、胡竟良、奚元龄等先生从国外著名大学学成归国，其深厚的理论水平和丰富的实践经验为中国早期棉花科研奠定了基础，由于查考困难，表5-8列出了那一时期部分发表的论文。十年"文革"期间，科研工作几乎停止，论文也鲜有发表。改革开放以后，我所科研力量和科研水平有大幅度提升，据不完全统计，共发表学术论文1 470余篇，由于篇幅有限，仅列出每年发表数量（表5-9）。

表5-8　1933—1978年发表的部分学术论文

编号	题目	作者	杂志名称	年份	卷号（期号）：起止页码
1	棉作栽培及改良计划	孙恩麐	中华棉产改进会	1933	2（1-1）：39-42
2	棉作栽培法之改进	孙恩麐	通农期刊	1933	1（1）：81-85
3	推广改良棉种如何保全纯良	孙恩麐	中国棉产改进统计会议专刊	1933	37-46
4	棉作栽培试验	孙恩麐	中华棉产改进会	1934	2（6-2）：30-32
5	盐垦区之植棉法	孙恩麐	通农期刊	1934	1（2）：45-52
6	农艺研究用之统计法	孙恩麐译	中华农学会报	1934	121：43-76
7	适于中国栽培的美棉新品种	冯泽芳	农报	1935	2：935-937
8	棉种推广方法	冯泽芳　万兹先	农报	1935	2（10）：325-329
9	再论斯字棉与德字棉	冯泽芳	农报	1936	3：1309-1312
10	中国棉区之天然环境	冯泽芳	农报	1937	4（4）：179-180
11	关于云南木棉之几种研究	冯泽芳　奚元龄　陈　仁	农报	1940	5：213-215
12	一年来云南木棉推广事业	冯泽芳　张天放	农报	1940	5：216-221
13	中国之三个棉花适应区域	冯泽芳	农报	1940	5：442-443
14	我国棉工业区域的合理分布	冯泽芳	农报	1940	3：170-175
15	四川植棉的新希望	胡竟良	农报	1940	5（116-18）：273-276
16	我国古代植棉考略	胡竟良	农报	1941	6（28-30）：605-609
17	云南棉业之现况及其展望	杜春培	农报	1941	6（7-9）：155-160
18	中国棉种调查研究成果述略	俞启葆	农报	1941	6（10-12）：243-246

（续表）

编号	题目	作者	杂志名称	年份	卷号（期号）：起止页码
19	德字棉与斯字棉之新品系	王桂五	农报	1941	6（13-15）：291-292
20	陕西泾惠渠区四号斯字棉之研究	闵乃扬	农报	1941	6（28-30）：645-649
21	棉之僵烂铃研究	华兴鏛	农报	1941	6（34-36）：740-747
22	云南木棉推广之回顾与展望	孙　方	农报	1943	8（7-2）：98-105
23	中农德字棉两新品系之育成	胡竟良	农报	1943	8（31-36）：338-340
24	珂字棉——又一适于我国栽培之美丽棉品种	胡竟良	农报	1943	8（31-36）：340-344
25	蚕豆遗传之初步研究报告	华兴鏛	农林部中央农业实验所特刊	1943	29号
26	蚕豆之人工自交与杂交	华兴鏛	农报	1943	8（31-36）：16-18
27	复兴棉产问题	胡竟良	中国纺织学会会刊	1944	2：25-27
28	德字棉之试验结果及其推广成绩	胡竟良	农报	1944	9（7-12）：88-107
29	中国棉产之前途	胡竟良	农报	1946	11（1-9）11-14
30	美国棉业改进之新途径	胡竟良	农报	1946	11（27-36）：69-77
31	两湖棉区巡礼	华兴鏛	中国棉讯	1947	1（15）：176-177，181
32	介绍美国珂克斯纯种公司	华兴鏛	中国棉讯	1948	1（1）：75-77
33	选种与杂交育种	华兴鏛	中国棉业副刊	1948	2（11）：1-2
34	棉作育种问题的探讨：（一）论基本概念	华兴鏛	中国棉业	1948	1（2）：1-3
35	纵论我国棉业政策	华兴鏛	中国棉讯	1949	3（4）：52-54
36	棉田试验的观察与记载的讨论	华兴鏛	工作通讯	1951	II（4）
37	人工辅助授粉在棉作上应用的结果	朱绍琳	科学通报	1951	3：269-271
38	山东胶东棉区棉株发生红枯现象的调查	华兴鏛等	华东农业科技通报	1953	2
39	棉花密植整枝施肥综合试验	倪金柱等	农业学报	1954	IV（3）
40	海岛棉和陆地棉种间无性杂交的研究	奚元龄等	Journal of Integrative Plant Biology	1955	4（4）：327-346
41	棉花营养钵育苗		华东农业科技通报	1955	3

（续表）

编号	题目	作者	杂志名称	年份	卷号（期号）：起止页码
42	盐碱地植棉	刘家樾	棉花	1959	12：26-28
43	有关长绒棉生产情况的介绍		棉花	1959	9：17-22
44	争取麦茬大豆更大丰收	费家骅　凌以禄	中国农业科学	1959	348-350
45	论棉花密植	华兴鼐	华东农业科技通报	1959	5
46	谈棉花蕾铃脱落	华兴鼐	华东农业科技通报	1959	7
47	关于棉花的整枝	刘艺多等	华东农业科技通报	1959	7
48	增蕾保铃解决脱落争取棉产大跃进	华兴鼐	棉花	1959	4
49	关于棉花营养问题研究结果的报道		棉花	1960	5：17-23
50	利用杂种优势发展长绒棉生产	华兴鼐	棉花	1960	6-8
51	海岛棉光照阶段特性的研究	汪宗立　奚元龄	植物学报	1960	9（1）：1-15
52	棉花播种期试验		棉花	1960	2：7-12
53	增蕾保铃解决脱落争取棉产更大跃进		棉花	1960	4：14-16
54	关于棉花栽培研究工作中的几个问题的讨论	华兴鼐	中国农业科学	1961	11：43-45
55	提高棉花良种种性的途径	朱绍琳	中国农业科学	1962	4：37-40
56	宁棉7号的选育与育种技术研究	陈仲方　李宗岳	作物学报	1962	1（3）：226-234
57	大豆初花期追施氮肥的增产效果研究	费家骅	作物学报	1962	1（2）：127-137
58	长绒3号射线处理效果的观察	陈仲方　李宗岳	作物学报	1962	1（4）：427-429
59	棉田氮肥施用技术及其增产作用初报	倪金柱等	作物学报	1962	1（4）：387-398
60	海岛棉与陆地棉杂种一代优势利用的研究	华兴鼐等	中国农业科学	1963	2：1-8
61	海岛棉与陆地棉杂种一代优势利用的研究	华兴鼐等	作物学报	1963	2（1）：1-32
62	陆地棉与中棉种间杂交的研究及在育种上的应用	钱思颖　周　行	作物学报	1963	2（1）：29-45

（续表）

编号	题目	作者	杂志名称	年份	卷号（期号）：起止页码
63	2，3，5-三碘苯甲酸溶液对大豆增花、增荚、增重的研究	费家骍等	作物学报	1963	2（2）：220-222
64	夏大豆不同生育期干物质、糖类和氮化合物质积累的初步研究	费家骍等	作物学报	1963	2（1）：83-94
65	陆地棉变异与"退化"研究	朱绍琳　黄骏麒	作物学报	1964	3（1）：51-67
66	江苏省启东、海门地区粮棉轮作初步研究	倪金柱等	中国农业科学	1964	38-42
67	棉花高产栽培生理研究	奚元龄	植物生理学通讯	1964	1：34-40
68	高等新植物吸收无机营养的动态	傅寿仲译	油料作物	1964	6：78-83
69	海岛棉品种资源的初步观察	陈仲方　沈臣	作物学报	1965	4（3）：275-290
70	棉花高产施肥技术的研究	奚元龄	作物学报	1965	4（2）：115-125
71	棉花高产综合栽培技术研究	刘艺多	浙江农业科学	1965	166-171
72	棉花叶柄硝态氮的速测诊断与看苗施肥		中国农业科学	1965	10：41-45
73	启东两熟棉区棉花壮苗早发及高产施肥技术调查研究		作物学报	1965	IV（3）
74	狠抓棉种质量争取一播全苗		江苏农业科技	1973	1
75	1973年长江流域棉花新品种区域试验综合简报		中国棉花	1974	20-24
76	江苏棉3号麦后播种试验		中国棉花	1975	16-18
77	一九七四年长江流域棉花品种区域试验总结		中国棉花	1975	20-23
78	江苏省春油菜栽培简况与技术关键		江苏农业科技	1975	（3）：11-12
79	江苏棉一号、三号的选育		中国农业科学	1976	1：73
80	江苏棉一号的选育		遗传学报	1976	2（4）：272-278
81	棉花育种动向与展望	奚元龄	遗传学报	1976	3（2）：171-178
82	晚茬油菜四项技术改革		油料作物科技	1976	（4）：15-19

（续表）

编号	题目	作者	杂志名称	年份	卷号（期号）：起止页码
83	油菜新品种宁油七号的选育		江苏农业科技	1976	（6）：61-64
84	建立公社一级的油菜良种繁育制度		油料作物科技	1977	（3）：46-48
85	油菜春发营养诊断的探讨		油料作物科技	1977	（3）：49-54
86	杂交油菜研究动态		江苏农业科技	1977	（6）：50-53
87	自然异变有助于棉花研究	黄骏麒译	江苏农业科技	1978	59
88	晚茬油菜高产途径的探讨	傅寿仲	中国农业科学	1978	（3）：23-28
89	油菜的杂种优势育种	傅寿仲译	江苏农业科技	1978	（2）：60-65
90	利用油菜细胞质雄性不育进行杂种优势育种的研究	傅寿仲译	江苏农业科技	1978	（3）：73-78
91	菜籽油的脂肪酸组成及其改良	傅寿仲译	油料作物科技	1978	（4）：52-59
92	油菜高产的长相与看苗诊断（上）	傅寿仲	农业科技通讯	1978	（12）：11-12

表5-9　1979—2019年发表论文篇数

年份（年）	论文篇数（篇）	SCI论文篇数（篇）
1979	7	—
1980	5	—
1981	3	—
1982	10	—
1983	13	—
1984	8	—
1985	12	—
1986	7	—
1987	6	—
1988	48	—
1989	48	—
1990	50	—
1991	58	—
1992	57	—
1993	46	—
1994	62	—
1995	37	—
1996	38	—

（续表）

年份（年）	论文篇数（篇）	SCI论文篇数（篇）
1997	48	—
1998	42	—
1999	27	—
2000	31	—
2001	37	—
2002	43	—
2003	43	—
2004	33	—
2005	35	—
2006	32	—
2007	42	—
2008	30	1
2009	38	7
2010	31	1
2011	35	2
2012	42	2
2013	42	2
2014	69	3
2015	67	13
2016	54	4
2017	44	8
2018	44	5
2019	46	11

第九节　承担项目

据不完全统计，中华人民共和国成立后我所共承担各类科研项目622项，其中国家自然科学基金43项；科技部863项目课题/子课题12项；国家重点研发项目1项，课题3项，子课题9项，国际合作专项2项；农业部转基因专项重点项目1项（表5-10）。

表5-10　中华人民共和国成立以来承担的各类科研项目

编号	项目名称	来源	主持人	时间（起）	时间（止）
1	棉种（陆地棉）退化研究		朱绍琳	1952年	1957年
2	大豆品种区域适应性试验		费家骍	1956年	1957年
3	长江流域棉花品种区域试验	中国农业科学院委托课题	肖庆芳	1956年	1985年

（续表）

编号	项目名称	来源	主持人	时间（起）	时间（止）
4	棉花丰产栽培技术研究		华兴甫	1958年	1960年
5	黄麻丰产栽培试验		金贤镐	1958年	1962年
6	黄麻品种比较试验		金贤镐	1958年	1962年
7	选育棉花新品种及良种繁育		陈仲方	1958年	1962年
8	棉花保蕾保铃研究		华兴甫	1959年	1960年
9	春大豆新品种选育	国家科委	祝其昌	1975年	1985年
10	早熟春大豆新品种选育		费家骅	1975年	1985年
11	棉花种质资源研究		沈端庄	1978年	1985年
12	棉花中早熟高产优质多抗新品种选育		陈仲方	1978年	1985年
13	棉花远缘杂交研究及其在育种上的应用		黄骏麒	1979年	1985年
14	棉花抗枯萎病育种		刘桂玲	1979年	1985年
15	高产抗病优质大豆新品种选育	国家经委	凌以禄	1979年	1985年
16	油菜新品种选育及其理论研究	国家经委	傅寿仲	1980年	1985年
17	夏大豆新品种选育	国家经委	凌以禄 祝其昌	1979年	1985年
18	沿海旱粮棉区棉花增产系列化研究		朱绍琳 葛知男	1982年	1985年
19	棉花地膜覆盖综合栽培技术及其增产效果和原理的研究		倪金柱	1981年	1985年
20	棉花地膜覆盖综合增产技术研究		倪金柱	1982年	1984年
21	棉花地膜平铺覆盖营养钵育苗技术研究	省科委	朱烨	1982年	1985年
22	陆地棉早中熟优质多抗新品种选育	国家科委	承泓良	1982年	1985年
23	棉花抗枯萎病育种研究	省科委	承泓良	1982年	1985年
24	江苏省沿海旱粮棉后耕作制度及棉花增温防渍栽培技术研究	农牧渔业部	朱绍琳	1982年	1985年
25	棉花抗枯萎病新品种选育	省科委	刘桂玲	1982年	1985年
26	棉花栽培防治枯萎病的研究	院基金	朱烨	1983年	1986年
27	黄淮中低产地区夏大豆丰产栽培技术研究	国家科委	费家骅	1983年	1985年
28	棉花远缘杂交（种属间）研究及其在育种上的应用	国家自然科学基金	黄骏麒	1984年	1987年
29	长江流域棉花品种区域试验	农业部委托课题	葛知男	1986年	1999年
30	棉花早熟性与早熟品种选育	国家自然科学基金	陈仲方	1984年	1988年
31	棉属种间杂交及其利用研究	国家自然科学基金	钱思颖	1984年	1986年
32	江苏不同生态棉花优质高产形成规律及栽培模式研究	省科委	刘艺多	1985年	1987年

（续表）

编号	项目名称	来源	主持人	时间（起）	时间（止）
33	棉花优质高产栽培技术研究	省科委	徐宗敏	1985年	1987年
34	棉花简化优质低耗高效益栽培技术研究	省科委	徐崇敏	1985年	1987年
35	豆饼及其他生物制剂防治棉花枯萎病及其抗病机制的研究	省科委	朱 烨	1985年	1987年
36	绿豆资源引种鉴定开发利用研究	联合国亚洲蔬菜研究中心	凌以禄	1985年	1986年
37	红黄苗种新技术和高产优质栽培技术的研究	省科委	钱大顺	1985年	1987年
38	棉籽综合利用研究	省科委	张治伟	1985年	1987年
39	油菜高芥低硫新品种选育	省科委	傅寿仲	1985年	1988年
40	高强度优质棉基地建设与研究	院基金	朱绍琳	1985年	1988年
41	陆地棉优质高产抗病杂交组合的选择和应用	省农林厅委托课题	钱大顺	1985年	1987年
42	棉花品种资源繁种和主要性状鉴定	国家攻关	沈端庄	1986年	1990年
43	大豆种质资源繁种和农艺性状鉴定	国家攻关	凌以禄	1986年	1990年
44	油菜种质资源繁种和主要性状鉴定	国家攻关	陈玉卿	1986年	1990年
45	南方多熟制地区高产稳产大豆新品种选育	国家攻关	凌以禄	1986年	1990年
46	南方多熟制地区优质大豆新品种选育	国家攻关	凌以禄	1986年	1990年
47	南方多熟制地区抗病虫大豆新品种选育	国家攻关	凌以禄	1986年	1990年
48	单双低高产抗（耐）病油菜新品种选育	国家攻关	傅寿仲	1986年	1990年
49	油菜脂肪酸、硫甙测试技术改进与规范化测试技术的研究	国家攻关	戚存扣	1986年	1990年
50	抗（耐）油菜菌核病、病毒病材料的鉴定与筛选	国家攻关	陈玉卿	1986年	1990年
51	优质抗病棉花新品种选育	国家攻关	黄骏麒	1986年	1990年
52	短季棉新品种选育	国家攻关	陈仲方	1986年	1990年
53	棉花主要经济性状遗传与育种方法研究	国家攻关	承泓良	1986年	1990年
54	棉属野生种质资源转育在育种中的应用研究	国家攻关	钱思颖	1986年	1990年
55	棉花枯萎病抗性基因工程	国家攻关	黄骏麒	1986年	1990年
56	优质棉基地县科技服务	农牧渔业部	谢麒麟	1986年	1990年
57	作物抗病蛋白质的基因工程途径的研究	国家863计划	黄骏麒	1987年	1990年
58	油菜种子休眠研究	国际协作项目	傅寿仲	1987年	1990年
59	埃塞俄比亚芥黄种皮基因向甘蓝型油菜转移的基础研究	国家自然科学基金	戚存扣	1988年	1990年
60	油菜非光合器官的遗传控制与高产育种	省科委	傅寿仲	1988年	1990年
61	大豆高蛋白群体提高籽粒产量的选择方法研究	省科委	韩 锋	1988	1990

（续表）

编号	项目名称	来源	主持人	时间（起）	时间（止）
62	江苏省沿江棉区麦后移栽高产生理特性及调控技术研究	省科委	徐立华	1988年	1990年
63	陆地棉短季性及短季棉选育途径研究	国家自然科学基金	张治伟	1989年	1993年
64	棉属种间杂种利用及种间关系的研究	国家自然科学基金	彭跃进	1989年	1990年
65	亚洲棉蛋白质电泳谱带与主要性状关系的研究	国家自然科学基金	沈端庄	1989年	1991年
66	棉花杂种优势的研究和利用	省科委	钱大顺	1989年	1991年
67	高产、双低抗（耐）病油菜新品种选育	省科委	傅寿仲	1989年	1991年
68	高产、优质、抗病和麦（油）后棉花新品种选育	省科委	黄骏麒	1989年	1992年
69	适合棉麦连作的棉花栽培技术研究	省科委	李大庆	1989年	1991年
70	中国油菜籽产量和品质改良	国际协作项目	傅寿仲	1989年	1991年
71	棉花品种区试标准与综合评判技术的研究	院基金	葛知男	1989年	1991年
72	国外引进棉花优异种质的利用评价	国家攻关	沈端庄	1990年	1992年
73	油菜无花瓣高产抗病新品种选育	省科委	傅寿仲	1990年	1993年
74	沿江地区麦后移栽棉高产综合技术	省科委	李秀章	1990年	1991年
75	油菜无花瓣高产抗病新品种选育	省科委	傅寿仲	1990年	1993年
76	大麦后直播棉生长发育特性研究	院基金	陈祥龙	1991年	1992年
77	改造Bt杀虫基因增强表达和培育抗虫转基因棉花株系	国家863计划	黄骏麒	1991年	1995年
78	甘蓝型油菜无花瓣性状育种潜势的研究	国家自然科学基金	傅寿仲	1991年	1995年
79	棉花根系分枝能力与产量潜势关系研究	国家自然科学基金	华国雄	1991年	1993年
80	高产优质抗（耐）病油菜新品种选育	国家攻关	傅寿仲	1991年	1995年
81	含盐量不低于0.3%盐地进行苗期鉴定	国家攻关	沈端庄	1991年	1995年
82	陆地棉新杂交种选育	国家攻关	钱大顺	1991年	1995年
83	棉花育种优异新材料的创造	国家攻关	黄骏麒	1991年	1995年
84	棉花杂种优势的开发利用	国家攻关	钱大顺	1991年	1995年
85	棉花种质资源繁种编目及农艺性状鉴定	国家攻关	沈端庄	1991年	1995年
86	南方多热制地区高产稳产大豆新品种选育	国家攻关	凌以禄	1991年	1995年
87	纤维性状遗传稳定性和抗盐性评价	国家攻关	沈端庄	1991年	1995年
88	野生大豆资源繁种编目鉴定及遗传评价	国家攻关	沈克琴	1991年	1995年
89	油菜育种亲本的创新	国家攻关	戚存扣	1991年	1995年
90	油菜育种亲本抗逆性筛选与鉴定	国家攻关	陈玉卿	1991年	1995年
91	油菜种质资源繁种鉴定和优异种质利用评价	国家攻关	陈玉卿	1991年	1995年
92	栽培大豆种质资源繁种编目鉴定及遗传评价	国家攻关	顾和平	1991年	1995年

（续表）

编号	项目名称	来源	主持人	时间（起）	时间（止）
93	早熟短季棉新品种选育	国家攻关	葛知男	1991年	1995年
94	中熟棉花新品种选育	国家攻关	承泓良	1991年	1995年
95	高产双低抗（耐）病油菜新品种选育	省科委	傅寿仲	1991年	1995年
96	高产优质大豆新品种选育	省科委	顾和平	1991年	1995年
97	麦棉连作早熟棉花品种选育	省科委	葛知男	1991年	1995年
98	高产优质抗枯萎病（或抗枯耐黄萎病）棉花品种选育	省科委	承泓良	1991年	1995年
99	双低甘蓝型杂交油菜强优势组合的选育	省科委	傅寿仲	1991年	1995年
100	杂种棉选育	省科委	钱大顺	1991年	1995年
101	优质、杂交油菜高产、高效栽培新技术研究	省科委	伍贻美	1991年	1993年
102	化学促控优化棉铃分布的应用技术研究	院基金	何循宏	1991年	1993年
103	小麦后移栽丰产栽培技术研究	院基金	徐立华	1991年	1992年
104	甘蓝型油菜与埃芥杂种后代的细胞学行为与种皮色关系	国家攻关	戚存扣	1992年	1994年
105	苏棉1号扩繁配套技术研究	国家攻关	华国雄	1992年	1994年
106	稻棉轮作区棉花配套栽培技术研究	农业部	李秀章	1992年	1995年
107	陆地棉特强纤维的遗传方式	农业部	周宝良	1992年	1995年
108	油菜原原种繁殖基地建设	农业部	傅寿仲	1992年	1994年
109	转基因抗虫（棉铃虫）棉培育研究	农业部	黄骏麒	1993年	1995年
110	陆地棉特强纤维微观结构的遗传方式	省科委	周宝良	1993年	1995年
111	棉花杂交种'苏杂16'的开发和应用	省科委	钱大顺	1993年	1995年
112	油菜抗除草剂细胞质雄性不育系的人工合成与评价	省科委	浦惠明	1993年	1995年
113	杂交棉的选育与利用	省科委	钱大顺	1993年	1995年
114	出口创汇产品——丝瓜络的开发利用研究	院基金	倪万潮	1993年	1995年
115	春大豆宁镇3号异地原种繁殖开发及种性、丰产栽培技术的研究	院基金	沈克琴	1993年	1996年
116	苏子的开发与利用	院基金	伍贻美	1993年	1995年
117	陆地棉高品质纤维结晶度及螺旋角的遗传效应	国家自然科学基金	周宝良	1994年	1996年
118	转基因抗虫棉的培育及其杂种优势利用	国家攻关	黄骏麒	1994年	1997年
119	长江流域棉花品种区域试验	农业部	葛知男	1994年	1995年
120	甘蓝型油菜双低杂交组合"宁杂系统"应用潜力研究	省科委	傅寿仲	1994年	1995年
121	早熟高产红、绿豆的引种鉴定栽培体系研究	院基金	陈 新	1994年	1996年
122	有无花瓣油菜冠层结构比较与理想株型研究	国家自然科学基金	傅寿仲	1995年	1997年

（续表）

编号	项目名称	来源	主持人	时间（起）	时间（止）
123	转基因抗虫棉杂交种生态适应性及其高产栽培规程研究	国家攻关	徐立华	1995年	1997年
124	转基因抗虫棉棉籽利用安全性研究	国家攻关子专题	黄骏麒	1995年	1997年
125	"宁杂系列"双低杂交油菜高产制种机理及其应用研究	省科委	浦惠明	1995年	1998年
126	墨西哥棉花野生资源和繁殖保存及其适应性研究	省科委	周宝良	1995年	1997年
127	大豆除草剂——豆草净安全性和除草效果	院基金	顾和平	1995年	1997年
128	光解地膜在移栽棉花上的应用	院基金	徐红兵	1995年	1997年
129	抗虫棉的研制	国家863计划	倪万潮	1996年	2000年
130	油菜二体附加系附加染色体的鉴定及其与矮秆性状的关系	国家自然科学基金	戚存扣	1996年	1998年
131	棉花高产简化栽培	星火计划	陈祥龙	1996年	1997年
132	棉花抗黄、枯萎病种质资源及育种利用研究	国家攻关子专题	沈端庄	1996年	1999年
133	杂交棉高产高效栽培技术及制种模式研究	国家攻关子专题	钱大顺	1996年	1998年
134	棉花优良种质评价与利用研究	国家攻关（协作）	沈端庄	1996年	2000年
135	棉花育种亲本材料的选育	国家攻关（协作）	王庆华	1996年	1998年
136	野生大豆优良种质评价与利用研究	国家攻关（协作）	顾和平	1996年	1998年
137	油菜抗病育种亲本材料的研究	国家攻关（协作）	张洁夫	1996年	1998年
138	棉花特异优良种质的创新	国家攻关（协作）	周宝良	1996年	1998年
139	栽培大豆优良种质评价与利用研究	国家攻关（协作）	顾和平	1996年	2000年
140	江苏省优质棉基地县科技服务	农业部	李秀章	1996年	1999年
141	棉花抗黄、枯萎病新品种的选育	农业部	承泓良	1996年	1999年
142	长江流域棉花新品种区域试验	农业部	葛知男	1996年	2000年
143	棉花新良种及配套增产技术	农业部丰收计划（参加）	李秀章	1996年	1997年
144	油菜新品种及配套增产技术	农业部丰收计划（参加）	傅寿仲	1996年	1997年
145	白菜型油菜自交系杂种优势效应研究	省自然科学基金	戚存扣	1996年	1998年
146	大豆新品种选育	省重点攻关	顾和平	1996年	2000年
147	高产优质早熟棉新品种选育	省重大攻关	葛知男	1996年	2000年
148	长江流域棉花新品种区域试验	省重大攻关	承泓良	1996年	2000年
149	杂交棉新组合选育	省重大攻关	钱大顺	1996年	2000年
150	双低甘蓝型常规杂交油菜新品种组合选育	省重大攻关	傅寿仲	1996年	2000年
151	转基因抗虫棉的培育和利用	省重点攻关	黄骏麒	1996年	2000年

（续表）

编号	项目名称	来源	主持人	时间（起）	时间（止）
152	转基因抗蚜虫棉花新种质的培育	省重点攻关	肖松华	1996年	2000年
153	棉花留叶枝增产机理与高产高效轻型简化栽培技术	省重点攻关	徐立华	1996年	2000年
154	棉花持续高产、轻型栽培关键技术的研究	省重点攻关	李秀章	1996年	2000年
155	淮北奔小康工程—滨海出口蔬菜生产加工销售一条龙建设	省开发项目	李秀章	1996年	1999年
156	油菜'宁杂一号'示范与栽培技术研究	省开发项目	傅寿仲	1996年	1998年
157	杂交棉高产高效综合配套技术示范应用	省开发项目	钱大顺	1996年	1998年
158	转基因抗虫棉棉铃发育规律的研究	省自然科学基金	徐立华	1997年	1999年
159	优良棉种苏杂16等高产试验示范	省开发	钱大顺	1997年	1999年
160	棉铃增重机理及调控技术研究	省教委	徐立华	1998年	2001年
161	陆地棉抗黄萎病高强纤维种质的研制	省333人才基金	倪万潮	1998年	2000年
162	棉区高产高效立体种植产业化基地建设	国家攻关	何循宏	1998年	2000年
163	利用生物技术与常规育种相结合培育抗病（虫）棉花新品种	国家攻关	张震林	1998年	2000年
164	转基因抗虫棉的抗性遗传及其生化基础研究	国家基金	肖松华	1999年	2001年
165	杂种棉制种模式及高产高效栽培技术研究	国家攻关子专题	陈旭升	1999年	2000年
166	棉花高强纤维特异优良种质的创新	国家攻关协作	周宝良	1999年	2000年
167	棉花育种亲本材料的选育	国家攻关协作	王庆华	1999年	2000年
168	油菜抗耐菌核病育种亲本的选育研究	国家攻关协作	张洁夫	1999年	2000年
169	抗虫棉的深化研究及应用	农业部其他计划专项协作	张震林	1999年	2001年
170	优质棉基地科技服务	基地县科技服务	何循宏	1999年	2000年
171	转基因抗虫棉抗虫性动态变化与Bt毒蛋白时空表达的关系	国家自然科学基金	周宝良	2000年	2002年
172	油菜新品种宁杂1号	国家科技攻关新品种后补助	傅寿仲	2000年	2001年
173	优质高产抗逆品种选育	农业部发展棉花生产专项	周宝良	2000年	2002年
174	长江流域棉花新品种区域试验	农业部	许乃银	2000年	2002年
175	转基因抗虫棉的"源""库"特征及其调控	省自然科学基金	徐立华	2000年	2002年
176	转基因抗虫棉苏杭103高产高效栽培技术示范	省科技开发	徐立华	2000年	2002年
177	优质高产油菜新品种（组合）选育	院公益性研究	戚存扣	2000年	2001年
178	棉花种质资源的引进、发掘和创新	院公益性研究	周宝良	2000年	2001年

（续表）

编号	项目名称	来源	主持人	时间（起）	时间（止）
179	高产抗病抗虫棉花新品种（组合）选育	院公益性研究	陈旭升	2000年	2001年
180	高产优质棉花综合栽培技术研究	院公益性研究	徐立华	2000年	2001年
181	豆类作物新品种选育和特用作物引选	院公益性研究	顾和平	2000年	2001年
182	江苏省国家油菜改良分中心建设	农业部	戚存扣	2001年	2003年
183	棉花功能基因组研究——棉纤维发育研究	国家863计划	周宝良	2001年	2003年
184	油菜杂种优势利用与优质超高产新品种选育	国家863计划	戚存扣	2001年	2003年
185	转基因抗除草剂油菜十字花科植物的基因污染研究	国家自然科学基金	浦惠明	2001年	2003年
186	棉花种质资源创新与利用研究	国家科技攻关	周宝良	2001年	2003年
187	江苏省优质棉基地产业化科技服务	农业部	何循宏	2001年	2005年
188	甘蓝型油菜无花瓣性状的遗传与分子标记	省自然科学基金	傅寿仲	2001年	2003年
189	甘蓝型油菜MICMS细胞雄性不育恢复基因的分子标记与定位	省自然科学基金	张洁夫	2001年	2003年
190	优质、高产、抗病虫棉花新品种（组合）选育（杂种棉）	省农业科技攻关	肖松华	2001年	2005年
191	优质、高产、抗病虫棉花新品种（组合）选育（常规棉）	省农业科技攻关	陈旭升	2001年	2005年
192	利用野生棉创造高强纤维棉花资源的研究	省农业科技攻关	周宝良	2001年	2003年
193	高产双低油菜新品种选育（双低油菜）	省农业科技攻关	戚存扣	2001年	2005年
194	高产双低油菜新品种选育（甘蓝型双低）	省农业科技攻关	浦惠明	2001年	2005年
195	棉花优质高产标准化栽培技术体系的研究	省农业科技攻关	徐立华	2001年	2003年
196	双低杂交油菜宁杂3号示范推广	省科技成果示范推广	戚存扣	2001年	2003年
197	双低油菜标准化生产与产业化	省三项工程	戚存扣	2001年	2003年
198	抗草甘膦杂交油菜选育的基础研究	省级其他计划	浦惠明	2001年	2003年
199	甘蓝型油菜无花瓣性状遗传及分子标记	国家自然科学基金	傅寿仲	2002年	2004年
200	棉花种质资源搜集、保存与整理	国家科技攻关	周宝良	2002年	2003年
201	棉花抗黄萎病品种毒素筛选途径研究	省自然科学基金	陈旭升	2002年	2004年
202	油菜无花瓣、高油酸等优异基因的克隆、标记与聚合育种	省高技术研究	傅寿仲	2002年	2004年
203	高品质转基因抗蚜虫棉花的创建及利用研究	省高技术研究	肖松华	2002年	2004年
204	转兔角蛋白、蚕丝芯基因高品质棉花新品系的培育	省高技术研究	张震林	2002年	2004年
205	特种经济作物的引进与利用	省国际合作	徐立华	2002年	2003年
206	双低杂交油菜'苏优5号'示范推广	院基金	陈新军	2002年	2004年

（续表）

编号	项目名称	来源	主持人	时间（起）	时间（止）
207	高品质棉新品系示范及配套栽培技术研究	院基金	李国锋	2002年	2004年
208	长江下游双低油菜生产技术配套及示范推广	农业部	戚存扣	2003年	2005年
209	抗虫棉'中棉所41'及高产高效栽培技术示范推广	省科技成果示范推广	徐立华	2003年	2004年
210	双低油菜种子繁育及种子生产技术规程	省级其他计划	傅寿仲	2003年	2003年
211	早熟双低油菜新品种'宁油12号'的示范推广	院基金	高建芹	2003年	2004年
212	立体种植棉田内无公害栽培技术完善与示范	院基金	徐立华	2003年	2004年
213	优质高产转基因抗虫棉新品种选育	院基金	陈旭升	2003年	2005年
214	优质高效杂交油菜新型授粉控制系统研究与杂交种选育	国家863计划	戚存扣	2003年	2005年
215	油菜特异资源和育种新技术的引进、改良及创新研究	农业部948项目	戚存扣	2003年	2005年
216	苏优3号油菜新品种产业化开发	省农业科技攻关	浦惠明	2003年	2005年
217	转基因抗虫棉Bt毒蛋白表达的环境调控机理	省自然科学基金	徐立华	2003年	2005年
218	双低油菜原原种繁殖基地建设	农业部	戚存扣	2004年	2005年
219	棉花高产优质协调栽培技术技术体系示范推广	省成果推广	徐立华	2004年	2005年
220	高品质双价抗虫杂交棉'宁杂602'的示范推广	院基金	陈旭升	2004年	2006年
221	高品质双价转基因抗虫杂交棉'宁杂602'展示示范	农业部	陈旭升	2004年	2007年
222	高油、高产、多抗双低油菜新品种（组合）选育	省高技术研究	戚存扣	2004年	2006年
223	双低杂交油菜亲本繁殖及F_1代制种技术规程	省级其他计划	傅寿仲	2004年	2004年
224	棉花新品种选育	横向委托	陈旭升	2004年	2008年
225	油菜核不育杂种优势利用研究	院基金	张洁夫	2004年	2006年
226	棉花中期库种质资源繁殖更新与利用	横向委托	张香桂	2004年	2004年
227	长江中下游棉区棉花生产全程质量控制技术研究	社会公益研究专项	徐立华	2005年	2006年
228	高品质抗黄萎病棉花新种质的创造	院基金	肖松华	2005年	2006年
229	长江流域棉花区域试验评价体系的构建	院基金	许乃银	2005年	2006年
230	油菜$fad2$基因和napin启动子克隆与RNAi表达载体构建	院基金	陈 松	2005年	2006年
231	高品质杂交棉全程质量控制技术的研究	院基金	张培通	2005年	2006年
232	苏杂系列品种成果转化	种业横向协作	陈旭升	2005年	2010年
233	高品质棉棉铃发育对纤维品质性状影响机理研究	省重点实验室开放课题	徐立华	2005年	2007年
234	油菜精少量直播机研制与开发	省农业科技攻关	浦惠明	2005年	2007年
235	适合全程机械化作业的高产、高油、双低油菜新品种（组合）选育	省高技术	张洁夫	2005年	2008年
236	棉花简化高效生产和深加工关键技术研究与产业化	省重大攻关	徐立华	2006年	2008年

（续表）

编号	项目名称	来源	主持人	时间（起）	时间（止）
237	优质高产多抗油菜分子育种技术研究与品种创新	国家863计划	戚存扣	2006年	2010年
238	油菜抗菌核病和抗逆相关基因的克隆与功能分析	国家863计划	张洁夫	2006年	2010年
239	菜子油积累潜势的基因调控及生物学效应	973课题	戚存扣	2006年	2008年
240	长江下游区油菜新品种选育	国家产业体系	戚存扣	2006年	2010年
241	棉花特优纤维新种质创新利用研究	国家科技支撑计划子课题	肖松华 吴巧娟	2006年	2012年
242	高蓄能油菜育种技术研究及新品种选育	国家科技支撑计划子课题	浦惠明	2006年	2010年
243	双低油菜丰产增效栽培技术研究与示范	国家科技支撑计划子课题	浦惠明	2006年	2010年
244	长江下游油菜抗灾节本增效关键技术研究与示范	国家科技支撑计划子课题	胡茂龙	2006年	2010年
245	全国棉情监测预警信息研究与应用	横向委托	徐立华	2006年	2010年
246	长江流域棉区国家棉花品种区域试验	农业部	许乃银	2006年	2010年
247	高效型优质油菜培育的分子技术体系引进和创新利用	农业部948项目	戚存扣	2006年	2008年
248	油菜全程机械化关键技术集成与示范	农业部行业专项	浦惠明	2006年	2010年
249	油菜菌核病病菌诱导高表达基因及其启动子和调节基因的克隆	省博士后基金	戚存扣	2006年	2007年
250	油菜裂荚候选基因的克隆及功能鉴定	省博士后基金	戚存扣	2006年	2007年
251	油菜菌核病综合防治关键技术研究与开发	省攻关	张洁夫	2006年	2008年
252	江苏省油菜种质资源基因库建设	省三项工程	戚存扣	2006年	2007年
253	油菜全程机械化生产配套农艺技术研究	省三项工程	浦惠明	2006年	2007年
254	高产双低甘蓝型油菜品种宁油14号	省质量技术监督局	戚存扣	2006年	2006年
255	RNAi诱导FAD2基因沉默创造高油酸甘蓝型油菜新种质	省自然科学基金	陈 松	2006年	2008年
256	油菜含油量的分离分析与QTL定位	院博士后	付三雄	2006年	2006年
257	油菜裂荚候选基因的克隆及功能鉴定	院博士后	谭小力	2006年	2006年
258	耐盐油菜品种选育	院基金	胡茂龙	2006年	2007年
259	油蔬兼用油菜新品种选育	院基金	陈新军	2006年	2007年
260	'纯易得'在转基因抗虫棉纯度鉴定中的应用	种业横向协作	陈旭升 狄佳春	2006年	2009年
261	优质高产棉花分子品种创制	国家863计划	陈旭升	2007年	2009年
262	遗传育种研究室岗位科学家	国家产业体系	戚存扣	2007年	2011年

（续表）

编号	项目名称	来源	主持人	时间（起）	时间（止）
263	双低高产油菜宁油14号示范与推广	国家农业综合开发土地治理省级推广项目	浦惠明	2007年	2009年
264	优质高产棉花资源性状鉴定	农业部攻关	肖松华 刘剑光	2007年	2009年
265	棉花简化种植节本增效生产技术研究与应用	农业部行业专项	徐立华	2007年	2010年
266	棉花简化种植节本增效生产技术研究与应用	农业部行业专项	倪万潮	2007年	2010年
267	油菜含油量的遗传与QTL定位及其油分合成和积累相关关键酶的鉴定与SNP研究	省博士后基金	付三雄	2007年	2008年
268	双低油菜品种选育与示范	省财政专项	戚存扣	2007年	2009年
269	优质油菜品种选育及高效栽培技术	省财政专项	戚存扣	2007年	2008年
270	优质、高产抗病虫棉花新品种选育	省高技术	陈旭升	2007年	2009年
271	江苏省农业种质信息共享服务系统	省基础平台	张洁夫	2007年	2009年
272	棉花生态适应性模型的研究与应用	省农业科技自主创新资金	许乃银	2007年	2008年
273	棉田周年利用优质安全高效栽培技术研究	省农业科技自主创新资金	张培通	2007年	2008年
274	高品质棉花轻型育苗及其高产高效配套技术示范	省三项工程	张培通	2007年	2009年
275	优质油菜品种选育、高效栽培技术研究与集成	省自主创新	戚存扣	2007年	2009年
276	油菜抗裂角候选基因的分离、克隆与功能验证	博士后基金	谭小力	2007年	2008年
277	优质彩色杂交棉苏彩杂1号的示范与产业化	院基金	陈旭升	2007年	2009年
278	油菜抗咪唑啉酮性状遗传与利用的基础研究	院基金	高建芹	2007年	2009年
279	调控棉花纤维发育MICRO RNA基因的克隆功能分析及利用	国家863计划	陈旭升	2008年	2010年
280	西藏地区油菜油分积累潜势及其与产量性状的关系	973课题	浦惠明	2008年	2009年
281	棉花多抗种质筛选及抗病虫新品种选育	国家棉花产业技术体系	陈旭升	2008年	2008年
282	棉花现代栽培技术体系研究	国家棉花产业技术体系	徐立华	2008年	2012年
283	有机茶园新品种及栽培应用推广	国家星火计划	张培通	2008年	2010年
284	油料作物空间环境诱变育种关键技术研究与示范	国家支撑计划	陈新军	2008年	2010年
285	中国棉花色特征图研究——目标品种筛选	国家质检总局行业专项	许乃银	2008年	2010年
286	大豆油菜免耕技术推广与培训	全国农业技术推广服务中心	陈新军	2008年	2008年
287	广适高效油菜的分子聚合育种及配套栽培关键技术研究	省支撑计划	浦惠明	2008年	2011年

（续表）

编号	项目名称	来源	主持人	时间（起）	时间（止）
288	抗虫杂交棉精播稀植轻简栽培技术体系研究	省农业科技自主创新资金	杨长琴	2008年	2010年
289	SSR标记鉴定宁杂11号纯度技术研究	省农业科技自主创新资金	陈 锋	2008年	2009年
290	江苏省农业地方标准制（修）订项目	江苏省质检局	龙卫华	2008年	2008年
291	适合于机栽栽插的油菜秧苗培育技术规程	江苏省质检局	龙卫华	2008年	2008年
292	抗虫杂交棉新型规模轻简栽培技术	省三项工程	张培通	2008年	2009年
293	油蔬两用油菜高效栽培技术展示	省三项工程	胡茂龙	2008年	2009年
294	东曙村省级科技示范园建设——‘苏杂3号’与‘苏彩杂1号’的示范	省资源开发局推广项目	陈旭升 狄佳春	2008年	2009年
295	双价转基因抗虫棉‘苏杂3号’的示范推广应用	省资源开发局推广项目	陈旭升 狄佳春	2008年	2009年
296	设施蔬菜无公害标准化生产技术集成与示范推广	苏北农业科技成果推广项目	张培通	2008年	2009年
297	陆地棉亚红株突变的杂种优势利用研究	院基金	狄佳春	2008年	2010年
298	棉花优良矮秆基因资源的发掘及其分子定位	院基金	吴巧娟	2008年	2010年
299	转基因耐旱耐盐碱棉花新品种培育	转基因专项子课题	许乃银	2008年	2010年
300	江苏省油菜区试品种品质检测及其相关分析	横向委托	高建芹	2008年	2011年
301	强优势甘蓝型油菜杂交种的创制与应用	国家863计划	戚存扣	2009年	2010年
302	高效型优质油菜培育的分子技术体系引进和创新利用	农业部948项目	戚存扣	2009年	2010年
303	棉花优质多抗新材料的创造及新组合选育	国家棉花产业技术体系	陈旭升	2009年	2009年
304	江苏省南京市油菜原原种扩繁基地项目	国家农业综合开发	戚存扣	2009年	2012年
305	棉花特优纤维新种质创新利用研究	国家支撑计划	肖松华 吴巧娟	2009年	2009年
306	棉花中期库种质资源繁殖更新、鉴定评价与利用	国家支撑计划	肖松华 刘剑光	2009年	2009年
307	油菜抗灾与节本增效关键生产技术研究与示范	国家支撑计划	胡茂龙	2009年	2011年
308	油料作物空间环境诱变育种关键技术研究与示范	国家支撑计划	陈新军	2009年	2011年
309	油菜机械移栽育苗与农艺试验	横向委托	龙卫华	2009年	2012年
310	棉花简化施肥和抗涝栽培技术试验	横向委托	杨长琴	2009年	2009年
311	高产、抗倒、适合机收油菜新品种培育	江苏省支撑计划	戚存扣	2009年	2011年
312	棉花品种区域适应性模型的研究与应用	农业部农技推广中心	许乃银	2009年	2011年
313	棉花区域试验数据诊断模型与系统的创建与应用项目	农业部农技推广中心	许乃银	2009年	2011年

（续表）

编号	项目名称	来源	主持人	时间（起）	时间（止）
314	国家油菜改良中心南京分中心（二期）	农业部	戚存扣	2009年	2011年
315	冬闲田油菜专用品种宁杂11号高产高效技术集成与示范	农业部跨越计划	戚存扣	2009年	2010年
316	高产转基因抗虫杂交棉苏杂6号的示范推广	农业综合开发科技推广	狄佳春 陈旭升	2009年	2009年
317	棉属野生种耐盐相关基因的分离与鉴定	省"六大人才高峰"	沈新莲	2009年	2011年
318	棉田复种大蒜栽培技术规程	省农业地方标准	殷剑美	2009年	2009年
319	宁杂15号油菜品种	省农业地方标准	胡茂龙	2009年	2009年
320	转运体PQR对百草枯抗性的研究	省三项工程	倪万潮	2009年	2011年
321	转Bt基因棉花与棉盲蝽危害有关的生理代谢机理研究	省自然科学基金	张培通	2009年	2011年
322	适合机械作业和轻简栽培的油菜新品种选育	省农业科技自主创新资金	浦惠明	2009年	2011年
323	油菜高油酸性状候选基因的克隆与分析	省农业科技自主创新资金	龙卫华	2009年	2011年
324	利用SSH技术克隆陆地棉超矮秆突变基因	省农业科技自主创新资金	马晓杰	2009年	2010年
325	棉花轻型简化育苗新技术研究	省农业科技自主创新资金	刘瑞显	2009年	2010年
326	植物激素代谢相关基因的时空特异表达对产量形成的影响	院博士后基金	倪万潮 束红梅	2009年	2011年
327	转基因抗黄萎病棉花新材料生态鉴定	转基因专项子课题	许乃银	2009年	2010年
328	长江中下游棉区转基因杂交棉新品种选育	转基因专项子课题	陈旭升 肖松华	2009年	2010年
329	转基因棉花新材料的生态适应性鉴定	转基因专项子课题	许乃银	2009年	2010年
330	油菜素内酯代谢相关基因在作物根系中的作用	中国博士后科学基金面上项目	束红梅	2009年	2011年
331	长江下游油菜丰产关键技术集成示范	国家科技支撑	张洁夫	2010年	2014年
332	涝渍灾害后棉花的根系恢复生理及对产量的调控机理	国家自然科学基金	刘瑞显	2010年	2012年
333	油菜素内酯代谢相关基因在作物根系中的作用	国家博士后基金	倪万潮 束红梅	2010年	2011年
334	油菜原原种扩繁基地项目	农业部	戚存扣	2010年	2012年
335	适合机械作业与轻简栽培的高产、高油油菜新品种（组合）选育	省农业科技自主创新资金	张洁夫	2010年	2012年
336	甘蓝型油菜抗咪唑啉酮性状突变基因的克隆及功能研究	省农业科技自主创新资金	胡茂龙	2010年	2012年

（续表）

编号	项目名称	来源	主持人	时间（起）	时间（止）
337	利用SSH和基因芯片技术克隆甘蓝型油菜雌性不育突变基因	省农业科技自主创新资金	付三雄	2010年	2012年
338	抗虫、无酚、高效益棉花新品种选育	省农业科技自主创新资金	肖松华	2010年	2012年
339	沿海滩涂盐碱地规模化高效种植模式及配套技术研究	省农业科技自主创新资金	张培通	2010年	2012年
340	灭生性除草剂百草枯抗性相关基因的克隆及转基因研究	省自然科学基金	郭书巧	2010年	2012年
341	植物激素代谢相关基因的时空特异表达	省重点实验室开放课题	倪万潮 束红梅	2010年	2011年
342	油蔬两用三系杂交油菜品种宁杂15号	江苏省农业地方标准	胡茂龙	2010年	2010年
343	棉花优质多抗新材料的创造及分子改良	棉花产业化技术体系	倪万潮	2010年	2010年
344	利用已知染色体区段转移创建高油、抗病油菜优异种质	留学人员资助项目	张洁夫	2010年	2011年
345	油菜雌性不育突变体FMS1的分子遗传及基因克隆	院博士后基金	李春宏	2010年	2012年
346	涝渍灾害后棉花的根系恢复生理及对产量的调控机理	院基金	刘瑞显	2010年	2012年
347	棉花简化施肥和抗涝栽培技术试验	横向委托	杨长琴	2010年	2015年
348	长江下游地区强优势油菜杂交种创制与应用	国家863计划	浦惠明	2011年	2015年
349	长江下游油菜丰产关键技术集成示范	国家科技支撑计划	张洁夫	2011年	2013年
350	长江下游区油菜新品种选育（产业体系）	现代农业产业技术体系	戚存扣	2011年	2015年
351	基于油菜农艺性状定位信息开发高通量SNP芯片	农业部948项目	陈 松	2011年	2014年
352	长江流域国家棉花新品种区域试验	全国农业技术推广服务中心	许乃银	2011年	2015年
353	CRABS CLAW（CRC）在油菜花发育过程中的调控机理研究	省自然科学基金	付三雄	2011年	2014年
354	油菜抗乙酰乳酸合成酶类除草剂的分子机理研究	省自然科学基金	胡茂龙	2011年	2014年
355	土壤盐度变化诱导棉花补偿生长的生理机理研究	省自然科学基金	郭文琦	2011年	2014年
356	高产转基因抗虫杂交棉示范推广	省农业资源开发局推广	狄佳春	2011年	2011年
357	高品质转基因抗病虫棉花新品种选育	省科技支撑	肖松华	2011年	2014年
358	油菜雌性不育突变体FSM1的不育机理及基因克隆	省博士后基金	李春宏	2011年	2011年
359	近红外反射光谱测量棉籽油分含量操作规程	江苏省地方标准	徐 鹏	2011年	2012年
360	棉花品种（系）耐盐性鉴定评价技术规程	江苏省地方标准	张香桂	2011年	2012年
361	长江中下游棉区转基因杂交棉新品种培育	转基因专项子课题	陈旭升	2011年	2013年
362	长江中下游棉区转基因杂交棉新品种培育	转基因专项子课题	肖松华	2011年	2013年
363	长江中下游棉区转基因杂交棉新品种培育	转基因专项子课题	倪万潮	2011年	2013年

（续表）

编号	项目名称	来源	主持人	时间（起）	时间（止）
364	"转基因彩色棉新品种培育"子课题	转基因专项子课题	陈旭升	2011年	2013年
365	BnCRC在油菜花发育过程中的调控机理研究	省农业科技自主创新资金	付三雄	2011年	2014年
366	大豆、油菜等重要经济作物基因组组分分析与遗传变异规律研究	省农业科技自主创新资金	杜建厂	2011年	2014年
367	氮素影响棉花抗盐性的生理机制研究	省农业科技自主创新资金	郭文琦	2011年	2014年
368	适合机械作业与轻简栽培的油菜新品种选育	省农业科技自主创新资金	张洁夫	2011年	2014年
369	甘蓝型油菜抗倒伏相关性状的QTL定位和功能标记的开发	省农业科技自主创新资金	顾 慧	2011年	2014年
370	徐淮地区蒜棉地膜精播高效种植技术示范与推广	省农业科技自主创新资金	刘瑞显	2011年	2014年
371	棉花1号染色体纤维长度单QTL近等基因系的构建及相关候选基因的克隆	省农业科技自主创新资金	徐 鹏	2011年	2014年
372	适宜高效、规模化种植的棉花特异种质资源的引进与创新	省农业科技自主创新资金	沈新莲	2011年	2014年
373	有机茶园新品种和新技术示范推广	省农业科技自主创新资金	张培通	2011年	2014年
374	油菜抗乙酰乳酸合成酶类除草剂的分子基础	省农业科技自主创新资金	胡茂龙	2011年	2014年
375	棉花1号染色体上纤维长度QTL的精细定位及其候选基因的克隆	国家自然科学基金面上项目	沈新莲	2012年	2015年
376	油菜抗乙酰乳酸合成酶类除草剂的分子基础	国家自然科学青年基金	胡茂龙	2012年	2015年
377	百草枯抗性相关基因的克隆及其在作物中的表达	国家自然科学青年基金	郭书巧	2012年	2015年
378	转基因棉花新品种"创杂棉21号、创075、创杂棉28"产业化	转基因专项子课题	倪万潮	2012年	2014年
379	长江流域转基因抗虫杂交棉花新品种配套栽培关键技术研究	转基因专项子课题	许乃银	2012年	2015年
380	转双价抗虫基因杂交棉新品种产业化	转基因专项子课题	许乃银	2012年	2015年
381	棉花区域试验生态区划分与试点布局研究与应用	全国农技推广中心	许乃银	2012年	2015年
382	适合机械化种植的高产多抗双低高油油菜新品种选育	省支撑	浦惠明	2012年	2015年
383	滩涂盐土耐盐经济作物发掘及高效种植技术研究	省产学研联合创新	张培通	2012年	2015年
384	优质彩色杂交棉苏彩杂1号的示范与推广	省农业资源开发局推广	狄佳春	2012年	2012年
385	甘蓝型油菜无花瓣性状主效QTL qAP8的精细定位	省333工程	张洁夫	2012年	2013年

（续表）

编号	项目名称	来源	主持人	时间（起）	时间（止）
386	大豆抗病基因全基因组挖掘与遗传多样性研究	省留学人员资助	杜建厂	2012年	2013年
387	大豆抗病基因全基因组挖掘与遗传多样性研究	省六大人才高峰	杜建厂	2012年	2014年
388	适合盐土种植的油菜新品种选育与栽培技术研究	省农业科技自主创新资金	胡茂龙	2012年	2014年
389	棉花耐盐碱新品种选育及其轻简栽培技术研究	省农业科技自主创新资金	倪万潮	2012年	2014年
390	靖江香沙芋地方特色品种选育及推广应用	省农业科技自主创新资金	殷剑美	2012年	2014年
391	有机茶园新品种、新设施及配套技术集成与示范推广	省农业科技自主创新资金	郭文琦	2012年	2013年
392	棉花秸秆循环高效利用技术研究	省农业科技自主创新资金	刘瑞显	2012年	2014年
393	百草枯抗性相关基因的克隆及其在作物中的表达	省农业科技自主创新资金	郭书巧	2012年	2013年
394	棉花1号染色体上纤维长度QTL的精细定位及其候选基因的克隆	省农业科技自主创新资金	沈新莲	2012年	2013年
395	经济林果优质、安全、高效设施栽培技术	省农业科技自主创新资金	杜建厂	2012年	2013年
396	棉花区域适应性模型构建及地域分异评价系统研究	省农业科技自主创新资金	张国伟	2012年	2013年
397	拟南芥中调控器官大小基因的克隆及其同源基因的功能验证	省农业科技自主创新资金	许莹修	2012年	2013年
398	盐胁迫下棉花根源油菜素内酯基因的筛选及功能分析	国家自然科学基金	束红梅	2013年	2016年
399	优质、高产、抗病、高油油菜新品种选育	省科技计划支撑项目	张洁夫	2013年	2016年
400	利用置换系精细定位棉花抗黄萎病相关QTL	省自然科学基金	赵君	2013年	2016年
401	油菜菌核病抗病基因PGIPs家族的克隆及功能分析	省自然科学基金	彭琦	2013年	2016年
402	高产优质块状山药新品种选育与示范	省农业科技自主创新资金	殷剑美	2013年	2016年
403	适合轻简栽培的高油油菜新品种选育	省农业科技自主创新资金	张洁夫	2013年	2016年
404	适应高效棉业发展需求的棉花新种质创造和新品种选育	省农业科技自主创新资金	肖松华	2013年	2016年
405	江苏滩涂盐碱地耐盐经济作物高效种植关键技术研究	省农业科技自主创新资金	张培通	2013年	2016年

（续表）

编号	项目名称	来源	主持人	时间（起）	时间（止）
406	棉花高通量分子标记开发及辅助育种技术研究	省农业科技自主创新资金	杜建厂	2013年	2016年
407	紫山药规模化生产技术示范推广	省农业科技自主创新资金	李春宏	2013年	2014年
408	油菜菌核病抗病基因PGIPs家族的克隆及功能分析	省农业科技自主创新资金	彭　琦	2013年	2015年
409	紫山药保健关键成分合成与积累机理研究	省农业科技自主创新资金	韩晓勇	2013年	2015年
410	棉花涝后恢复生长的根叶互作激素调节机制研究	省农业科技自主创新资金	杨富强	2013年	2015年
411	盐胁迫下棉花根源油菜素内酯基因的筛选及功能分析	省农业科技自主创新资金	束红梅	2013年	2015年
412	棉花基因组深度解析及分子标记辅助育种技术研究	省"333"工程	杜建厂	2013年	2015年
413	滨海盐碱地棉花地膜精播简化种植技术示范推广	省农业资源开发局推广	杨长琴	2013年	2014年
414	优质转基因抗虫杂交棉'苏杂6号'高产栽培技术示范推广	省农业资源开发局推广	狄佳春　陈旭升	2013年	2014年
415	双低高产油菜宁油18号及油菜免耕摆栽技术示范推广	省农业资源开发局推广	程德荣　何绍平	2013年	2014年
416	甘蓝型油菜宁油20新品种	江苏省地方标准	付三雄	2013年	2014年
417	杂交油菜宁杂21品种	江苏省地方标准	龙卫华	2013年	2014年
418	棉花良种繁育技术规程	江苏省地方标准	张香桂	2013年	2014年
419	蔬菜产业可持续发展关键技术及配套体系建设	江苏省富农强民项目	张培通	2013年	2015年
420	棉花种质资源发掘与创新利用	国家科技支撑	肖松华	2013年	2017年
421	甘蓝型油菜功能性分子标记开发及其评价	院博士后基金	郭　月	2013年	2015年
422	高产多抗油蔬两用油菜新品种引进与机械化种植示范	省三新工程	高建芹	2013年	2016年
423	大豆转座子特殊转座规律的研究	国家自然科学基金	杜建厂	2014年	2017年
424	油菜无花瓣性状主效QTLqAP8的精细定位与候选基因克隆	国家自然科学基金	张洁夫	2014年	2017年
425	油菜菌核病抗病基因*PGIPs*家族的克隆及功能分析	国家自然科学基金	彭　琦	2014年	2017年
426	棉花草甘膦抗性基因的克隆及功能验证	国家自然科学基金	巩元勇	2014年	2017年
427	花生南京综合试验站	国家现代农业产业体系	陈志德	2014年	2015年
428	适合机采的优质高产转基因抗虫棉花新品种选育	省科技计划支撑项目	倪万潮	2014年	2017年
429	棉花超矮秆基因（*du*）的精细定位与候选基因的筛选	省自然科学基金	赵　亮	2014年	2017年

（续表）

编号	项目名称	来源	主持人	时间（起）	时间（止）
430	芋头转录组分子标记的开发及应用研究	省自然科学基金	王　立	2014年	2017年
431	适宜机收的优质高产抗病高油芝麻新品种选育	省农业科技自主创新资金	肖松华	2014年	2017年
432	耐盐碱经济作物新品种选育及关键栽培技术研究	省农业科技自主创新资金	沈新莲	2014年	2017年
433	适宜轻简栽培机械作业的油菜新品种选育	省农业科技自主创新资金	浦惠明	2014年	2017年
434	江苏优质芋头品种种芋扩繁技术的示范应用	省农业科技自主创新资金	郭文琦	2014年	2015年
435	作物脱毒组培技术在海门港新区示范应用	省农业科技自主创新资金	李春宏	2014年	2015年
436	棉花超矮秆基因的精细定位与候选基因的分析	省农业科技自主创新资金	赵　亮	2014年	2016年
437	非生物胁迫下棉花转座子的响应规律研究	省农业科技自主创新资金	徐珍珍	2014年	2016年
438	棉花草甘膦抗性基因的克隆及功能验证	省农业科技自主创新资金	巩元勇	2014年	2016年
439	大豆转座子特殊规律的研究	省农业科技自主创新资金	杜建厂	2014年	2016年
440	油菜无花瓣性状主效QTLqAP8的精细定位与候选基因克隆	省农业科技自主创新资金	张洁夫	2014年	2016年
441	油菜稳密增效配套技术研究与集成示范	省三新工程	张洁夫	2014年	2015年
442	棉花全程机械化生产技术集成与示范	省三新工程	倪万潮	2014年	2015年
443	油菜耐盐性鉴定及评价技术规程	江苏省农业地方标准	龙卫华	2014年	2015年
444	芋头无公害高产高效栽培技术规程	江苏省农业地方标准	殷剑美	2014年	2015年
445	麦（油）后早熟棉精播高产栽培技术规程	江苏省农业地方标准	杨长琴	2014年	2015年
446	新型杀虫蛋白的转基因抗虫性研究	横向委托	倪万潮	2014年	2015年
447	油菜商业化育种技术研究与示范	国家科技支撑计划课题	张洁夫	2014年	2018年
448	油菜高产高效关键技术研究与示范	国家科技支撑计划课题	高建芹	2014年	2018年
449	异常棉渐渗文库的创建及优异基因的挖掘	国家自然科学基金	沈新莲	2015年	2018年
450	棉花抗黄萎病QTL的精细定位及抗病相关基因的克隆	国家自然科学基金	赵　君	2015年	2018年
451	棉花超矮秆基因（*du*）的精细定位与候选基因功能验证	国家自然科学基金	赵　亮	2015年	2018年
452	农业部长江下游棉花和油菜重点实验室	农业部重点实验室	倪万潮	2015年	2018年

（续表）

编号	项目名称	来源	主持人	时间（起）	时间（止）
453	棉花机采、耐盐碱、抗黄萎病主效基因聚合育种技术研究	省重点研发计划	肖松华	2015年	2018年
454	盐胁迫下棉花LTR-反转座子的转录激活及应用于耐盐相关基因发掘	省自然科学基金青年	徐珍珍	2015年	2018年
455	甘蓝型油菜抗SU类除草剂不同突变体的抗性遗传与分子基础解析	省自然科学基金面上	胡茂龙	2015年	2018年
456	甜叶菊新品种高产高效栽培技术示范推广	省三新工程	郭书巧	2015年	2016年
457	油菜机械化种植技术集成示范与推广	省三新工程	张洁夫	2015年	2015年
458	花生中花16栽培技术规程	江苏省农业地方标准	刘永惠	2015年	2016年
459	非转基因抗除草剂油菜种质创制与研究	院基本科研业务专项	浦惠明	2015年	2015年
460	异常棉（G.anomalum）渐渗文库的创建及优异基因的挖掘	院基本科研业务专项	沈新莲	2015年	2015年
461	棉花抗黄萎病相关基因的定位及克隆	院基本科研业务专项	赵　君	2015年	2015年
462	棉花超矮秆基因的精细定位与候选基因的克隆	院基本科研业务专项	赵　亮	2015年	2015年
463	芋头淀粉合成酶AGPase的基因克隆及分析	院基本科研业务专项	王　立	2015年	2015年
464	种质资源研究室基本科研业务专项	院基本科研业务专项	陈志德	2015年	2015年
465	南粳9108重大病虫害无公害防控技术集成与示范	院科技服务专项	沈新莲	2015年	2015年
466	靖江市绿禾蔬菜专业合作社靖江市生祠镇七里村	院科技服务专项	何绍平	2015年	2015年
467	紫山药集中快繁及起垄机械化生产技术集成与推广	院科技服务专项	李春宏	2015年	2015年
468	棉花紫云英轮作模式和新品种展示	院科技服务专项	倪万潮	2015年	2015年
469	盐碱旱地土壤改良与抗逆栽培技术研究	横向委托	张国伟	2015年	2015年
470	旱地棉耐盐相关基因GarWRKY17的功能鉴定及网络调控分析	棉花国家重点实验室开放课题	徐　鹏	2015年	2016年
471	棉花抗黄萎病相关基因的精细定位及克隆	棉花国家重点实验室开放课题	赵　君	2015年	2016年
472	花生耐盐（旱）和抗病资源的鉴定与耐性机理研究	江苏省农业生物学重点实验室开放课题	沈　一	2015年	2016年
473	油菜CRABS CLAW（BnCRC）转录因子调控油菜雌性不育的机理研究	国家自然科学基金	付三雄	2016年	2019年
474	芋头淀粉合成酶的基因分析及分子标记开发与验证	国家自然科学基金	王　立	2016年	2019年
475	华东地区强优势油菜杂交种的创制与应用	国家重点研发计划课题	浦惠明	2016年	2020年
476	强优势油菜杂交种亲本改良与种质创新	国家重点研发计划子课题	高建芹	2016年	2020年

（续表）

编号	项目名称	来源	主持人	时间（起）	时间（止）
477	油菜杂种优势利用方法与高效制种技术	国家重点研发计划子课题	龙卫华	2016年	2020年
478	长江下游区油菜优异种质资源精准鉴定与创新利用	国家重点研发计划子课题	陈　松	2016年	2020年
479	棉花优异种质资源精准鉴定与创新利用	国家重点研发计划子课题	肖松华	2016年	2020年
480	油菜岗位科学家	国家现代农业产业体系	张洁夫	2016年	2020年
481	花生综合试验站	国家现代农业产业体系	陈志德	2016年	2020年
482	食用豆岗位科学家	国家现代农业产业体系	陈　新	2016年	2020年
483	大蒜新品种及高效栽培技术示范推广	中央财政推广	郭文琦	2016年	2017年
484	杂交油菜新品种宁杂1818机械化栽培示范推广	中央财政推广	高建芹	2016年	2017年
485	江苏优质山药产业发展关键技术创新与应用	省农业科技自主创新资金	殷剑美	2016年	2017年
486	出口特色豆类产业链技术创新与集成应用	省农业科技自主创新资金	陈　新	2016年	2019年
487	陆地棉耐盐优异等位基因的挖掘及功能性分子标记的开发	省自然科学基金	徐　鹏	2016年	2019年
488	油菜苗期耐渍性主效QTL qWR9-2的精细定位与候选基因克隆	省自然科学基金	王晓东	2016年	2019年
489	芋头脱毒快繁技术规程	江苏省地方标准	殷剑美	2016年	2017年
490	非转基因抗除草剂油菜种质创制与研究	院基本科研业务专项	浦惠明	2016年	2016年
491	油菜CRABS CLAW（BnCRC）转录因子调控油菜雌性不育的机理研究	院基本科研业务专项	付三雄	2016年	2016年
492	芋头淀粉合成酶的基因分析及分子标记开发与验证	院基本科研业务专项	王　立	2016年	2016年
493	适合机械化油菜种质创新与应用	院重点学科建设	张洁夫	2016年	2017年
494	块状紫山药高效种植新技术示范推广	院科技服务专项	李春宏	2016年	2016年
495	稻虾共作安全高效种养关键技术研究与示范	院科技服务专项	沈新莲	2016年	2016年
496	靖江香沙芋起垄覆黑膜全程机械化高效种植技术示范推广	院科技服务专项	张培通	2016年	2016年
497	海门特色新品种新技术新模式示范推广	院科技服务专项	殷剑美	2016年	2016年
498	甜叶菊新品种高产高效栽培技术示范推广	院科技服务专项	郭书巧	2016年	2016年
499	山药新品种及其高效种植新技术示范与推广	院科技服务专项	何绍平	2016年	2016年
500	油菜ALS突变基因向芥菜型油菜扩散的生物学机制	院基金	龙卫华	2016年	2016年
501	甘蓝型油菜种质资源创新与精准鉴定	院基金	陈　锋	2016年	2016年

（续表）

编号	项目名称	来源	主持人	时间（起）	时间（止）
502	非转基因抗除草剂油菜M342的抗性效应及其对后茬作物的影响研究	院基金	高建芹　张　维	2016年	2016年
503	甘蓝型油菜丙酮酸激酶基因的克隆及高含油量油菜种质创新	院基金	周晓婴	2016年	2016年
504	棉花RNA结合蛋白编码基因GbRZ-1a的克隆与分析	院基金	徐剑文　李　健	2016年	2016年
505	机采棉株型性状的遗传与育种	院基金	狄佳春	2016年	2016年
506	花生耐盐性的全基因组关联分析	院基金	沈　一　沙　琴	2016年	2016年
507	花生逆境胁迫相关MYB基因AhMYB34的功能分析	院基金	刘永惠	2016年	2016年
508	中国-美国作物种子生物学联合实验室建设	国际合作项目	倪万潮	2016年	2018年
509	长江下游棉区高产高效转基因棉花新品种培育	转基因专项子课题	陈旭升	2016年	2020年
510	转基因低酚棉新品种选育	转基因专项子课题	陈旭升	2016年	2020年
511	高产转基因棉花新品种培育	转基因专项子课题	肖松华	2016年	2020年
512	长江中下游棉区高产转基因棉花新品种培育	转基因专项子课题	倪万潮	2016年	2020年
513	油菜极端矮秆基因ED1的精细定位与克隆	油料所开放课题	胡茂龙	2016年	2017年
514	甘蓝型油菜千粒重主效QTL的精细定位	江苏省农业生物学重点实验室开放课题	王晓东	2016年	2016年
515	盐胁迫下棉花LTR-反转座子的转录激活及耐盐相关基因发掘	江苏省农业生物学重点实验室开放课题	徐珍珍	2016年	2016年
516	褪黑素对盐胁迫下棉花生长发育的调控机理研究	江苏省农业生物学重点实验室开放课题	张国伟	2016年	2016年
517	花生果针不同发育阶段的小RNA调控模式研究	江苏省农业生物学重点实验室开放课题	沈　一	2016年	2016年
518	Jar1基因在油菜-核盘菌相互作用过程中的作用机理研究	省部共建重点实验室开放课题	彭　琦	2016年	2018年
519	转基因耐旱耐盐碱棉花新品种培育	转基因专项子课题	沈新莲	2016年	2020年
520	抗磺酰脲类除草剂油菜不同突变体的抗性效应及机理研究	国家自然科学基金	胡茂龙	2017年	2020年
521	甘蓝型油菜耐渍主效QTL的精细定位与候选基因挖掘	国家自然科学基金	王晓东	2017年	2020年
522	中缅泰特色豆类作物绿色增产增效技术集成示范	国家重点研发国合专项	陈　新	2017年	2020年
523	江苏现代农业（特粮特经）产业技术体系集成创新中心	省产业体系	陈　新	2017年	2017年
524	江苏优质芋头优质高效生产关键技术集成创新与示范推广	院基本业务费	张培通	2017年	2017年

（续表）

编号	项目名称	来源	主持人	时间（起）	时间（止）
525	非转基因抗除草剂油菜种质创制与研究	院基本业务费	浦惠明	2017年	2017年
526	虾稻共生生态立体种养关键技术的集成与推广	院科技服务专项	沈新莲	2017年	2017年
527	山药新品种示范推广与栽培技术研究	院科技服务专项	胡茂龙	2017年	2017年
528	纳米材料在智能定向精准调节作物生长中的作用	院颠覆性项目	徐剑文	2017年	2021年
529	棉花抗黄萎病相关基因$GbCYP72A$的功能研究	省自然科学基金	徐剑文	2017年	2020年
530	芋头抗重茬安全高效种植技术研究与示范	省农业科技自主创新资金	郭文琦	2017年	2020年
531	绿豆抗叶斑病基因$VrCLS$的图位克隆及功能鉴定	省博士后基金	Chutintorn Yundaeng	2017年	2019年
532	基于高通量测序的陆地棉耐盐优异基因发掘及优化组合设计	省博士后基金	孟 珊	2017年	2019年
533	甜叶菊miR7782-3p调控甜菊醇糖苷生物合成分子机制的研究	省博士后基金	崔晓霞	2017年	2019年
534	两系法选育高产优质杂交绿豆新品种	省333人才项目	陈 新	2017年	2020年
535	非转基因抗除草剂油菜抗性鉴定技术规程	省农业地方标准项目	浦惠明	2017年	2018年
536	棉花种质资源收集鉴定编目繁种与保存分发利用	农业部行业专项委托项目	刘剑光	2017年	2017年
537	外源赤霉素对甜菊糖苷含量的影响	江苏省农业生物学重点实验室	蒋 璐	2017年	2017年
538	油菜$BnPGIP2$基因在菌核病抗性中的功能分析	江苏省农业生物学重点实验室开放课题	彭 琦	2017年	2017年
539	棉花亚红株突变体基因的筛选与克隆	江苏省农业生物学重点实验室开放课题	赵 亮	2017年	2017年
540	花生甘油-3-磷酸酰基转移酶基因$AhGPAT$在油脂合成中的作用	江苏省农业生物学重点实验室开放课题	沈 悦	2017年	2017年
541	油菜$BnNRsPGIP2$基因在菌核病抗性调控中的功能及机理研究	国家自然科学基金	彭 琦	2018年	2021年
542	花生甘油-3-磷酸酰基转移酶AhGPATα参与油脂合成的功能研究	国家自然科学基金	沈 悦	2018年	2021年
543	棉花细胞色素P450基因$GbCYP72A$在黄萎病抗性中的功能分析	国家自然科学基金	徐剑文	2018年	2021年
544	大豆内质网分子伴侣GmCNX在大豆花叶病毒侵染中的机制研究	国家自然科学基金	吴官维	2018年	2021年
545	长江下游及黄淮油菜高产优质适宜机械化新品种培育	国家重点研发计划项目	张洁夫	2018年	2020年
546	植物耐盐相关基因的克隆及在棉花中的应用研究	转基因专项	沈新莲	2018年	2019年

（续表）

编号	项目名称	来源	主持人	时间（起）	时间（止）
547	转基因生物新品种培育	转基因专项子课题	倪万潮	2018年	2018年
548	物种品种资源保护费项目	国家良种攻关项目	蒲惠明	2018年	2018年
549	优质抗病棉花新品种培育	国家重点研发计划课题	倪万潮	2018年	2020年
550	油菜优异育种亲本的创制	国家重点研发计划课题	张洁夫	2018年	2020年
551	测试网点建设及新品种应用	国家重点研发计划子课题	陈　锋	2018年	2020年
552	大豆及花生化肥农药减施技术集成研究与示范	国家重点研发计划子课题	刘瑞显	2018年	2020年
553	牧草和豆类作物育种以提高欧盟和中国蛋白质产量	国家重点研发计划子课题	刘晓庆	2018年	2020年
554	长江下游区机械化油菜新品种选育	国家重点研发计划子课题	付三雄	2018年	2020年
555	长江下游晚粳稻—油轮作区冬油菜化肥农药减施技术模式构建与示范	国家重点研发计划子课题	彭　琦	2018年	2020年
556	物种品种资源保护费	农业农村部部门预算项目	陈　松	2018年	2018年
557	棉花亚红株突变体基因Rs的克隆及调控网络分析	省自然科学基金面上	赵　亮	2018年	2020年
558	芋头大棚高效种植技术规程	省农业地方标准	王　立	2018年	2018年
559	山药新型定向机械化高效种植技术研究与示范	省农业科技自主创新资金	王　立	2018年	2021年
560	长江流域棉花机械化收获及配套农艺技术研究与示范	省农业科技自主创新资金	刘瑞显	2018年	2021年
561	专用型花生品种高效轻简化栽培技术研制与示范推广	省农业科技自主创新资金	陈志德	2018年	2021年
562	江苏省园艺重点实验室	江苏省重点实验室项目	陈　新	2018年	2018年
563	豇豆系列新品种高效生产技术示范推广	南京市产学研	张红梅	2018年	2019年
564	绿豆耐低铁胁迫基因的图位克隆	省博士后基金	林　云	2018年	2020年
565	大豆、花生新品种及绿色增效栽培技术	省挂县强农富民工程	袁星星	2018年	2019年
566	高沙土地区特色芋头新品种及轻简栽培技术	省挂县强农富民工程	张培通	2018年	2019年
567	特色豆类新品种及绿色增产增效技术海外应用合作研发	省国际合作项目	陈　新	2018年	2020年
568	抗除草剂油菜M342苗期耐受苯磺隆的机理解析	省级开放课题	郭　月	2018年	2019年
569	根茎类作物种质资源库	资源平台项目	王　立	2018年	2020年
570	杂交油菜芽苗期耐盐杂种优势分子机制解析	油料所开放课题	郭　月	2018年	2019年

（续表）

编号	项目名称	来源	主持人	时间（起）	时间（止）
571	豆类研究	院基本科研业务专项	陈　新	2018年	2018年
572	花生预培育学科	院基本科研业务专项	陈志德	2018年	2018年
573	靖江香沙芋特色示范基地	院基本科研业务专项	张培通	2018年	2018年
574	芦蒿全程机械化高效生产技术	院基本科研业务专项	张培通	2018年	2018年
575	芦蒿—鲜食玉米高效种植模式集成示范	院基本科研业务专项	郭文琦	2018年	2018年
576	五彩红豆薏仁粉产品打造、专利培育	院基本科研业务专项	陈　新	2018年	2018年
577	芋头特色学科	院基本科研业务专项	张培通	2018年	2018年
578	棉花细胞色素P450基因$GbCYP72A$在黄萎病抗性中的功能分析	院基本科研业务专项	徐剑文	2018年	2018年
579	花生甘油-3-磷酸酰基转移酶AhGPATα参与油脂合成的功能研究	院基本科研业务专项	沈　悦	2018年	2018年
580	宁杂1818浓香菜籽油的开发	院基本业务费	付三雄	2018年	2018年
581	油菜遗传育种（学科建设）	院基本业务费-重点学科	张洁夫	2018年	2018年
582	Christopher preston澳大利亚阿德莱德大学副教授	院引智项目	龙卫华	2018年	2018年
583	抗除草剂油菜新品系培育	转基因专项子课题	陈　松	2018年	2020年
584	研制新型细胞核不育系统，选育强优势转基因杂交新品种	转基因专项子课题	张　维	2018年	2020年
585	转基因油菜良种繁育技术体系	转基因专项子课题	彭　琦	2018年	2020年
586	花生胁迫相关MYB基因的功能分析	江苏省农业生物学重点实验室开放课题	刘永惠	2018年	2018年
587	BnCRC在油菜花器官发育中的调控机理研究	江苏省农业生物学重点实验室开放课题	周晓婴	2018年	2018年
588	棉花抗黄萎病相关基因的精细定位及克隆	江苏省农业生物学重点实验室开放课题	赵　君	2018年	2018年
589	芋头淀粉合成酶的基因克隆及分子标记开发	江苏省农业生物学重点实验室开放课题	王　立	2018年	2018年
590	大豆产业重大农业技术协同推广	农业部重大技术协同推广	陈华涛	2018年	2020年
591	甘蓝型油菜抗除草剂突变基因$BnAHAS$在漂移进程中的重组机制研究	国家自然科学基金	龙卫华	2019年	2022年
592	绿豆开花传粉突变基因cha的功能分析及在育种中的应用	国家自然科学基金	陈　新	2019年	2021年
593	基于异附加系的异常棉和陆地棉重组频率的遗传特征解析	国家自然科学基金	孟　珊	2019年	2021年

（续表）

编号	项目名称	来源	主持人	时间（起）	时间（止）
594	大豆品质性状全基因组关联分析及分子育种技术	国家重点研发计划国际合作专项	陈华涛	2019年	2022年
595	适合机械化作业的优质大豆新品种选育	省重点研发	陈华涛	2019年	2023年
596	江苏现代农业（特粮特经）产业技术体系泗洪推广示范基地	省产业体系	沈　一	2019年	2020年
597	甘蓝型油菜宁RS-1与核盘菌互作过程中JA信号通路基因JAR1的功能研究	省自然科学基金	彭　琦	2019年	2022年
598	海岛棉跨膜蛋白基因GbTMEM214抗黄萎病机制研究	省自然科学基金	赵　君	2019年	2022年
599	绿豆雄性不育候选基因VrMS-1的精细定位及功能验证	省自然科学基金	吴然然	2019年	2022年
600	谷胱甘肽调控油菜耐受磺酰脲类除草剂的非靶标抗性分子机理研究	省自然科学基金	郭　月	2019年	2022年
601	油菜分枝角度主效QTL的精细定位与候选基因预测	省自然科学基金	孙程明	2019年	2022年
602	甘蓝型油菜株型紧凑、抗除草剂的新型核不育系的创建	省农业科技自主创新资金	孙程明	2019年	2021年
603	基于基因编辑及EMS诱变的油菜矮秆新种质创制	省农业科技自主创新资金	王晓东	2019年	2021年
604	绿豆机械化收获脱叶催熟产品及技术	省农业科技自主创新资金	刘瑞显	2019年	2021年
605	麦棉两熟全程机械化生产技术规程	省地方标准项目	刘瑞显	2019年	2020年
606	花生蔗糖磷酸合酶AhSPSA1参与蔗糖合成功能研究	油料所开放课题	刘永惠	2019年	2020年
607	豆类（学科建设类）	院基本业务费项目学科建设	陈　新	2019年	2019年
608	花生小而特学科	院基本业务费项目学科建设	陈志德	2019年	2019年
609	成果培育——抗病虫杂交绿豆新品种选育及应用	院基本业务费成果培育	陈　新	2019年	2019年
610	豆类学科（中加联合实验室）	院基本业务费	陈　新	2019年	2019年
611	"一带一路"倡议下的经济作物借船出海模式研究	院基本业务费-软科学	沙　琴	2019年	2019年
612	专业所创新团队人才梯队建设范式研究——经济作物研究所为例	院基本业务费-软科学	李　健	2019年	2019年
613	苏农科五黑豆类杂粮粉打造	院科技成果转化引导项目	陈　新	2019年	2019年
614	灌云芦蒿科技扶贫典型示范	院科技服务专项-特色示范	张培通	2019年	2019年
615	兴化垛田油菜特色小镇产业提升模式创建	院科技服务专项-特色小镇	高建芹	2019年	2019年

（续表）

编号	项目名称	来源	主持人	时间（起）	时间（止）
616	研究所对接乡村支部文明共建路径研究	院党建课题	李　健	2019年	2019年
617	灌云芦蒿产业研究院技术研发	横向	张培通	2019年	2019年
618	棉花新品系与新组合选育	横向	陈旭升	2019年	2023年
619	油菜矮秆突变基因（$Bndwf.C9$）的图位克隆与功能分析	国家自然科学基金	张洁夫	2020年	2023年
620	棉花抗落叶型黄萎病基因的精细定位与克隆	国家自然科学基金	肖松华	2020年	2023年
621	UV-A通过JA信号途径调控豆类芽苗菜异黄酮合成的机理研究	国家自然科学基金	张晓燕	2020年	2023年
622	谷胱甘肽介导抗除草剂油菜M342耐受苯磺隆的代谢机制	国家自然科学基金	郭　月	2020年	2023年

第六章　科技服务与成果转化

第一节　科技服务

我所自建所以来就十分重视科研成果的推广与服务。建所初期，孙恩麐、冯泽芳、胡竟良、华兴鼐等先生大力推广陆地棉以取代中棉。冯泽芳先生回国以后，在中央农业实验所的十年时间内，平均每年有一半的时间在全国各地棉花产区示范、推广陆地棉，尤其是陕西陆地棉、云南木棉的推广倾注了冯先生大量心血，在先辈们的努力下，我国原棉在短时间内实现了自给。

中华人民共和国成立后，为解决生产上存在的问题，促进棉花、油菜、大豆产量的大幅度提高，我所科研人员在主要产区建立综合试验基点，总结群众经验，示范推广科研成果。如棉花的启东样板组、油菜的吴县望亭基点、大豆的灌云基点，为当地的粮棉油增产起到了重大的推动作用。

进入21世纪，经济作物由"优质、高产"的目标转换至"高产、优质、高效"的目标上，尤其是轻简化、机械化生产技术日益迫切。棉花、油菜、绿豆、山药、花生等经济作物轻简化、机械化栽培技术的集成与推广已趋于成熟，为江苏省经济作物优质、高效发展打下了基础。随着农业产业结构的调整，农业新型经营主体不断涌现，科技服务的形式与内容在不断变化，我所科研人员开拓创新，与地方政府、企业共建经济作物产业研究院，为地方产业发展提供服务。成立有溧阳特色经济作物产业研究院、启东经济作物产业研究院、灌云芦蒿产业研究院、宜兴杨巷经济作物产业研究院、阜宁瓜蒌产业研究院等。

一、棉花科技服务

1. 在产区建立工作组，边试验边示范，促进棉花产量大幅度提高

从20世纪50年代开始，面向产区，建立综合试验基点，示范推广科研成果，解决棉花生产上存在的问题，促进大面积棉花产量的提高。以华东农科所及以后改为江苏省农业科学院为主组织的产区工作组有：1953—1956年江苏盐垦棉区工作组，研究盐土植棉增产技术。1954—1955年江苏两熟制棉区工作组，研究棉麦两熟增产技术和稻棉轮作区植棉技术。1958—1961年启东、海门棉花工作组，1964—1968年启东棉花样板工作组，重点研究棉花壮苗早发和高产施肥技术。1974—1985年大丰基点组，研究棉田耕作制度，示范推广栽培、品种和棉虫综合防治新成果。1986—1990年组织沿海、徐州、沿江地区农科所，分别在兴化、盐城郊区、丰县、如东四个优质棉基地县建立基点和示范区，研究优质棉生产农艺体系。

太仓基点：1954—1955年苏南棉花工作组以太仓为基点，研究和总结沿江棉麦两熟地区夺取麦棉双高产的综合栽培技术，为该地区粮棉双增产起了重要的指导作用。

启东样板工作组：1958—1968年，启东、海门棉花生产工作组，基点设在启东县大兴公社七大队，做出粮棉双增的样板田，以点带面，带动全县的棉花生产。1963年未建立基点前，棉花平均单产皮棉为53kg，1964年建立点后，平均单产皮棉上升为85.5kg，1965—1966年平均单产皮棉为75～80kg；1967—1968年达到90kg。当时启东县的"金山、银山"一担挑的经验对推动全国粮

棉双增起到了积极作用。使启东成为全国第一个棉花皮棉单产超50kg/亩、全县棉花皮棉总产超过百万担的县。该基点从1963年开始进入，直到"文化大革命"开始后才撤销，但仍保持业务上经常联系。

大丰基点：1974—1985年，大丰基点主要开展的工作和成果有改进与改革棉田种植制度，1976—1977年对玉米与棉花间作的群体生态进行了研究，至1984年以后，原来实行玉米棉花间作连作制的地区，已基本上改为纯粮纯轮作制。示范推广棉花以营养钵育苗移栽为主体的配套栽培技术，1978年以后，棉花营养钵育苗移栽及直播地膜覆盖技术，在基点大队和所在大丰县发展速度很快，至1984年已占棉田面积的80%以上。示范推广粮棉高产品种，先后示范推广的棉花新品种有'江苏棉一号''江苏棉一号大铃''86-1''苏棉一号'。并协助基点大队建立原种生产基地和良种繁育体系。技术服务，协助基点大队和所在乡，开展各项农业科技活动，促进大面积平衡增产。基点大队在建立前，1973年棉花单产皮棉为50.85kg，低于所在乡的平均水平。1974年建点后到1976年单产上升到70kg，比全乡平均单产高19%；1977年单产超过80kg，1978—1983年单产均在85kg以上，均列所在乡第一位，而且促进了全县棉花的平均增产。

2. 为优质棉基地县提供技术服务，促进粮棉双增产

1986—1990年农业部下达"优质棉基地县科技服务"专题，我所协同沿海、徐州、沿江地区农科所，分别在兴化、丰县、盐城及如东四个棉优质基地市（县）设立基点和示范区，针对江苏省里下河、淮北、沿海、沿江四个主要棉区的具体条件和生产关键问题，开展优质棉生产农艺体系的研究，并将研究成果及时推广应用于生产，促进粮棉双增产，四个基地县155万亩棉田，1986—1990年和"六五"期间相比，平均单产增加12.02%；原棉品级提高1.58级，纤维长度提高1.77mm，可纺棉比例增加15.51个百分点，其中优质原棉增长近一倍；资金产出率增31.14%。此外由于棉花前茬麦类扩大土地利用率，产量也增加。1989年农业部组织验收时对我所的工作给予了极高的评价。

3. 滨海县科技扶贫，为贫困县建立绿色农产品生产基地

1996—1997年受江苏省委组织部及江苏省农业科学院的委派，由李秀章同志率领江苏省农业科学院包括水稻、玉米、小麦、土壤肥料、畜牧兽医、园艺等专业的科技扶贫促小康小组进驻江苏省的贫困县（滨海县）进行科技扶贫。为该县建立了绿色农产品生产基地，增加了农产品的附加值；引进优良猪种、建立波尔山羊繁育基地；积极推广棉花营养钵育苗移栽、水稻旱育秧技术及低产田改造工程、建立各种作物的高产示范方。经全体参与人员的共同努力，取得了令人满意的成绩，仅以棉花生产为例其单产就比两年前增加了20%以上。两年工作结束后，我所李秀章、徐红兵被评为"科技扶贫促小康先进个人"。

4. 为稳定发展江苏省棉花生产建言献策

为实现江苏2000年棉花单产达70kg，我所于1995年向省委、省政府就实现该目标分析了当时存在的6个问题，并提出了9点建议，得到了当时分管农业的省委副书记许仲林的重视，并作指示转发到有关单位；2000年3月又根据江苏省1999年棉花生产出现面积萎缩、单产、总产下降等问题，给时任江苏省负责农业的姜永荣副省长写了一封"对稳定发展江苏省棉花生产的建议"，建议中分析了江苏省棉花生产中存在的问题，提出解决问题的方法。该建议经姜副省长审阅批示后，转发至省政府办公厅农业处、省科技厅、省农林厅、省供销社等单位。

5. 棉花轻简化栽培技术的推广促进棉花生产向高效、绿色发展

自2013年来，由南京农业大学牵头，我所参与的"江苏省机采棉集约化生产技术创新团队"，在江苏省大丰、射阳、兴化和如东市等乡镇开展麦（油）后直播棉、秸秆还田技术、早熟棉直播技术、高密低肥技术、控释肥、叶面肥增效技术、脱叶催熟技术、机械管理技术等轻简高效生产技术示范。于2013—2015年、2017—2019年在江苏省大丰、兴化等地召开直播棉机采观摩

现场会，展示麦（油）后直播棉集中吐絮、机械化采收的轻简高效植棉技术。2013—2019年在盐碱地和非盐碱地棉区开展示范，示范区盐碱地籽棉产量平均达到307.9kg/亩，非盐碱地籽棉产量平均达到342.6kg/亩。麦（油）后直播棉轻简高效技术的应用，田间管理用工6～8个/亩，施肥量减少40%以上。该技术的应用实现了植棉轻简高效有利于生态环境的健康和棉花产业的可持续发展。

二、油菜科技服务

油菜科技服务是与新品种、新技术的推广紧密联系在一起的。

1. 蹲点、调查，明确了甘蓝型早熟、高产育种目标，促进了甘蓝型油菜的大面积推广应用

20世纪60年代初至80年代末。主要以下乡驻点和在农村综合（专业）基点蹲点为主。主要任务是调查、了解油菜生产情况和栽培技术、品种等生产需求。

傅寿仲，1960—1961年在原镇江地区溧阳县基点蹲点；1964—1966年在淮阴地区涟水社教队驻点；1970年6—9月和1971年5—9月在四川省茂汶羌族自治县夏繁加代；1974—1976年在原苏州地区吴县越溪基点蹲点。陈玉卿，1964—1966年在原苏州地区吴县望亭基点蹲点。伍贻美，1963—1965年在苏州地区吴县郭巷长桥基点蹲点。徐家裕，1976—1978年在苏州地区吴县越溪基点蹲点。

此阶段正是甘蓝型油菜替代白菜型油菜的后期。农户认识到甘蓝型油菜品种籽粒大、含油多、产量比白菜型油菜高，而且抗病性好，称其为"大油菜""黑油菜"，慢慢地接受了甘蓝型油菜品种。但由于当时生产上应用的甘蓝型油菜品种均为国外引进品种，主要是'胜利油菜'和'早生朝鲜'等品种，成熟期比白菜型油菜迟，不适合"双季稻"的晚茬茬口，成为影响甘蓝型油菜品种推广的限制因素。同时，由于"双季稻"面积大，让茬迟，晚茬油菜面积大，高产栽培技术缺乏，油菜产量一直徘徊在70～80kg/亩。通过蹲点、调查，明确油菜科研的两个重要方向，一是早熟甘蓝型油菜品种选育；二是晚熟高产栽培技术的集成与推广。在开展甘蓝型油菜早熟育种（育成甘蓝型油菜早熟品种'宁油7号'）的同时，通过试验研究提出了晚茬油菜安全生产、高产栽培技术。先后发表了《谈谈江苏省油菜生产中的几个问题》《油菜早熟育种研究初步总结》《江苏省春油菜栽培简况与技术关键》《晚茬油菜四项技术改革》《油菜春发营养诊断的探讨》和《晚茬油菜高产途径的探讨》等论文，并提出了高产油菜长势、长相诊断技术。促进了油菜生产的发展。

2. 培训、普及双低油菜知识，推广应用双低油菜品种及配套栽培技术，促进江苏省油菜"双低化"生产发展

20世纪80年初至20世纪末正处于传统"双高"油菜向"双低"油菜转换期，科技服务工作主要以普及、推广双低油菜为主。任务是培训、普及双低油菜知识，推广应用双低油菜品种及配套栽培技术，推进油菜"双低化"（高芥酸、高硫苷含量的旧品种向低芥酸、低硫苷含量新品种转换）进程。通过举办培训班、讲座等形式介绍油菜品种改良的趋势和我国发展双低油菜的意义，通过试验示范在生产上推广优质双低油菜品种宁油8号、宁油10号、宁油14号和宁油16号等，在全省范围内推广以双低品种为核心、规模化种植为基础的"双低油菜保优栽培技术"，促进全省双低油菜种植面积不断扩大，传统非优质品种种植比例连年下降。

3. 通过优质油菜基地建设和双低油菜高产创建工作，提高了江苏省双低油菜生产水平

2001—2019年。油菜生产由"优质、高产"的目标转换至"高产、优质、高效"的目标上，油菜科技服务工作的内容、方式、目标任务有了新的变化。主要有三个方面：一是开展实施油菜生产"双低化"战略。配合有关单位申报、实施国家"优质油菜基地市（县）建设"项目。作为技术依托单位，先后协助完成"溧阳市优质油菜基地建设""南京市优质油菜基地建设""盐

城市优质油菜基地建设""扬州市优质油菜基地建设"和"南通市优质油菜基地建设"等项目申报和实施，这些双低油菜生产基地的建设为江苏省双低油菜生产的发展奠定了坚实的基础。据统计，"十一五"期间，江苏省油菜双低化率年平均在75%以上，领先全国。二是"双低油菜高产创建"工作。2009年与江苏省农委一起，撰写了《江苏省油菜高产、超高产创建途径分析报告》，从"油菜产量现状及高产、超高产潜力""油菜高产、超高产的障碍因素""实现油菜高产、超高产的典型经验与技术途径"等三个方面分析阐述了江苏省油菜高产创建的技术途径与方法。配合农林厅制订了《江苏省油菜万亩高产创建省级测产方案》——"江苏省油菜高产创建方案"，先后在南通市通州区、盐城市东台市和大丰市、镇江市句容市和溧阳市、苏州市常熟市和吴江市、扬州市宝应市和江都区、泰州市姜堰区和兴化市等地建立万亩双低油菜丰产片，并在各个丰产片建立百亩攻关方。丰产方实行统一品种、统一技术，良种良法配套，示范推广优质油菜品种和高产、高效栽培技术，依靠科技，充分挖掘增产潜力。同时，制定了《江苏省油菜万亩高产创建测产方法（试行）》，用于指导油菜万亩创建丰产方测产验收工作。油菜成熟期邀请专家对高产创建丰产方进行测产验收。不断总结、推广双低油菜高产栽培经验。油菜高产创建工作推动了新品种、新技术的推广和应用，促进了油菜生产发展。2009年7个省级测产验收的万亩示范片，平均亩产为236.0kg，占江苏全省23个部级万亩示范片的30.4%，均达到了200kg的部级创建产量目标，其中，平均亩产240kg以上的有2个（通州区、大丰市）；平均亩产在230～240kg的有4个（东台市、启东市、海门市、宝应县）；平均亩产在200～230kg的有1个（溧阳市）。通州区二甲镇平均亩产为245.3kg，是2009年测产验收的最高产量，其最高产田块亩产达274kg；2013年，省级测产验收的5个万亩高产片测产结果，平均理论亩产256.7kg，比上年检测的9个示范片平均亩产增加12.1kg，所有抽测的14块高产田均达到了产量创建目标，其中有5块田亩产在270kg以上、有4块田亩产在250～270kg。宝应县抽测3块田平均亩产全省最高，为275.5kg，最高产的田块亩产达到288.2kg。分地区来看，苏南地区检测了3个示范片，抽测3块田的平均亩产为245.7kg，吴江区同里镇最高亩产达270.5kg。苏中地区检测了2个示范片，抽测3块田的平均亩产为273.2kg。据统计，"十五"全省油菜平均单产147.5kg/亩，"十一五"全省油菜平均单产增加到166.1kg/亩，"十二五"以来，全省油菜平均单产超过170kg/亩。江苏省油菜平均单产一直遥遥领先于其他油菜主产省。三是新品种、新技术试验示范。采用驻点、跑点等方式调查掌握生产需求。通过举办培训班、印发技术资料答疑解难，解决生产上出现的问题。在油菜主产区建立新品种高产示范田，在关键生育阶段召开现场会、观摩会，推广双低油菜品种宁杂1号、宁杂11号、宁杂19号、宁杂1818等双低杂交油菜品种和"秋发、冬壮、春稳、活熟"高产栽培技术。先后撰写《油菜高产栽培明白纸》《立足秋播规避油菜低温危害》《油菜雪害调查及危害程度评估》《适度增加油菜栽种密度，提高油菜生产效益》《种稀了用肥多，油菜可以种密点》等科普文章，指导农户种植油菜。

4. 通过油菜多功能开发利用，促进一二三产融合，托举乡村振兴

随着江苏省乡村振兴战略的推进和脱贫致富奔小康工程的实施，油菜已不仅是单纯的油料作物，还是休闲农业的重要载体和具有观光功能的特色经济作物。以油菜花海为主题的休闲农业产业链在江苏省已多点开花，成为贯彻实施我国乡村振兴战略，促进农业增收、农村美化和农民致富的有效举措。

（1）菜用+油用/肥用。自2003年起，通过在启东、海门、宝应、高淳、泗阳、淮安、当涂等地进行菜用+油用/肥用模式试验示范，取得了成功经验和良好效果。一是选用早生、快发、长势旺、再生力强、纤维含量低、维生素含量高、口感细腻、含糖量高且菜籽产量高的菜油兼用品种宁油16号、宁杂15号、宁杂1818等。二是进行摘薹时间、采摘量、配套施肥、鲜薹加工等试验示范，规范菜薹采收标准，集成《江苏菜油兼用油菜栽培技术》1套，发表相关论文多篇。三是

形成亩产菜薹150～300kg、菜籽150~200kg或绿肥1 500～2 500kg、每亩增效400～800元的栽培技术模式。

（2）菜用+花用+蜜用+油用。自2009年先后在兴化千垛、高淳慢城、浦口永宁、淮安白马湖、盐城盐都，无锡惠山、扬州高邮等菜花节景区，开展菜用+花用+蜜用+油用模式示范，通过菜油兼用品种、彩色花品种、不同熟期品种搭配，花期调节技术，肥药减量绿色栽培技术等试验示范，油菜花期拉长7～10天，日游客量增加10%以上，各点总客流量增加了8万～15万人，带动农民就业200多人。通过产学研推相结合，打造"一村一品""一镇一业"的一二三产融合格局，成功开发出菜薹、菜花蜜、菜油系列附加产品，引导农家乐餐饮从无序竞争向规范化转变，实现了油菜从种植业到休闲观光区域化发展。例如仅把菜籽变成菜油作为旅游伴手礼销售，每亩就为低收入农户直接增加收益600～800元；农家乐餐饮每户月纯收入从不到1万元增1.2万元以上；乡村游带动地方特色产品销售近100万元，明显增加低收入农户和当地农民的综合性收入，有力促进了当地产业兴旺和生态文明建设。"油菜多功能利用绿色增效综合技术"被列入2020—2021年江苏省农业重大技术推广计划，兴化市千垛镇正在申报农业部典型模式创建，浦口永宁被列为"江苏省观赏油菜特色小镇"。

（3）油菜景观画设计，打造网红打卡地，提高景区知名度。自2018年利用不同叶色、不同花色油菜品种，结合当地文化理念和红色文化基因进行油菜花图案景观设计，把创意油菜花海"绣"出别样景观，成为"网红打卡点"；同时综合开发油菜多功能效益，开展摘薹农事体验、彩色油菜花插花"DIY"、科普园地展示等互动活动，满足消费者对美好生活向往的需求。淮安白马湖的"马到成功"、无锡的"水蜜桃"、溧水的"乡村振兴"、向日葵故事的"党徽"、滨海的"中国梦"等油菜花景观设计图案被CCTV 13频道、学习强国、今日头条、扬子晚报等主流媒体报道，不仅提高了景区知名度，更产生了可观的经济效益。

生态休闲和乡村旅游产业是农村经济发展的新动能，在促进现代农业提质增效、带动农民就业增收、传承中华农耕文明、建设美丽乡村、推动乡村振兴发挥重要作用。通过创建并示范应用"菜+油/肥""菜+花+蜜+油/饲/肥"等多功能综合利用模式，实现"一菜多用"，可以大幅度提高油菜的种植效益，促进种养结合、用养结合和一二三产业的深度融合，从而带动产业兴旺，托举乡村振兴。

三、豆类科技服务

1. 启东兴隆沙农村技术服务，促绿豆大面积增长

1982—1983年，凌以禄、顾和平在启东兴隆沙农村开展技术服务，重点推广绿豆新品种VC2719A。该农场地处启东县境内，由长江冲积平原形成的小岛。岛上芦苇很多，蜗牛成群，种植绿豆，首先要用灭生性除草剂将芦苇消灭，找到杀死蜗牛的特效农药。经过反复试验和实践，终于将芦苇和蜗牛全部控制。绿豆于7月中旬播种，在绿豆成熟期，当田间绿豆黑色豆荚加黄色豆荚有80%时，采用每亩30mL乙烯利兑水30kg均匀喷雾于绿豆植株，一周后，绿豆叶片基本全部脱落，可以顺利进行绿豆机械收获。采用脱叶剂，还能加快绿豆叶片中的物质运输和籽粒中的物质转化。当年绿豆的机械收获面积达到1 600亩。亩产干籽粒159kg。1983年，在该农场继续进行科技服务，良种、良法一起抓，1 867亩绿豆平均亩产163.8kg。

2. 吴县和吴江县科技服务，促进麦豆稻轮作制度的推广

1980—1983年，费家骅、顾和平在吴县和吴江县开展农业科技服务。重点是推广麦豆稻轮作制度。除了搞好示范点，进行技术讲课外，还到相邻乡镇讲课，讲课内容包括作物栽培，植物保护，新品种推广。为当地的新品种、新农技推广起到很大的推动作用。当时在麦豆稻轮作制度中，麦类我们重点推广早熟3号、浙麦4号。大豆重点推广宁镇1号和矮脚早，水稻重点推广南粳

33、南粳34和77032。麦豆稻轮作制度推广后，极大地促进了当地种植业的低碳化、生态化和可持续化。

3. 灌云蹲点提高大豆产量

1968—1972年，费家驿同志在灌云县蹲点进行科技服务，住在同兴乡，主要工作内容：一是推广大豆新品种灌豆1号、徐豆1号。二是推广大豆施肥技术。包括使用大豆基肥和花荚肥，一般每亩使用碳铵30kg作基肥，在大豆开花期，每亩使用5kg硫酸铵作追肥，那时尿素很少，只有这些制作相对简单的化肥。通过多年的示范试验，田间讲课，现场结果观摩，印发科技教材，慢慢的，老百姓种豆的方式得到了颠覆性改变。多少年来，当地豆农一直认为，大豆施肥会爬藤，会疯长，改变根深蒂固的种植模式非常艰难。三是推广大豆灌水技术。多少年来，当地豆农认为大豆是旱地作物，不能灌水，灌水大豆会死亡。改变这些传统习惯非常困难，费家驿同志和群众同吃、同住、同劳动，终于培养出感情，老百姓从内心感觉到，大豆专家是真心为老百姓服务的。四是推广大豆精量播种技术，每亩地播种量有原来的10kg下降到6～7kg，迟播田块7.5kg左右。肥力较高、墒情较好的田块每亩播种量5kg。通过上述四种技术的综合运用，当地的大豆干籽粒亩产由原来的110～120kg增加到165～175kg，增产近50%。这些技术全部运用到位，花费了5～6年的时间，工作中经常得到当时行政领导和县科委的大力支持，特别是县科委张钧等同志，经常和费家驿同志研究工作方案到深夜。

4. 依托中央财政项目，建立了新品种新技术示范基地

在启东、泗阳、灌云等地建立了新品种新技术示范基地，推广苏豆18、苏新5号等系列毛豆新品种、苏豆13、苏豆21等系列大豆新品种及绿色病虫害防控技术等，新增经济效益200元/亩。

5. 与地方政府、企业共建经济作物产业研究院，为地方产业发展提供服务

分别建立溧阳特色经济作物、启东西青作物、涟水乡村振兴等产业研究院，依托技术优势，以地方现代特色高效农业产业发展需求为导向，针对现代特色农业产业发展要求的相关作物进行良种引选、优质高效生产、适宜产品设计和加工等产业技术环节进行协同创新和推广应用，为促进地方高效特色农业产业的发展提供技术支撑。

四、药食同源科技服务

药食同源类作物研究室是在原特经研究室山药、芋头等作物研发方向的基础上，根据江苏省现代农业特色产业发展需要于2017年11月成立。2011年初，经济作物研究所成立特经学科，为了寻求学科的科研工作方向和内容，该研究室常常深入基层调研指导，在基层一线的调研中，根据基层产业需求，开展技术服务，开启了该学科科技服务工作。多年来，该研究室根据江苏省地方特色高效农业产业的生产实际问题，开展科研和支撑服务工作，在科技服务工作中取得了一些成绩。

1. 支撑江苏优质芋头产业发展

为了促进芋头科研工作，从2011年开始，本学科与靖江市相关企业合作，开展靖江香沙芋生产情况调研，深入了解靖江香沙芋产业发展状况和技术需求，围绕靖江香沙芋产业技术需求，制订优质芋头创新研究方案。2013年在省自主创新项目的资助下，开展了靖江香沙芋生产技术体系的研究工作，主要包括三个方面内容：一是靖江香沙芋地方特色品种的改良和选育，利用芋头脱毒组培技术，对靖江香沙芋地方农家品种进行快速提纯筛选，选育了'苏芋1号'新品种，具备了靖江香沙芋优质口感和独特风味，综合性状显著改进，同时形成了"一种芋头地方农家品种快速提纯复壮新技术"，为推动优质芋头地方农家品种改良选育提供了可靠的技术方案。二是优质芋头脱毒快繁技术体系研究，首先进行靖江香沙芋脱毒组培技术研究，当年该技术研究取得突破，随即靖江市建设了"靖江香沙芋规模化脱毒组培实验室"，我们与靖江方面企业协作，边研究、边熟化、边应用，派韩晓勇同志驻点靖江市组培实验室指导和参与组培苗继代培养操作，完

成了大规模靖江香沙芋脱毒组培苗培育示范，取得了成功，当年培育了3万株靖江香沙芋脱毒组培苗，并在靖江市规划建设了"靖江香沙芋脱毒扩繁基地"，2014年春栽植于核心种芋繁殖圃，形成了15亩脱毒核心种芋繁殖田，经过二年扩繁，建成100亩靖江香沙芋脱毒种芋繁殖田，促进靖江香沙芋脱毒种芋的大面积推广应用，取得了显著的增产提质效果，为靖江香沙芋生产的优质高效奠定了基础。三是"优质芋头起垄覆黑膜轻简化优质高效种植技术"研究，针对优质芋头种植环节费工的问题，开展了起垄覆黑膜轻简化高效种植新技术的研究，取得成功。2014年，推动配套的播种机械、收获机械研发工作，实现了全程机械化作业，大大节省了田间管理用工。同时，针对规模化种植后，出现的病虫害暴发、有机型科学施肥技术应用等问题，开展了技术集成和示范，形成了"芋头起垄覆黑膜机械化优质高效种植技术体系"，保证规模种植户高效益，满足了规模种植户的技术需求。经过本学科团队的努力，扭转了靖江香沙芋生产滑坡的局面，促进了靖江香沙芋生产的转型升级。同时，本学科团队，在省及泰州市、常州市、南通市、苏州市等地区农业技术推广单位的大力支撑下，在全省推广应用本学科创新技术成果，推动江苏省沿江地区优质芋头产业的转型发展，全省优质芋头产业步入持续高效发展的轨道。

2. 推动江苏优质山药产业

江苏省是传统的优质山药主产区之一，常年山药种植面积20万亩以上，主要集中分布在黄河故道地区的丰县和沛县、连云港的两灌地区、南通市的启海地区，是当地的传统土特农产品。近年来，随着江苏省农业生产方式逐步向专业化生产、规模化种植的现代农业生产方式转型，传统的山药生产方式已不适应现代农业生产方式转变的需要，山药产业发展对新型的绿色高效种植技术产生迫切需求。为了针对性地开展山药生产技术研究，本学科组织了山药生产调研工作，制订了学科山药产业技术研究计划方案。近年来，由于丰沛等主产区暴雨频发，以及两灌和启海两个产区地下水位抬升等问题，江苏省山药生产严重滑坡，种植面积快速萎缩。针对江苏省优质山药产业发展的技术需求，本学科团队，在江苏省自主创新资金项目的资助下，依托丰县、沛县、灌云、灌南、海门、启东等地农技推广单位和主要经营主体，构建了江苏省山药专业技术支撑服务体系，开展了江苏省地方特色山药新型浅生化优质高效种植技术的研究。主要包括两个方面内容：一方面，本学科团队引进山药定向槽浅生高效种植技术，针对薯蓣类山药的生育特点，进行薯蓣类山药定向槽浅生种植研究，率先取得突破，同时选育了适宜定向槽种植的薯蓣类山药新品种，集成薯蓣类山药定向槽优质高效种植技术体系，研发了配套的农机具，以及科学施肥技术、绿色防控技术等，实现了薯蓣类山药品种的浅生化种植，有效解决了江苏山药生产存在的费事费工、劳动强度大、塌沟风险大、地下水位和土质等生产条件限制多等技术问题。另一方面，加强块状山药起垄覆黑膜全程机械化优质高效种植技术研究，选育了苏蓣系列块状山药新品种、引进改造了配套农机具，实现了山药种植的浅生化和机械化，在灌云和海门示范；同时延伸研究了山药套网基质有机型优质高效种植技术，培育生产高端有机型紫山药等，取得了较好的效果。本学科的相关技术研究工作，稳住了山药主产区经营主体的信心，扭转了江苏省山药生产滑坡的严峻局面，为江苏省优质山药产业的恢复和发展创造了有利条件。

3. 促进灌云芦蒿特色产业发展

灌云芦蒿起步阶段，主要是采用八卦洲芦蒿种植经验，以露地栽培大叶白蒿为主，每亩产值3 000元左右，比同季的水稻产值每亩增加2 000元左右，少量的利用大棚多层覆盖种植大叶青蒿，亩产值9 000元左右，含劳动用工每亩赢利6 000元左右。由于露地芦蒿上市期在秋季，蔬菜市场品种多、数量大，限制了芦蒿生产效益提升的空间，随着芦蒿生产规模的扩大，芦蒿生产效益的风险也随之增加。本学科团队张培通研究员帮助沙国栋研究员开始了在灌云县进行日光温室种植大叶白蒿的生产试验，取得了显著效果。在省委扶贫工作队、陡沟乡政府以及灌云县相关部门的大力支持下，通过卓有成效的工作，许相村建成了"百亩日光温室芦蒿科技示范园"，亩产值大多达到15 000元左右，发挥了很好的示范作用。

日光温室栽培作为"灌云芦蒿"主体种植模式得到认可并大面积推广后，对"日光温室芦蒿的高产优质高效种植技术"产生了迫切需求，为了满足生产需要，一方面开展了"灌云芦蒿"日光温室高效种植技术体系的研究，另一方面开展了日光温室芦蒿高效栽培技术体系集成。形成了"足肥密植、湿润管理、一次促成、洁净采收"的关键技术规范，随着生产上的推广应用，灌云芦蒿逐步实行规范化生产，形成"灌云芦蒿"日光温室高效种植技术体系。

适用的优良品种是芦蒿产业可持续发展的重要条件，自2010年开始，本团队针对"灌云芦蒿"引种不规范的问题，开展了"灌云芦蒿"品种选育工作，系统收集整理国内优质芦蒿地方品种，开展芦蒿各地方品种的分类筛选、鉴定和芦蒿新品种选育等工作，推动"灌云芦蒿"育种体系的建立，育成了2个适宜日光温室种植的优良芦蒿新品种——灌蒿1号和灌蒿2号，通过了连云港市科技局组织的同行专家鉴定。

为了确保"灌云芦蒿"长期可持续发展，本团队与灌云县相关单位技术人员一道开展"灌云芦蒿"日光温室高效种植模式组装，形成了日光温室芦蒿—番茄高效种植模式。张培通研究员联合灌云县农业技术推广中心，承担了"设施蔬菜工厂化育苗技术集成创新与示范"项目，改进了日光温室高效育苗技术，促进了日光温室育苗产业的发展，及时向农户提供高品质番茄苗，受到芦蒿种植户的普遍欢迎。日光温室芦蒿—番茄高效种植模式的应用，有效解决生产上不规范使用生长调节剂、病虫害控制难度大等突出问题，尤其是有效避免芦蒿基地发生虫瘿、钻心虫等重大病虫灾害，日光温室栽培不因土壤退化导致生理障碍。

为了推动"灌云日光温室芦蒿持续高效栽培技术"，本学科团队开展新品种、新技术、新模式创新研究，并配合灌云有关方面申报科技项目，帮助制订科技项目的实施方案，派出郭文琦、李春宏、王立等技术骨干蹲点实施，在蔬菜所有关团队及灌云县相关部门的支持下，取得了显著的成效，促进了灌云日光温室芦蒿产业可持续发展。江苏省农业科学院和灌云县政府经过多次协商，2017年7月，成立"灌云芦蒿产业研究院"，聘请沙国栋、张培通等相关科研人员作为首批专家，形成了"灌云芦蒿"产业技术研发创新团队。

五、特色经济作物科技服务

1. 花生科技服务

依托国家花生产业技术体系南京综合试验站，花生学科团队一直以来在江苏及周边地区大力开展花生新品种、新技术的推广工作，并通过实地调研、农民培训、经济问卷调查等手段，及时掌握各区域花生种植、收购、加工等状况，了解产业链切实需求，针对性扩充和创新科研内容，更好地为产业提供技术支撑与服务。

在泗洪、泰兴、海门、泗阳、盱眙、如皋等县（市）建设花生高产示范基地，开展技术培训和科技服务，其中，2011—2015年统计建设高产示范基地9 639亩，平均亩产270～350kg；重点推广了花生起垄覆膜、种衣剂、控旺等绿色高产栽培技术，充分展示了花生新品种、新技术在花生生产中的增产增效潜力。2008年以来主要示范县应用花生新品种、新技术近240万亩；其中2017—2019年64万余亩，占同期实际播种面积的六成以上，总经济效益6 800余万元。

历年来，与泗阳江苏百年苏花食品集团有限公司、滨海县条河小花生专业合作社、江苏江宁台湾农民创业园、南京福晶农业科技有限公司、蚌埠花生产业研究院等加工企业、合作社、家庭农场等进行深入合作，通过建立科研站、合作申报科技推广项目等多种方式，积极与产业主体合作开展新品种、新技术的推广示范，解决企业实际问题。发挥品种和栽培技术优势，促进产品更新和提档升级，探索花生综合利用途径，带动花生产业综合效益的进一步提升。

积极开展区域内技术培训活动。近五年来，在江苏各地开展技术培训43场次，培训人员

2 500多人次，发放相关技术资料2 100余份，为种植大户、加工企业现场技术指导90余次，取得了较好的社会效益，也为江苏省花生产业发展提供了及时的技术支撑。

积极参与各类农业产业研究院、新农村建设规划和科普项目的实施，提供品种、栽培技术等全程技术指导，开拓花生展示、观光用途，促进花生更好融入地方现代特色高效农业产业。

2. 甜叶菊科技服务

2015—2016年，在江苏省东台市甜叶菊生产基地，实施了三新工程项目[项目名称：甜叶菊新品种高产高效栽培技术示范推广，编号：SXGC（2015）213]，进一步完善了甜叶菊种苗快繁体系，建立了甜叶菊新品种种苗繁育基地；建立了高标准甜叶菊三新示范基地，制订了'江甜2号'新品种的生产技术规程，明确从种苗繁育、移栽管理到采收全程技术规范，解决大面积生产标准化水平不高的问题，全面提高甜叶菊干叶产量和干叶质量。同时通过对甜叶菊进行套种或复种其他作物等种植模式的试验研究，解决甜叶菊茬口土地利用率不高的问题，提高土地产出率，增加种植效益。

2017—2019年，与泗阳县新仁里种植专业合作社合作在江苏泗阳甜叶菊生产基地，实施了江苏省科技计划项目（项目名称：甜叶菊高产高效栽培技术集成与示范，苏北专项SZ-SQ2017019），建立了核心示范基地100亩，带动辐射面积达2 080亩；新建育苗基地50亩（合同指标10亩），直接供应2 000亩大田的种苗，集成完善了适合当地的高产栽培技术体系，极大地带动了地方经济的发展。

3. 瓜蒌科技服务

江苏省内有大量的野生瓜蒌资源存在。2008年前多以农户房前屋后、田边溪地分散种植。2011年大田引种成功后，瓜蒌种植面积迅速增加。我所从2018年起，先后多次对盐城、宿迁及淮阴等地的瓜蒌进行调研。并于2019年5月与阜宁县农业农村局、阜宁县众发瓜蒌合作社一起，成立了"江苏省农业科学院阜宁瓜蒌产业研究院"。主要开展了以下工作：

深入实际开展调研：在瓜蒌生长期间，深入到田间地头，系统观察不同瓜蒌生长发育进程，不同生育阶段病虫发生种类及危害特点。并多次与农户进行交流，了解常年瓜蒌生产技术难题、病虫防治药种、方法及效果等，以全面掌握瓜蒌不同品种生育特性和病虫发生危害特点，为科学制订生产技术规程奠定基础。

组织开展技术培训：为对瓜蒌病虫开展有效防治，在瓜蒌生产期间组织开展专题技术培训，进一步普及了病虫发生危害与科学管控方面的知识，从而增强了瓜农主动预防、对症用药、科学防治等方面的意识。通过微信、电话、短信等多种方式及时进行远程技术指导，确保大面积生产及病虫防治不失着、不错着、不漏着。

进行田间药剂试验，建立病虫防治示范：针对瓜蒌生产中病害严重、损失巨大的实际，组织开展药剂的安全性试验，并在此基础上进行了相关药剂田间药效试验和示范，集成完善可用于瓜蒌病虫防治的安全高效低毒低残留的新型杀虫剂和杀菌剂使用技术和使用方法，为瓜蒌病虫防治药剂的更新换代和指导大面积瓜蒌生产积累了丰富的资料。

在阜宁县郭墅镇瓜蒌生产基地建立了460亩病虫防治示范区。示范区内对病虫害防治，实行统一病虫调查监测、统一药剂配方、统一购药供药、统一施药方法，分户组织防治的"四统一分"的形式开展服务，取得了理想的结果。

第二节　成果转化

据统计，共有47个品种/技术与企业实现了有偿转让，有力推动了我所科研成果的推广（表6-1）。

表6-1　转让的品种、技术和专利

作物	品种（品系）	技术	专利	受转单位
棉花	苏杂3号			江苏明天种业科技有限公司、安徽隆平高科种业有限公司
棉花	苏杂118			南京红太阳种业有限公司
棉花	苏杂201			江苏沃丰种业科技有限公司
棉花	苏杂6号			武汉佳禾种业有限公司、湖北惠民农业科技有限公司
棉花	苏杂208			江苏明天种业科技股份有限公司
棉花	星杂棉168			安徽赛诺种业有限公司
棉花	宁杂棉3号			江苏丰庆种业有限公司
棉花			一种棉花纤维长度单QTL近等基因系的创建方法	江苏瑞华农业科技有限公司
棉花		棉花新品系育种技术合作		新疆九圣禾种业股份有限公司
油菜	宁杂1号			江苏中江种业股份有限公司
油菜	苏油3号			江苏中江种业股份有限公司
油菜	苏优5号			江苏明天种业科技股份有限公司
油菜	宁油10号			江苏明天种业科技股份有限公司
油菜	宁油12号			江苏沃丰种业科技有限公司
油菜	宁油14号			江苏省金地种业科技有限公司
油菜	宁杂15号			江苏省金地种业科技有限公司
油菜	宁油16号			江苏丰庆种业有限公司
油菜	宁油18号			江苏中江种业股份有限公司
油菜	宁油20号			荆州市万发种业有限公司
油菜	宁杂11号			陕西荣华农业科技有限公司
油菜	宁杂19号			湖北国科高新技术有限公司
油菜	宁杂21号			四川省蜀玉科技农业发展有限公司
油菜	宁杂1818			江苏省金地种业科技有限公司
油菜	宁杂1838			江苏丰庆种业有限公司
油菜	宁杂27			四川田丰农业科技发展有限公司
油菜	宁杂31			江苏省金地种业科技有限公司
油菜	宁杂118			江苏姜丰种业有限公司
油菜	宁油26			连云港市丰源种业有限公司
油菜			抗咪唑啉酮类除草剂的甘蓝型油菜突变基因的核酸序列及其应用	北京首佳利华科技有限公司
油菜	19DP7（抗除草剂）			湖北康地科技有限公司

（续表）

作物	品种（品系）	技术	专利	受转单位
油菜	N1379T （高油酸）			武汉中油阳光时代种业科技有限公司
花生	宁泰9922			江苏姜丰种业有限公司
山药			一种利用山药微型薯块进行苗床集中快速扩繁种薯的方法	灌云县兴云生态农业有限公司
芋头	苏芋2号			泰州市高港区光普家庭农场
绿豆	苏绿2号			徐州嘉盾农业科技有限公司
大豆	早生翠鸟			徐州嘉盾农业科技有限公司
大豆	苏豆7号			南通中江农业发展有限公司
大豆	苏豆8号			嘉祥辉嘉种业有限公司
大豆	苏奎2号			南京永立农业发展有限公司
大豆	苏豆18			连云港市丰源种业有限公司
大豆	苏新5号			江苏省大华集团有限公司
大豆	苏豆5号			徐州市云龙区明丰种业
大豆	苏豆16号			徐州市云龙区明丰种业
大豆	苏豆13			连云港市丰源种业有限公司 安徽华成种业有限公司 河南省许科种业有限公司
大豆	苏夏18-J			南京沃蔬种业有限公司
大豆	苏新6号			徐州嘉盾农业科技有限公司
大豆	苏夏18-H			嘉祥县俊豪种业有限公司

第三节　科研人员挂职服务

为了将科研充分服务于地方产业，我所共派出16位科技人员赴地方挂职，取得了较好的社会影响（表6-2）。

表6-2　赴地方挂职的16位科技人员

姓　名	挂职时间	挂职地点	职务
傅寿仲	1964年8月—1966年3月	江苏涟水	省委涟水社教工作队队员
钱大顺	1994年	江苏滨海	县委副书记
李秀章	1996—1997年	江苏滨海	副县长
何循宏	1999年	江苏睢宁	副县长
付三雄	2013年8月—2014年8月	江苏仪征	枣林湾生态园管委会/仪征市陈集镇人民政府副主任/副镇长
张培通	2014—2016年	江苏泰州	泰州农科所副所长
郭文琦	2014—2016年	江苏灌云	灌云县现代农业产业园区管理委员会副主任

（续表）

姓　名	挂职时间	挂职地点	职务
陈　新	2014—2016年	江苏泗阳	副县长
沈新莲	2015年5月—2017年4月	江苏盱眙	副县长
李春宏	2016—2018年	江苏灌云	灌云县现代农业产业园区管理委员会副主任
胡茂龙	2017年1月—2017年12月	江西	江西省农业科学院作物研究所副所长
张国伟	2017年8月—2018年7月	江苏高淳	副镇长
龙卫华	2018年9月—2019年8月	江苏灌云	县现代农业产业园区管委会副主任
王　立	2018年8月至今	江苏灌云	灌云县农业农村局副局长
陈志德	2018年至今	江苏泰州	泰州农科所副所长
刘瑞显	2019年至今	江苏赣榆	副区长

第七章　国际合作交流

建所以来，通过执行国际合作项目、政府援外计划、互访交流、参加国际会议等形式，开展国际合作交流，提升了我所的科研实力和国际影响力。

第一节　国际合作项目

截至2019年，我所承担科技部重点研发国际合作项目、国家外国专家局引智项目、江苏省科委国际合作项目等国际合作项目15项（表7-1）。

表7-1　国际合作项目信息表

序号	项目名称	合作国家（机构）	主持人	合作时间	来源
1	中澳油菜高产育种与品质改良	澳大利亚国际农业发展研究中心（ACIAR）	傅寿仲	1986—1988年 1989—1991年	农业部科教司
2	芸薹属种子休眠研究	联合国国际植物种质资源委员会（IBPGR）	傅寿仲	1987—1991年	中国农业科学院
3	绿豆新品种穿梭育种	泰国	凌以禄	1983—1986年	亚蔬中心
4	中国杂交棉试验示范	巴西	钱大顺 王庆华	1992年	江苏省科委国际合作项目
5	中澳油菜高产育种与品质改良穿梭育种项目	澳大利亚太平洋种子公司	戚存扣	1990年7月—1990年12月	农业部科教司
6	耐盐大豆新品种及育种方法引进	日本	陈　新	2012年	国家外国专家局引智项目
7	基于全基因组测序的绿豆抗豆象QTL定位及分子标记开发	泰国、美国等	陈　新	2015年	国家外国专家局引智项目
8	中泰豆类联合研究中心	泰国	袁星星	2015年	农业部国际合作项目
9	中缅泰特色豆类作物绿色增产增效技术集成示范	泰国、缅甸	陈　新	2017—2020年	科技部重点研发国际合作项目
10	高产抗豆象绿豆新品种苏绿6号的示范推广	泰国	陈　新	2017年	国家外国专家局引智推广项目
11	夏播菜用大豆新品种苏豆11号的示范推广	泰国	陈　新	2018年	国家外国专家局引智推广项目
12	绿豆雄性不育基因的遗传分析及图位克隆	泰国	陈　新	2018年	国家外国专家局引智项目
13	大豆品质性状全基因组关联分析及分子育种技术	美国	陈华涛	2019年	科技部中美政府间国际合作项目
14	国审菜用大豆新品种苏豆18号的示范推广	泰国、美国等	陈　新	2019年	国家外国专家局引智推广项目
15	澜湄区域优质多抗豆类新品种及绿色增产增效技术集成示范	澜湄六国	陈　新	2020—2023年	农业农村部亚洲合作资金澜湄合作专项

第二节　出国援外

我所共派出5位科技骨干赴加纳、柬埔寨、斯里兰卡、赤道几内亚和哥伦比亚等国进行技术援助（表7-2）。

表7-2　援外项目信息表

姓 名	时间	受援国	工作内容
黄骏麒	1965年7月—1966年3月	加纳	执行周恩来总理出访亚非14国后的第一批援外项目，为组建1万英亩（约为4 046.86m²）大农场进行考察和规划设计工作
徐宗敏	1975年6月—1976年7月	柬埔寨	植棉技术
李宗岳	1982—1984	斯里兰卡	专家组成员
顾和平	2009年6月25日—2010年6月24日	赤道几内亚	调查研究，写出国情咨询报告，举办农业技术培训班，编制国家五年和十年农业发展规划
刘瑞显	2018年5月10日—2018年6月1日	哥伦比亚	应农业农村部对外经济合作中心邀请赴哥伦比亚执行现代作物种植与加工技术培训
刘瑞显	2019年9月30日—2019年10月8日	哥伦比亚	哥伦比亚冲突后重建系列主题——农业生产技术海外培训

第三节　出国访问

自20世纪50年代以来，我所共派出81人次赴美国、加拿大、澳大利亚等国家著名高校和科研机构进行短期访问和合作研究（表7-3）。

表7-3　科研人员出访信息表

时间	姓 名	到访国（地区）	内容
1958年	华兴鼐	阿拉伯联合共和国	考察长绒棉的科研与生产
1979年9月	钱思颖	墨西哥	考察棉花野生资源
1980年	谢麒麟	美国	考察美国棉花科研育种、推广和植棉农场
1983年10月	傅寿仲周行等	澳大利亚	与该国油菜专家交流，同时引进了双低油菜最新品种和野生棉种质资源
1983年6月—1983年11月	承泓良	美国得克萨斯州美国农业部南方作物研究所	学习棉花质量性状遗传
1983年11月	黄骏麒	法国	考察棉花种质资源、育种、植保研究工作
1984年3月14日—1984年4月2日	陈仲芳	墨西哥	考察棉花种质资源，采集到野生棉和半野生棉材料210份
1986年3月	傅寿仲等	澳大利亚太平洋种子公司、乌龙岗大学	考察澳方合作单位，同时了解澳方油菜育种科研进展，商讨第一期合作研究计划内容
1986年4月—1987年4月	王庆华	美国得克萨斯农工大学	棉花种质资源利用
1986年7月	伍贻美	日本、加拿大	日加双低油菜育种与生产情况

（续表）

时间	姓　名	到访国（地区）	内容
1987年12月13—29日	黄骏麒	喀麦隆	考察棉花生产
1988年9月	傅寿仲等	澳大利亚太平洋种子公司、乌龙岗大学	对澳方两个合作单位的计划执行情况进行评估，并决定继续进行第二期合作事宜
1989年1月	黄骏麒	科特迪瓦草原地区研究所棉花研究中心	考察低酚棉育种工作
1989年1月	傅寿仲等	澳大利亚太平洋种子公司等	对澳方第二期项目执行情况进行中期调研，并实地参观油菜育种试验场以及相关种植农场
1989年12月—1990年6月	戚存扣	澳大利亚太平洋种子公司等	执行"中、澳油菜高产育种与品质改良"项目，在澳大利亚太平洋种子公司进行油菜育种研究工作
1991年3月—1991年4月	周宝良沈端庄	墨西哥	考察棉花野生资源
1991年11月	傅寿仲戚存扣等	澳大利亚太平洋种子公司等	对澳方两个合作单位的项目进行评估，就全面总结达成一致意见
1992年12月	沈端庄谢麒麟王庆华	巴基斯坦	收集棉花种质资源
1992年6—7月	黄骏麒王庆华	巴西	棉花、蔬菜、畜牧考察
1993年3月—1993年4月	周宝良黄骏麒	墨西哥	考察棉花野生资源
1993年9—10月	李秀章黄骏麒	美国	访问美国农业部，考察美国棉花生产
1995年3月—1995年4月	周宝良黄骏麒	墨西哥	考察棉花野生资源
1995年7月	傅寿仲戚存扣	比利时、瑞典	考察比利时PGS公司油菜生物技术、瑞典斯瓦诺夫育种油菜项目
1997年4月—1998年8月	陈祥龙	印度尼西亚南加里曼丹省	杂交棉、杂交玉米、大豆品种引种示范和生产指导
1998年3月—1998年4月	周宝良黄骏麒	澳大利亚	考察澳大利亚棉花生产情况
2001年7月	傅寿仲	美国	考察美国北部发展春油菜情况
2001年9月15—27日	戚存扣	德国、比利时、意大利和卢森堡	随江苏省农业代表团出访（兼翻译）。主要考察欧洲农业和畜牧业生产情况和产业发展新技术
2002年10月10—21日	戚存扣张洁夫	泰国、新加坡	泰国农业大学、亚洲蔬菜研究中心和新加坡TEMASEK集团的生命科学实验室
2003年	倪万潮	巴西	考察棉花及热带特色植物
2004年8月11—26日	浦惠明	加拿大萨斯卡通农业试验站、曼尼托巴大学、孟山都公司、拜耳公司等	与相关专家进行交流，并引进了一些优异种质资源

（续表）

时间	姓名	到访国（地区）	内容
2004年10月26日—2004年11月7日	戚存扣	加拿大、美国	参观加拿大多伦多东部谷物与油料研究中心、美国密歇根州立大学农学院、堪萨斯州立大学、瑞士先正达公司
2005年12月	倪万潮	澳大利亚、新西兰	考察棉花及农产品加工
2006年11月14—26日	戚存扣 浦惠明	德国、法国、比利时、荷兰	参观法国国际农业研究中心（INRA）、法国国家农业推广中心（CITTEON）、德国吉森大学、Limbark种子公司、NPZ种子公司等
2007年	倪万潮	澳大利亚	考察棉花、大麦等
2011—2012年	张红梅	日本	大豆耐盐合作研究
2012年9月13—25日	戚存扣等	加拿大农业和食品研究中心（AAFC）、Viterra公司、萨斯喀彻温大学、曼尼托巴大学、孟山都公司、圭尔夫大学、美国北达科他州立大学	了解北美油菜科研发展方向、杂种优势利用技术途径、抗除草剂、抗病和双单倍体育种技术研究发展趋势
2012—2013年	陈华涛	日本	大豆耐盐合作研究
2013年	陈 新 顾和平	泰国	短期交流
2013年	崔晓艳 袁星星	泰国农业大学	短期交流
2015年	陈 新 张红梅 刘晓庆	泰国农业大学	短期交流
2015年	崔晓艳	加拿大西安大略大学	病毒病相关研究
2015年	袁星星	泰国农业大学	短期交流
2016年	陈 新	泰国、印度	短期交流
2016年	陈华涛	日本	豆类耐盐交流
2016年	张红梅	泰国农业大学	短期交流
2016年	崔晓艳 袁星星	泰国、日本	短期交流
2016—2017年	陈华涛	美国密苏里大学	大豆耐盐合作研究
2017年	陈 新	加拿大	
2018年	陈 新	缅甸、泰国	短期交流
2018年	陈 新	乌兹别克斯坦、哈萨克斯坦	短期交流
2018年	陈华涛	丹麦、缅甸	学术交流
2018年	张红梅	缅甸	短期交流
2018年	袁星星 陈景斌 薛晨晨	泰国农业大学、缅甸	短期交流
2019年	陈 新	泰国、韩国、加拿大	短期交流

（续表）

时间	姓名	到访国（地区）		内容
2019年	崔晓艳	韩国	短期交流	
2019年	袁星星	泰国农业大学、韩国	短期交流	
2019年	陈景斌	印度、韩国	短期交流	
2019年	薛晨晨 闫 强	泰国农业大学等	短期交流	

第四节 参加国际会议

自20世纪80年代以来，我所派出科技人员参加国际学术会议37次（表7-4）。

表7-4 参加国际学术会议信息

时间（年）	会议名称	主办单位	参加人员	备注
1983	国际豆类学术会议	国际大豆协会	凌以禄	南斯拉夫
1987	植物种质资源基因库研讨会	联合国粮农组织	王庆华	美国
1990	中国国际油菜科学讨论会	上海市政府	傅寿仲 戚存扣	中国（上海）
1991	国际棉花学术讨论会	中国农业科学院棉花研究所	朱 烨 承泓良	中国（北京）
1995	第九届国际油菜大会	国际油菜咨询委员会	傅寿仲 戚存扣	英国（剑桥）
1998	第二届世界棉花大会	希腊农业部	倪万潮	
2001	中国武汉国际油菜学术讨论会	中国农业科学院油料研究所等	傅寿仲 戚存扣	中国（武汉）
2002	海峡两岸遥测及农业生物技术研讨会	中国台湾省	倪万潮	
2002	国际生物数据连锁分析技术研讨会	比利时林堡大学	许乃银	比利时
2002	2002国际棉花基因组会议	南京农业大学	沈新莲	中国（南京）
2006	第四届世界棉花大会	国际棉花咨询委员会	沈新莲	美国
2007	第12届国际油菜科学大会	国际油菜咨询委员会	傅寿仲 戚存扣 浦惠明 张洁夫	中国（武汉）
2008	2008国际棉花基因组会议	中国农业科学院棉花研究所	沈新莲	中国（安阳）
2010	2010国际棉花基因组会议	CSIRO Plant Industry	沈新莲 陈旭升	澳大利亚
2011	第13届国际油菜科学大会	国际油菜咨询委员会	张洁夫 陈 松	捷克
2012	2012美国棉花带会议	美国棉花协会	陈旭升 肖松华 沈新莲	美国
2012	2012国际棉花基因组会议	美国棉花公司	倪万潮 沈新莲	美国
2014	2014国际棉花基因组会议	华中农业大学	沈新莲 徐 鹏 徐珍珍	中国（武汉）
2015	高通量植物表型无人监测学术会	美国农业无人机协会	刘瑞显	美国
2015	食用豆研究国际学术研讨会	江苏省农业科学院	豆类研究室成员	中国（南京）
2015	第14届国际油菜大会	国际油菜咨询委员会	胡茂龙 彭 琦	加拿大

（续表）

时间（年）	会议名称	主办单位	参加人员	备注
2016	世界作物学大会	中国作物学会	陈　新　袁星星　陈景斌	中国（北京）
2016	国际豆类研究多边合作平台2016年学术交流	江苏省农业科学院	豆类研究室成员	中国（南京）
2017	国际豆类研究多边合作平台2017年学术交流会	江苏省农业科学院	豆类研究室成员	中国（南京）
2017	第19届国际植物学大会	中国植物学会	王　立	中国（深圳）
2018	2018国际棉花基因组会议	英国爱丁堡大学	沈新莲　徐珍珍　郭　琪	英国
2018	中国欧盟国家科技合作重点专项"牧草与豆类作物育种以提高欧盟和中国蛋白质自给"项目年度总结大会	DLF种子科协	刘晓庆　陈华涛	丹麦
2018	中国-加拿大科技合作联委会农业与食品领域2018年工作会议暨豆类资源开发利用与营养健康科技创新交流会	加拿大农业与农业食品部，科技部中国农村技术开发中心	豆类研究室成员	中国（南京）
2018	2018国际根肿病研讨会	加拿大油菜委员会	彭　琦	加拿大
2019	中巴棉花生物技术及育种创新研讨会	中国农业科学院生物技术所	沈新莲	中国（新疆）
2019	AAGB-国际花生科学与技术大会	山东省农业科学院	陈志德　沈　一　刘永惠	中国（济南）
2019	国际花生生产技术研讨会	农业农村部南京农业机械化研究所	陈志德　沈　一　刘永惠　沈　悦	中国（南京）
2019	第13届国际植物钾营养和钾肥大会	国际钾肥研究所、中国农业大学	刘瑞显	中国（昆明）
2019	东盟国家绿豆育种会议	亚蔬中心	陈　新	泰国
2019	世界作物学大会、亚洲大洋洲高级育种协会年会		陈　新　崔晓艳　袁星星　陈景斌	韩国
2019	中国-加拿大豆类遗传育种与综合利用科技创新交流会	江苏省农业科学院、国家食用豆产业技术体系	豆类研究室成员	中国（南京）
2019	第15届国际油菜大会	国际油菜咨询委员会	张洁夫　胡茂龙　付三雄　龙卫华	德国

第五节　外国（地区/机构）专家（代表团）来访

自20世纪70年代以来，我所共接待12个国家（机构）专家（代表团）81批次（表7-5）。

表7-5　外国（地区）专家（代表团）来访信息表

时间	来访国（地区）	来访机构/人员	内容
1970年	阿尔巴尼亚	柯尼等	棉花合作交流

（续表）

时间	来访国（地区）	来访机构/人员	内容
1973年	日本	东京大学细田友雄教授等	交流中日油菜科研与生产情况
1980年5月	澳大利亚	澳大利亚CSIRO植物遗传学家Rex Oram	交流油菜遗传育种情况与种质交流
1981年	美国	美国农业部PD试验站Culp博士	棉花遗传育种学术交流
1982年	法国	热带农业研究中心蒙波得埃研究中心 J. Schwendiman	棉花遗传与改良学术交流
1984年	美国	伊利诺大学农学院Dr.Johnny.Depson	大豆科技交流
1985年	美国	康奈尔大学农学院Dr.Kelsey.Bay	大豆科技交流
1985年	美国	美国农业部棉花育种家Miller P.A	棉花合作交流
1985年10月	澳大利亚	澳大利亚国际农业发展中心主任 Mc. William教授	商讨中澳油菜高产育种及品质改良合作事宜
1985年11月	加拿大	加拿大双低油菜之父Downey博士和化学家Rimer博士	交流中加油菜科研与生产发展情况
1986年5月	澳大利亚	澳大利亚太平洋种子公司G.Buzza博士和乌龙岗大学化学家T. Truscott教授	商定中澳油菜科技合作第一期计划
1986年10月	澳大利亚	西澳农业部首席油菜育种家NN Roy博士	讲授油菜十八碳烯酸的进一步改良
1991年5月	联合国粮食及农业组织（FAO）	FAO-国际植物遗传资源委员会项目官员Kaoling Tao博士	就"芸薹属植物种子休眠研究"项目执行情况进行指导
1992年4月	加拿大	加拿大农业部Louisa C Ho（何刘静芝）博士	传授油菜小孢子培养技术及其在油菜育种上的应用
1993年	法国	法国棉花和海外纺织业研究所M. Braud和J. Beulanger	考察中国棉花科研和产业
1996年4月	加拿大	加拿大Alberta大学Gary R Stringam教授	交流油菜高油酸、低亚麻酸育种方案进展及小孢子培养选育技术
1997年5月	德国	德国艾格福公司首席油菜育种家Svensk博士等4名专家	交流油菜品质育种进展及有关种质交换异地鉴定事宜
2004—2008年，2010年，2012年	法国	法国农艺研究国际合作发展中心（CIRAD）Michel Fok教授	每年大概来访一周，主要开展转基因棉花应用研究及棉花品种多点生态适应性试验评价与分析
2006年	巴西	Embrapa Fatima教授	交流棉花转基因技术
2009—2018年	泰国	泰国农业大学Peerasak Srinives教授	每年大概来访一周，合作交流
2009—2019年	加拿大	加拿大农业与农业食品部Aiming Wang	每年大概来访一周，开展植物病毒研究交流
2011年	美国	佐治亚大学Peng W. Chee教授	商讨在棉花基因组学及种质资源创新方面开展合作研究
2012年 2013年	泰国	泰国农业大学Prakit Somta	合作交流
2012年 2016年	美国	密西根州立大学Dechun Wang	合作交流

（续表）

时间	来访国（地区）	来访机构/人员	内容
2012年	加拿大	加拿大南方植物保护与食品安全研究中心 Dr. Gary Whitfield教授	合作交流
2012年	日本	日本北海道综合农业机构Jun Kato教授	合作交流
2013年	泰国	泰国农业大学Patcharin Tanya	合作交流
2013年	美国	美国得克萨斯大学陈增建教授	就表观遗传学及棉花、油菜杂种优势利用的发展趋势进行了探讨
2014年	美国	美国农业部平原地区研究中心 Todd Campbell博士	就棉花种质资源深度挖掘与分子育种开展交流
2014年	加拿大	加拿大农业部东部粮油研究中心严威凯博士	GGE双标图技术在农作物品种区域试验中的应用
2014年	泰国	泰国农业大学Peerasak Srinives教授	签署了共建"中泰食用豆类作物研究中心"的合作协议
2015年	澳大利亚	澳大利亚昆士兰大学Brett Ferguson	参加我院主办的豆类国际学术研讨会
2015年 2016年	韩国	韩国首尔大学Suk Ha Lee	参加我院主办的豆类国际学术研讨会
2016年	日本	日本农业生物资源研究所Ken Naito	参加我院主办的豆类国际学术研讨会
2017年	印度	国际半干旱热带地区作物研究所豆类专家 Rajeev Varsheny	豆类基因组研究交流
2017年	加拿大	加拿大农业与农业食品部科学技术分部研发与技术转让司司长蒂尼·拜提克莱尔（Denis Petitclerc）	合作交流
2017年	泰国	泰国农业大学Dr. Kularb Laosatit	合作研究，一个月
2017年	美国	美国农业部南方地区研究中心 David D Fang博士	就棉纤维发育机制和美国棉花育种进展开展交流
2017年	印度	国际半干旱热带地区作物研究所 Rajeev Varshney	豆类研究交流
2017年	美国	奥本大学Charles Chen	花生遗传改良
2017年 2018年 2019年	泰国	清迈大田作物研究中心	大豆、绿豆交流
2017年 2018年 2019年	泰国	泰国农业大学Prakit Somta、Chanida Somta	合作研究，每年一个月
2017年 2018年 2019年	泰国	泰国农业大学Dr. Kularb Laosatit，Amkul Kitiya	合作研究，各一个月
2017—2018年	泰国	泰国农业大学Dr. Yundaeng Chutintorn	中泰联合培养博士后，合作研究一年

（续表）

时间	来访国 （地区）	来访机构/人员	内容
2018年8月— 2019年8月	缅甸	缅甸生物技术研究部Dr. April Nwet Yee Soe	执行亚非青年科学家项目， 合作研究一年
2019年	泰国	泰国农业大学Peerasak Srinives教授	续签合作协议，应国家奖励办邀请 参加建国七十周年庆典
2019年	澳大利亚	西澳大利亚农业和食品部西部大麦遗传联盟 Gaofeng Zhou	参加中加国际豆类学术会议

第六节　国际合作成果

一、澳大利亚国际农业发展中心（ACIAR）资助项目

ACIAR项目"中、澳油菜高产育种与品质改良"，1986—1988年和1989—1991年两期。合作项目文本由中国农业科学院院长卢良恕研究员和澳大利亚国际农业发展中心（ACIAR）主任MC.william教授共同签署。具体计划任务由中国农业科学院油料作物研究所刘澄清研究员和江苏省农业科学院经作物研究所傅寿仲研究员，太平洋种子公司（Pacific Seeds）G. Buzza先生和乌龙岗大学化学系（University of Wollonggong）J. Truscott博士，共同承担。

经1986—1988年、1989—1991年两个合作周期的共同努力，取得的主要成果有：第一，在交流育种材料的基础上，通过杂交转育穿梭加代，双方均育成了适应本地生态条件的双低杂交油菜新"三系"，有些强优势组合投入生产应用，取得良好的经济效益；第二，澳方研制的芥酸、硫苷快速测定方法在双方应用，大大地提高化学筛选效率，澳方资助购置的仪器设备，提高了中方的测试能力；第三，创造了国家间开展专业合作的经验。

中澳油菜科学技术合作是强强联合，其中一个关键是利用中澳分别位于地球北南的地理差异和季节的反差，做到一年多代加速育种进程，开辟了洲际间进行"穿梭育种"的先河。该项目引进了资金、技术，培养一批当时亟须的人才。

二、国际植物遗传资源委员会（IBPGR）资助项目

IBPGR项目"芸薹属植物种子休眠研究"1987—1991年，傅寿仲主持。该项目旨在将芸薹属植物种子休眠与种质保护联系起来。通过对芸薹属植物6个种1 000余份种质资源种子休眠与萌发特性的观察，在多种处理调控实验的基础上，全面揭示了芸薹属植物种子休眠规律，提出了控制种子休眠及监测种子活力的技术。首次将芸薹属种质资源种子的休眠性分为强、中、弱三大类，并且证实种子休眠的种间差异与经典的"禹氏三角"种间关系吻合。认为深休眠基因存在于B染色体组，休眠程度与种子耐淹性存在平行关系。证明了ABA具有诱导种子二次休眠的效果，提出了综合破眠法。采用ABA处理种子诱导二次休眠，抗御种子老化。采用淹水、深埋方法可以筛选出强休眠种质。这一研究成果在种质收集、保存、增殖以及育种栽培上均具有重要实用价值。本项国际合作研究成果于1996年获农业部科学技术进步奖三等奖。

三、中泰合作成果显著

与泰国农业大学的相关合作始于1984年，取得了显著的成果。以泰方主要合作人Peerasak Srinives教授为主要合作对象的合作成果获得2014年国家科技合作奖，2015年获得国家友谊奖并

受到李克强总理的接见和《人民日报（海外版）》的独家专访，相关国际合作获得省级和国家级友谊奖和国际合作奖四奖合一的大满贯。2018年应邀参加新春座谈会，受到李克强总理的接见。2019年应国家奖励办的邀请参加中华人民共和国七十周年庆典活动。

与泰国农业大学、世界半干旱研究中心等国际豆类作物顶尖研究单位进行长期（最长达到32年）、有效、深入的合作研究，是科技部热带亚热带季风气候区食用豆新品种选育国际科技合作基地、农业部中泰豆类作物联合研究与发展中心、国家外专局特色豆类作物新品种选育国家引智示范基地等国际合作平台依托单位，初步建立以我院为中心的国际豆类作物联合研发中心。

四、中加豆类遗传育种与综合利用联合实验室

中国—加拿大豆类遗传育种与综合利用联合实验室（南京）是2018年由中国科学技术部中国农村技术开发中心与加拿大农业与农业食品部联合批准建设的联合实验室，中方建设依托单位为江苏省农业科学院经济作物研究所为主体的国内相关研究单位，实验室负责人为陈新研究员，加方负责人为加拿大农业与农业食品部南方植物保护与食品安全研究中心王爱明（Aiming Wang）研究员，主要针对中加双方在豆类作物（包括大豆、豌豆、绿豆等各种豆类作物）遗传育种与综合利用（主要指加工产业与资源环境等）等方面的重大需求开展联合研究，同时争取相关政策和条件支持，分别在各自国内打造豆类作物产业链模式的联合研究中心和人才交流合作平台。

未来联合实验室将立足豆类研究领域的国际前沿和产业需求，针对关键性、基础性和重大共性性技术问题，在豆类基因组学、遗传育种、产品营养与利用及质量安全等方面与加拿大农业与农业食品部和加拿大曼尼托巴大学等机构开展深入合作，为中加豆类产业合作做出新的贡献。

五、陈新研究员当选为亚洲大洋洲育种研究协会副主席

2019年7月2—5日，亚洲大洋洲育种研究促进协会（Society for the Advancement of the Breeding Research in Asia and Oceania，SABRAO）在韩国召开第十四届学术交流会，来自中国、美国、日本、韩国、泰国等20余个国家的600余名代表参加了本次会议。在本次会议上，江苏省农业科学院经济作物研究所陈新所长当选为第一副主席，任期4年。这对于我国科学家掌握世界科技前沿，拓展更广阔合作空间，以及提升我国豆类研究影响力产生了积极的作用。

亚洲大洋洲育种研究促进协会创办于1961年，其总部设于菲律宾国际水稻研究所内，迄今已经有58年历史，创办有《SABRAO》期刊，主要为亚洲和大洋洲内不同国家建立的植物育种领域交流与合作平台。

第八章　光荣榜

第一节　集体荣誉

表8-1　集体荣誉简表

获奖主体	名称	时间	授予单位
江苏省农业科学院经济作物研究所	"六五"全国农业科研综合开发实力百强所	"六五"	农业部
江苏省农业科学院经济作物研究所	"七五"全国农业科研综合开发实力百强所	"七五"	农业部
江苏省农业科学院经济作物研究所	"八五"全国农业科研综合开发实力百强所	"八五"	农业部
江苏省农业科学院经济作物研究所 油菜研究室	省先进集体	1983年	江苏省人民政府
江苏省农业科学院经济作物研究所	全国区域试验先进单位	2001年	全国农作物品种 审定委员会

第二节　个人荣誉

建所以来，我所有3名专家当选全国人大代表，4名专家当选江苏省人大代表，全所职工获得省级以上各类荣誉40余项（表8-2）。

表8-2　个人荣誉简表

荣誉名称	姓名	时间	授予单位
全国人大代表	华兴鼐	第三届	全国人民代表大会
	奚元龄	第二届、第五届	
	傅寿仲	第八届、第九届	
江苏省人大代表	冯泽芳	第一届	江苏省人民代表大会
	华兴鼐	第二届、第三届	
	徐宗敏	第五届	
	傅寿仲	第六届、第七届	
国务院颁发的政府特殊津贴	黄骏麒	1991年	国务院人事部
	傅寿仲	1991年	
	钱思颖	1992年	
	沈端庄	1992年	
	伍贻美	1992年	
	李秀章	1993年	

（续表）

荣誉名称	姓名	时间	授予单位
国务院颁发的政府特殊津贴	朱　烨	1994年	国务院人事部
	周宝良	1998年	
	徐立华	1999年	
	倪万潮	2004年	
	陈　新	2020年	
国家级有突出贡献中青年专家	傅寿仲	1988年	国家人事部
	黄骏麒	1990年	
国家级"有突出贡献中青年专家"	陈　新	2019年	国家人力资源和社会保障部
国家高技术研究发展计划先进工作者	倪万潮	1996年	国家科学技术委员会
全国三八红旗手	徐立华	2004年	中华全国妇女联合会
全国农技推广先进工作者	许乃银	2005年	农业部全国农技中心
第七届中国农学会青年科技奖	倪万潮	2001年	中国农学会
终身成就奖	傅寿仲	2018年	中国作物学会油料专业委员会
全国"双学双比"女能手称号	徐立华	2006年	全国妇女"双学双比"活动领导小组
江苏省劳模	傅寿仲	1983年	江苏省人民政府
	朱绍琳	1985年	
	钱大顺	1996年	
江苏省先进工作者	钱思颖	1978年	江苏省人民政府
劳模立功奖章	傅寿仲	1997年	江苏省人民政府
江苏省突出贡献专家	沈端庄	1992年	江苏省人民政府
	倪万潮	1999年	
	戚存扣	2002年	
	浦惠明	2002年	
	张洁夫	2016年	
	陈　新	2016年	
江苏省农业科技先进工作者	傅寿仲	2002年	江苏省人民政府
	徐立华	2002年	
江苏省留学回国先进个人	陈　新	2019年	江苏省人民政府
第五届江苏省青年科技奖获得者	倪万潮	1998年	江苏省委组织部、省人事厅、省科协
江苏省优秀中青年农业科技骨干	戚存扣	1998年	江苏省科技厅
江苏省三八红旗手	徐立华	2003年	江苏省妇女联合会
	沈新莲	2018年	
江苏省省级机关优秀共产党员	戚存扣	1996年	中共江苏省级机关工委
江苏省省级机关"巾帼岗位明星"称号	徐立华	2002年	江苏省省级机关妇女工作委员会
江苏省优秀科技工作者	徐立华	2001年	江苏省科学技术协会
	戚存扣	2002年	
	陈　新	2016年	

附图　照片集锦

第一部分　历史渊源

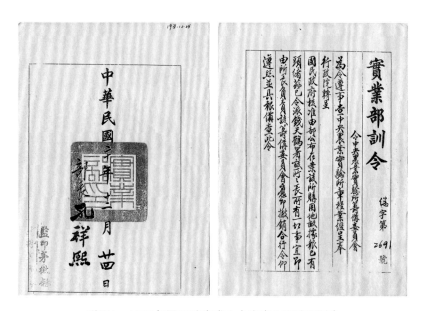

附图1　1931年国民政府成立中央农业实验所训令

附图2　棉作系成立之初工作总结

附图3 《孙恩麐先生棉业论文选集》

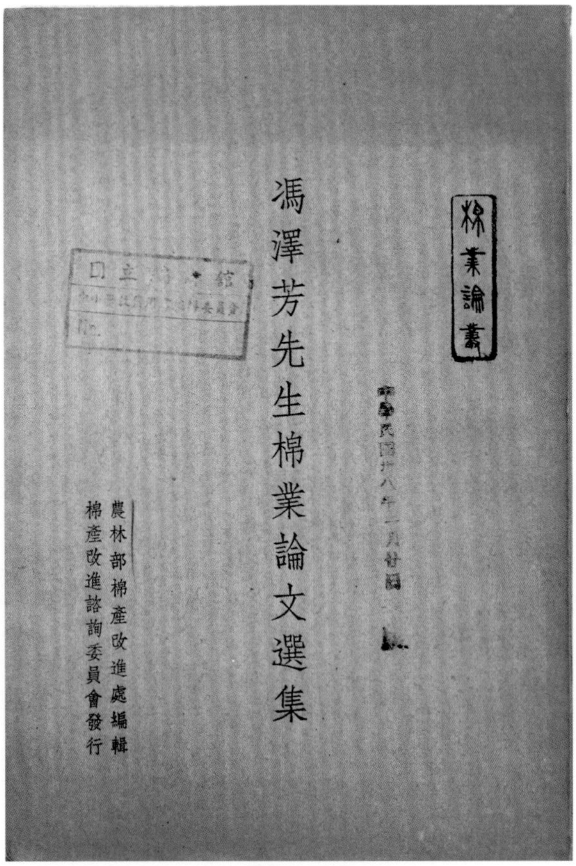

附图4 《冯泽芳先生棉业论文选集》

附图5 孙恩麐先生为《中国棉讯》撰写发刊词

附图6 胡竟良先生在《中国棉讯》发表重要文章

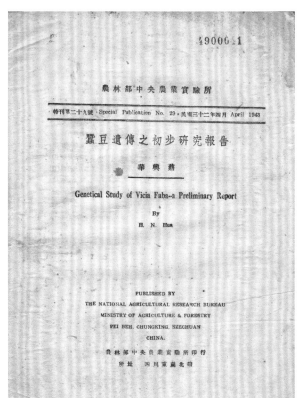

附图7　华兴鼐先生早期发表的蚕豆遗传和棉花研究论文

附图8　中央农业实验所作物馆原址及当时工作人员（1932—1983年）

附图9　经过翻新改造的经济作物研究所大楼（1983—2015年）

附图10　经济作物研究所大楼与植物保护研究所大楼合并，再次修缮，现经济作物研究所大楼（2015年至今）

第二部分　集体照

附图11　华东农业科学研究所特用作物系全系职工合影

附图12　中国农业科学院江苏分院经济作物系全系职工合影（1961年）

附图13　1963年全体青年合影

附图14　经作系的老专家合影（1963年玄武湖合影）

附图15　1987年经济作物研究所职工与离退休老同志合影

附图16　2018年经济作物研究所全体职工合影

第三部分 历史瞬间

附图17 华兴鼐先生（左2）指导青年科技人员
（1963年）

附图18 黄骏麒研究员（左3）在海陆杂交棉试验田
（1964年）

附图19 傅寿仲研究员赴四川省茂汶羌族自治县
夏繁油菜（1970年）

附图20 钱思颖研究员（右3）和黄骏麒研究员（左2）
在江苏棉一号试验田（1973年）

附图21 经济作物研究所的老专家们
（左起分别为肖庆芳、刘艺多、欧阳显悦、李贤柱）

附图22 刘桂玲副研究员（右）开展
花粉管通道法转基因技术（1981年）

附图23　朱绍琳研究员（左）和李秀章研究员（右）在棉田考察（1983年）

附图24　伍贻美副研究员考察指导油菜生产（1985年）

附图25 陈玉卿副研究员开展油菜种质资源研究（1985年）

附图26 朱烨研究员（右2）指导棉花营养钵育苗（1990年）

附图27　沈克琴副研究员在大豆试验田（2019年）

附图28　朱烨（中）、钱大顺（右1）、张香桂（左1）在徐州铜山杂交棉试验田考察（1994年）

附图29　时任江苏省副省长姜永荣（前排左1）考察转基因抗虫棉试验田（1994年）

附图30　时任中国农业科学院院长卢良恕（左2）考察转基因抗虫棉试验田（1994年）

附图31　FAO总干事，时任农业农村部副部长屈冬玉（前排右1）考察江苏省农业科学院
抗豆象绿豆品种选育情况（2018年）

附图32　傅寿仲研究员（前排左4）荣获终身成就奖颁奖仪式（2018年11月，青岛）

第四部分　重要活动

附图33　农业部在江苏省苏州市召开全国棉花营养钵育苗移栽技术总结交流会（1982年）
朱烨（第二排，右7），倪金柱（第二排，右8），刘艺多（第二排，右5）

附图34　国家计委重点项目（转基因抗虫棉及其杂种优势利用）专家验收鉴定会（1997年）

附图35　江苏省油菜产业科技发展50年论坛（2009年，淮安）

附图36　农业部长江下游棉花与油菜重点实验室启动仪式（2012年，南京）

附图37 江苏省农业科学院经济作物研究所牵头成立江苏省豆类产业联盟（2018年）

附图38 在科学技术部张建国副部长见证下，与加拿大农业与农业食品部签署科技部
中加豆类遗传育种与综合利用联合实验室协议（2018年）

附图39　国家重点研发计划启动会（2018年）

附图40　我所作为副理事长和秘书长单位参加"国家山药产业科技创新联盟"成立大会（2019年）

附图41　陈新研究员陪同易中懿院长参加国际农业科学院院长会议（2019年）

第五部分　学术交流

附图42　阿尔巴尼亚专家柯尼来所访问（1970年）

附图43　美国棉花专家Dr.Culp来所访问（1981年）

附图44 法国棉花专家Dequecker来所访问（1981年）

附图45 应澳大利亚CSIRO遗传学家Oram博士（左1）化学家Kiker（左3）
邀请江苏省组团首次访澳大利亚（1983年）

附图46　中澳油菜科技合作（考察澳方田间实验）（左1为Buzza，右1为傅寿仲）

附图47　加拿大AAFC–Saskatoon Research Centre双低油菜之父Downey博士（后中）和
化学家Rimer博士（后右1）访问江苏省农业科学院（1986年）

附图48　沈端庄研究员在墨西哥考察半野生棉（1991年）

附图49　谢麒麟（右1）、沈端庄（左1）、王庆华（左2）在巴基斯坦
开展棉花种质资源考察收集工作（1993年）

附图50　沈新莲、刘瑞显为非洲喀麦隆官员班培训棉花生产技术（2010年）

附图51　江苏省农业科学院经济作物研究所主办第一届国际豆类研究多边合作平台研讨会（2015年）

附图52　江苏省农业科学院经济作物研究所主办第二届豆类国际学术交流会（2016年）

附图53　国际半干旱热带地区作物研究所豆类专家、国际项目主任Rajeev Varshney院士
来我所交流访问（2017年）

附图54　江苏省农业科学院经济作物研究所抗黄花叶病毒病绿豆抗性品种苏绿13号在缅甸大面积应用
（右2为陈新研究员，2017年）

附图55　美国奥本大学作物、土壤与环境科学系花生育种专家Charles Chen教授，
美国农业部花生研究所所长Christopher L Butts研究员，奥本大学生物系统工程系Timothy P McDonald教授
一行3人到经济作物研究所访问（2017年）

附图56　刘瑞显博士赴哥伦比亚开展农业培训（2018年）

附图57　参加亚洲大洋洲高级育种协会年会，在本次年会上陈新（前排右1）研究员
当选为第一副主席（2019年）

附图58 傅廷栋院士（左2）来院指导工作（2000年）

附图59 喻树迅院士（前排左4）来院指导工作（2012年）

附图60　国家花生产业体系首席科学家张新友院士（前排左4）来院指导（2017年）

第六部分　文化建设

附图61　中国农业科学院江苏分院经济作物系全体同志春游玄武湖（1963年）

附图62　离退休同志座谈会（1987年）

附图63　全所职工参加院红五月歌咏比赛（1990年）

附图64 所首届青年学术报告会邀请高亮之院长指导（1995年）

附图65 国际劳动妇女节活动（1995年）

附图66　江苏省农业科学院经济作物研究所党支部瑞金红色之旅（2011年）

附图67　参加江苏省农业科学院首届职工运动会（2017年）

附图68　退休职工重阳节合影（2018年）

附图69　团建活动（2018年）

附图70　全所拓展活动（2019年）